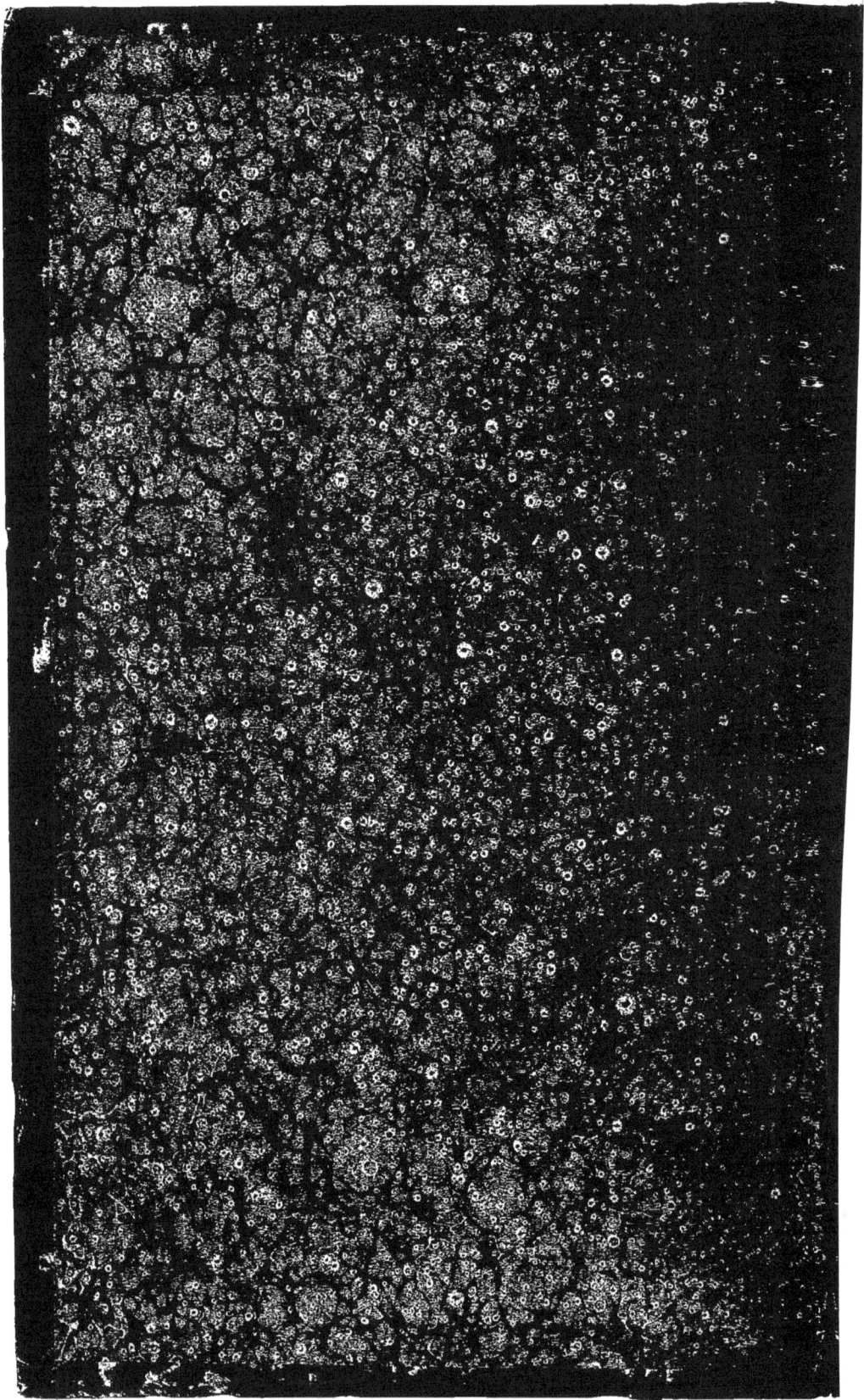

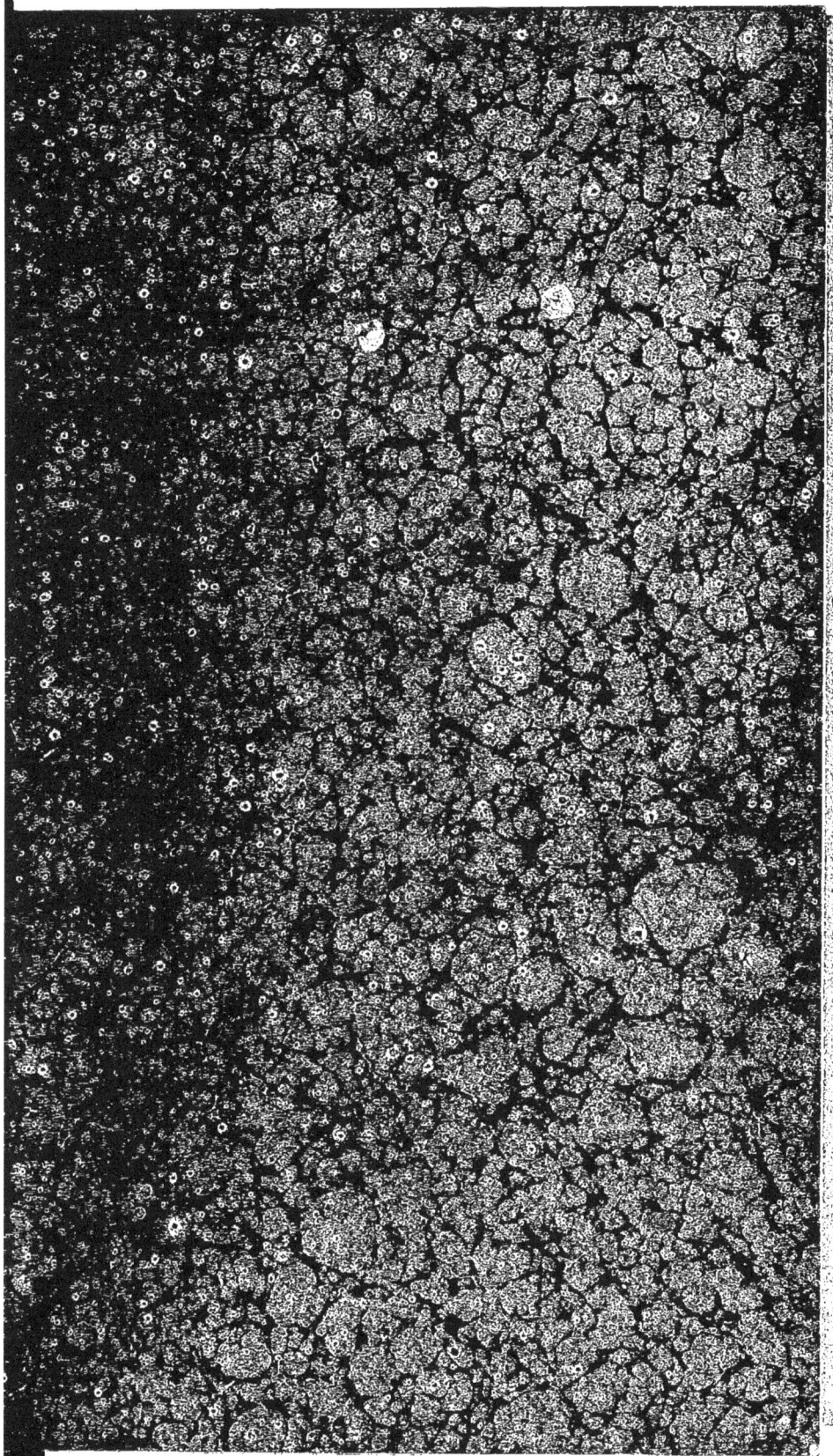

32121

TRAITÉ

D'ARITHMÉTIQUE

IMPRIMERIE GÉNÉRALE DE CH. LAHURE

Rue de Fleurus, 9, à Paris

TRAITÉ

D'ARITHMÉTIQUE

PAR

JOSEPH BERTRAND

MEMBRE DE L'INSTITUT

QUATRIÈME ÉDITION

CONTENANT

Les matières exigées par le dernier programme d'admission
à l'École polytechnique

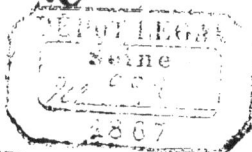

PARIS

LIBRAIRIE DE L. HACHETTE ET Cie

BOULEVARD SAINT-GERMAIN, N° 77

—

1867

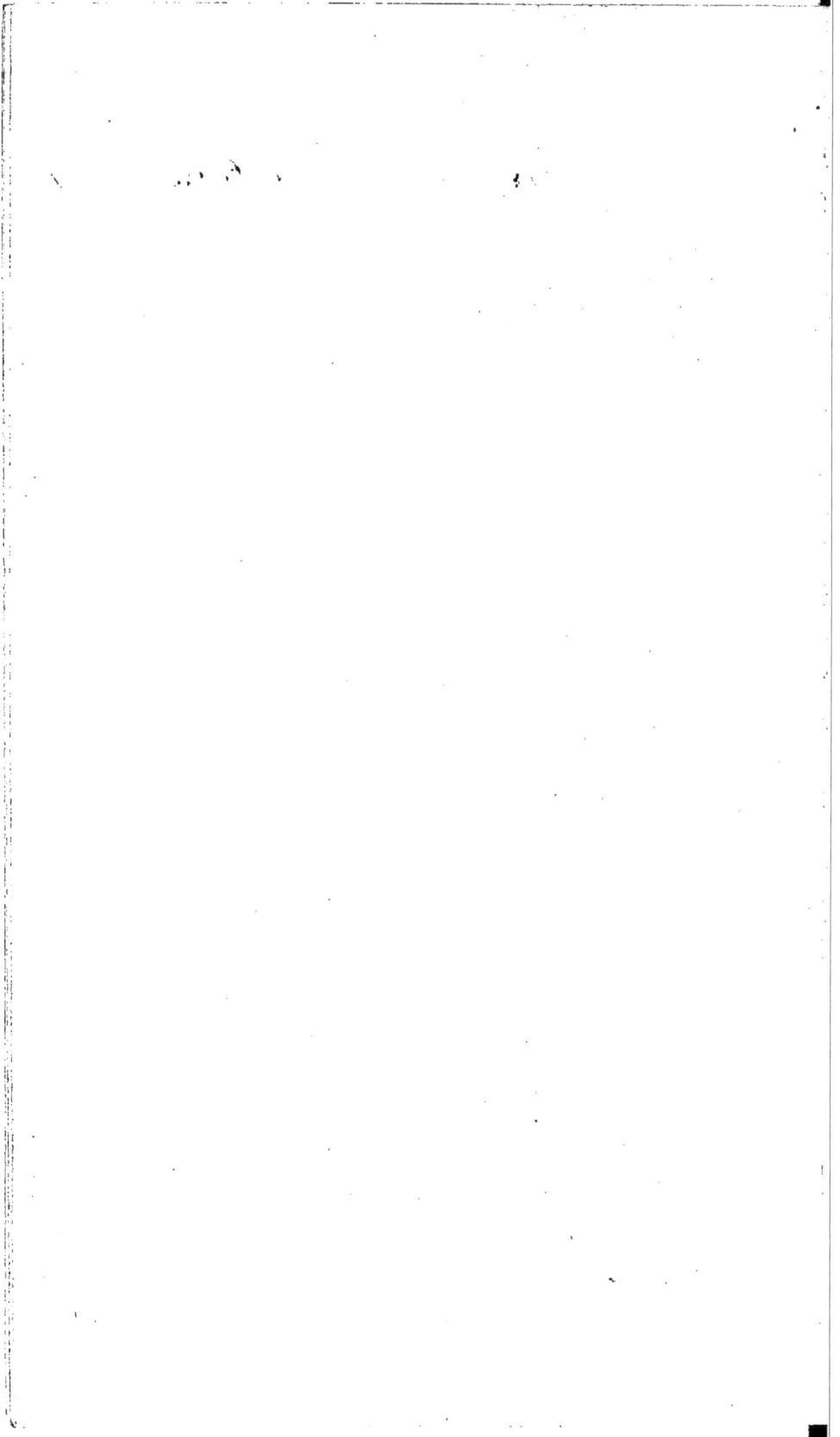

TRAITÉ
D'ARITHMÉTIQUE.

CHAPITRE PREMIER.

NOTIONS PRÉLIMINAIRES. — NUMÉRATION DÉCIMALE.

NOTIONS PRÉLIMINAIRES.

1. On entend par *grandeur* tout ce qui est susceptible d'augmentation ou de diminution. Un même objet fait par conséquent naître en nous l'idée d'autant de grandeurs distinctes que nous concevons de manières de le modifier. C'est ainsi que la présence d'un corps plus ou moins long, plus ou moins pesant, se mouvant plus ou moins vite, nous fait acquérir la notion des grandeurs que l'on nomme *longueur*, *poids*, *vitesses*, etc.

2. Les mathématiques sont la science des grandeurs; toutes les grandeurs cependant ne sont pas de leur ressort. Par exemple, quoiqu'un objet puisse être plus ou moins beau, plus ou moins utile, l'étude du beau et de l'utile n'est pas une branche des mathématiques. *Les mathématiques ne traitent que des grandeurs mesurables.*

3. Mesurer une grandeur, c'est la déterminer avec précision, en la comparant à une autre grandeur de même nature que l'on regarde comme connue. Dire, par exemple, qu'une longueur a trois mètres, c'est en donner la mesure et l'exprimer au moyen du mètre.

La grandeur qui sert ainsi à en mesurer d'autres, prend le nom d'*unité*. Dans l'exemple précédent le mètre était l'unité.

4. Le résultat de la mesure d'une grandeur s'exprime par *un nombre.* Quand on dit, par exemple, une distance de trois mètres, un poids de quinze kilogrammes, un vase de trois quarts de litre, etc., les mots *trois, quinze, trois quarts*, expriment des nombres.

L'idée de nombre a son origine la plus naturelle dans la considération de plusieurs objets distincts. C'est par extension qu'on l'introduit dans la mesure de toutes les grandeurs. Si l'on dit, par exemple, un troupeau de quinze moutons et un poids de quinze kilogrammes, la grandeur contient, dans les deux cas, quinze fois son unité; mais, dans le premier, l'idée est plus simple, parce que la séparation des unités est matérielle, tandis que dans le second elle est purement fictive.

Les fractions et les nombres incommensurables, que les géomètres considèrent aussi comme des nombres, expriment entre la grandeur et son unité une relation plus complexe, dont nous développerons plus tard la nature.

5. Quand un nombre est énoncé sans que l'on indique la nature des unités qu'il représente, il s'appelle nombre *abstrait;* dans le cas contraire, on le nomme nombre *concret;* ainsi 7 est un nombre abstrait, et, quand on dit 7 litres, le nombre est concret.

Ces dénominations sont très-répandues; mais nous devons avertir que la seconde pourrait faire naître une idée inexacte. Un nombre concret n'est pas un nombre, c'est une grandeur. Quand on dit 7 litres, le nombre est 7; le mot litre complète l'idée, mais ne la modifie pas.

6. L'arithmétique comprend l'art d'effectuer les opérations auxquelles les nombres donnent naissance et l'étude de leurs propriétés; mais cette seconde partie sera réduite, dans ce traité, aux propositions fondamentales qui peuvent faciliter ou abréger les opérations.

NUMÉRATION DÉCIMALE.

Définition des nombres entiers.

7. Les nombres entiers sont ceux qui expriment l'unité ou la réunion de plusieurs unités. Leur étude constitue la partie principale de l'arithmétique; car c'est toujours sur des nombres entiers que se font, en dernière analyse, les opérations.

Quoique la manière d'écrire et d'énoncer les nombres entiers soit nécessairement familière à ceux qui abordent l'étude théorique de l'arithmétique, ce système de numération a une telle importance dans l'art de faire les calculs, qu'il est essentiel d'en indiquer avec soin les principes.

Numération parlée.

8. Les premiers nombres ont reçu des noms indépendants les uns des autres, *un, deux, trois, quatre, cinq, six, sept, huit, neuf* et *dix*. Le nombre *dix*, qui se nomme base du système, sert à former des unités nouvelles dont l'emploi simplifie notablement l'expression parlée et écrite des nombres supérieurs.

Ces unités sont :

L'unité du second ordre   ou Dix unités simples.
L'unité du troisième ordre   ou Cent unités simples.
L'unité du quatrième ordre ou Mille unités simples.
L'unité du cinquième ordre ou Dix mille unités simples.
L'unité du sixième ordre   ou Cent mille unités simples.
L'unité du septième ordre   ou Un million d'unités simples.
Etc.

Chacune d'elles en vaut dix de l'ordre précédent; et, par suite, cent de l'ordre qui précède de deux rangs, mille de l'ordre qui précède de trois rangs, et ainsi de suite.

Exemple. Un million vaut dix centaines de mille, cent dizaines de mille, mille fois mille, dix mille fois cent, et cent mille fois dix.

On a donné des noms particuliers à tous les nombres de dizaines inférieurs à dix dizaines. Ces noms sont : *vingt, trente, quarante, cinquante, soixante, soixante-dix, quatre-vingts, quatre-vingt-dix*. Il est inutile d'indiquer la signification de chacun d'eux.

Les nombres compris entre dix et cent s'expriment en indiquant le plus grand nombre de dizaines qu'ils contiennent et y joignant le nom du nombre moindre que dix, qui les complète.

C'est ainsi que l'on dit : *trente sept*.

Il est évident que l'on peut exprimer ainsi tous les nombres moindres que cent.

Les nombres plus grands que cent et moindres que mille s'expriment en énonçant le plus grand nombre de centaines qu'ils contiennent et ajoutant le nom du nombre, évidemment moindre que cent, qui les complète.

C'est ainsi que l'on dit : *trois cent quarante-sept.*

Il est évident que l'on peut exprimer ainsi tous les nombres moindres que mille.

Les nombres compris entre mille et un million, s'expriment en énonçant combien ils renferment de mille, et y joignant le nom du nombre inférieur à mille qui les complète.

C'est ainsi que l'on dit : *trois cent quarante-deux mille huit cent cinquante-sept.*

Pour exprimer les nombres compris entre un million et mille millions ou un *billion*, on indique combien ces nombres renferment de millions, et on ajoute le nom du nombre moindre qu'un million qui les complète.

C'est ainsi que l'on dit : *trente-cinq millions huit cent trente-deux mille trois cent quarante-deux.*

On peut continuer ainsi indéfiniment. Il suffit de savoir que mille billions font un trillion, mille trillions un quatrillion, etc.

9. Remarque. Dans l'emploi habituel de notre système de numération, les unités des 4e, 7e 10e.... ordres (*mille, millions, billions.. .*) jouent le rôle le plus important. Les autres disparaissent en effet du langage, et, si l'on excepte les dizaines et les centaines, l'on n'a même pas créé de mots particuliers pour les distinguer ; en sorte que, dans la numération parlée, au lieu d'appeler l'attention sur la décomposition des nombres en unités de premier, second, troisième, quatrième, cinquième ordre, on les présente comme décomposés en unités, mille, millions, etc., c'est-à-dire en unités de mille en mille fois plus grandes. Cet usage apporte plus de brièveté dans le langage; mais comme les calculs se font toujours sur des nombres écrits, il n'exerce sur eux aucune influence.

Principe de la numération écrite.

10. Les neuf premiers nombres sont représentés par des

figures particulières que l'on nomme des chiffres. Ces **neuf** figures, auxquelles on en adjoint une dixième, 0, suffisent pour écrire tous les nombres. On est convenu, pour cela : *qu'un chiffre représente des unités d'un ordre marqué par le rang qu'il occupe à partir de la droite*, c'est-à-dire qu'il représente des unités simples quand il n'est précédé d'aucun autre ; des dizaines, s'il a un chiffre à sa droite ; des centaines, s'il en a deux, etc.

EXEMPLE. Dans le nombre 4738 le chiffre 8 exprime des unités simples, 3 des dizaines, 7 des centaines et 4 des mille.

11. REMARQUE. Un chiffre peut aussi être considéré comme exprimant des unités d'un ordre quelconque inférieur à son rang, pourvu qu'on en compte dix, cent, mille fois plus, si elles sont dix, cent, mille.... fois moindres. Ainsi, par exemple, 3 suivi de cinq autres chiffres exprime également 3 centaines de mille, 30 dizaines de mille, 300 mille, 3000 centaines, 30000 dizaines, ou 300000 unités.

12. De la convention qui précède, on déduit les deux règles suivantes qui constituent la numération écrite.

Règle pour lire un nombre écrit.

Quand le nombre n'a pas plus de quatre chiffres, on énonce successivement les différents chiffres, en indiquant le nom des unités qu'ils représentent.

EXEMPLE. 3454, *trois mille quatre cent cinquante-quatre.*

Lorsqu'il a plus de quatre chiffres, on le décompose en tranches de trois chiffres à partir de la droite, la dernière pouvant seule avoir un ou deux chiffres. La première tranche représente alors des unités simples, la seconde des mille, la troisième des millions, la quatrième des billions, etc.; on lit successivement les nombres formés par l'ensemble des trois chiffres d'une même tranche, en faisant suivre cette lecture de l'indication de la nature des unités représentées par les tranches.

EXEMPLE. Le nombre 34 211 893 514, se lit : 34 *billions*, 211 *millions*, 893 *mille*, 514 *unités*.

Règle pour écrire un nombre énoncé.

13. Le nombre étant décomposé conformément aux habitudes de la numération parlée, en unités simples, mille, millions, billions, etc., on écrit les nombres de chacune de ces unités à la droite les uns des autres en commençant par celles de l'ordre le plus élevé, et finissant par les unités simples. Il faut avoir soin que chacun de ces nombres d'unités ait précisément trois chiffres, et placer pour cela des zéros à la gauche de ceux qui sont exprimés par un ou deux chiffres. Si une de ces unités manquait complétement, il faudrait mettre trois zéros à la place des trois chiffres qui lui correspondent, afin que les chiffres placés à gauche de ceux-là conservassent la valeur relative qu'ils doivent avoir.

EXEMPLE. *Sept cent quarante-trois millions quatre-vingt-dix-neuf unités*, s'écrivent : 743 000 099. On écrit trois zéros à la place des milles qui manquent, et 099 pour la tranche des unités, afin que cette tranche contienne trois chiffres.

14. On voit que notre système de numération consiste essentiellement dans la décomposition des nombres en diverses parties, qui toutes dérivent simplement de l'unité principale, ce qui permet de se faire plus facilement une idée de leur valeur. Mais cet avantage n'est que secondaire; un autre bien plus important se manifestera à mesure que nous avancerons dans l'étude de l'arithmétique : nous verrons que, dans la solution de la plupart des questions d'arithmétique, on opère séparément sur chacune de ces parties au lieu d'opérer immédiatement sur le nombre lui-même.

RÉSUMÉ.

1. Définition des grandeurs. — **2.** Les grandeurs mesurables sont seules du ressort des mathématiques. — **3.** Définition de l'unité. — **4.** Définition du nombre; la pluralité est l'origine la plus simple de l'idée du nombre. — **5.** Nombres abstraits et nombres concrets; les premiers seuls sont des nombres. — **6.** Définition de l'arithmétique. — **7.** Définition des nombres entiers. — **8.** Numération parlée; unités des divers ordres qui dérivent toutes, d'une manière simple, de l'unité principale. — **9.** Importance particulière des unités simples, mille, millions, billions, etc., dans le système de numération parlée. — **10.** Numération écrite; convention sur laquelle elle repose. — **11.** Un chiffre peut être considéré comme représentant des unités d'un ordre quelconque inférieur à son rang. — **12.** Règle pour lire un nombre écrit. — **13.** Règle pour écrire un nombre énoncé. — **14.** Notre système de numération consiste essentiellement dans la décomposition des nombres en un petit nombre d'unités de chaque ordre.

EXERCICES.

I. Énoncer le nombre 745 328.

II. Énoncer le nombre 3 504 080 702.

III. Énoncer le nombre 93 012 015.

IV. Écrire en chiffres le nombre trente-quatre billions soixante-dix millions quatre cent vingt-sept.

V. Écrire en chiffres le nombre douze mille douze cent douze.

VI. On écrit la suite naturelle des nombres sans séparer les différents chiffres. Chercher le 75892e chiffre de cette suite.

VII. Prouver que le nombre qui exprime combien il y a de chiffres dans la suite naturelle des nombres, depuis l'unité jusqu'à un nombre dont tous les chiffres sont des 9, 9999999.... a pour dernier chiffre un 9 précédé d'un certain nombre de 8, qui eux-mêmes sont précédés d'un nombre d'autant d'unités qu'il y a de 8 à sa droite. Par exemple, le nombre de chiffres que l'on doit écrire pour faire le tableau des 99 premiers nombres est 189 ; pour les 999 premiers il en faut 2889 ; pour les 9999 premiers, 38889, etc.

VIII. Si l'on considère deux nombres quelconques, 1 et 2, par exemple, et qu'on forme une suite de nombres tels que chacun soit égal à la somme des deux précédents, c'est-à-dire que l'on opère de la manière suivante : 1 et 2 font 3 ; 2 et 3 font 5 ; 3 et 5 font 8 ; 5 et 8 font 13, etc. ; prouver qu'en continuant indéfiniment, il y aura toujours quatre nombres au moins de cette série et cinq au plus, à avoir un nombre donné de chiffres.

IX. Une loterie se compose de deux cents numéros, on ne possède que les numéros 0, 1, 2, 3, 4, 5, 6, 7, 8, 9. Comment doit-on s'y prendre pour faire le tirage ?

X. On possède cinq poids d'un gramme, cinq de dix grammes, cinq de cent grammes, cinq de mille grammes, cinq de dix mille grammes, etc. Montrer que l'on peut peser à l'aide d'une balance un objet dont le poids est un nombre quelconque de grammes.

CHAPITRE II.

ADDITION ET SOUSTRACTION DES NOMBRES ENTIERS.

ADDITION.

Définitions.

15. L'*addition* consiste dans la réunion de deux ou plusieurs grandeurs de même nature en une seule. En arithmétique ces grandeurs sont représentées par des nombres, et l'addition a pour but de trouver le nombre qui exprime leur réunion ou leur *somme*.

L'addition s'indique par le signe $+$.

EXEMPLE. $5 + 7$ signifie 5 plus 7.

Pour ajouter deux nombres, il est inutile de connaître la nature des unités qu'ils représentent, il suffit de savoir que ces unités sont les mêmes. Ainsi, en disant : *sept et trois font dix*, on exprime à la fois que : *sept mètres et trois mètres font dix mètres, sept maisons et trois maisons font dix maisons, sept centaines et trois centaines font dix centaines*.

Il faut bien savoir que les nombres abstraits ne représentent rien par eux-mêmes, et qu'en opérant sur eux on entend seulement que la nature des unités qu'ils représentent n'est pas encore fixée, mais pourra l'être ultérieurement d'une manière arbitraire.

Addition des nombres d'un seul chiffre.

16. Pour faire une addition, il faut savoir ajouter les nombres d'un seul chiffre. Il n'existe pour cela aucune règle, et on doit apprendre par cœur les résultats de ces opérations simples. On peut les obtenir facilement en comptant sur ses doigts. Je n'insiste pas sur cette méthode connue de tout le monde, et à laquelle bien peu de personnes ont besoin d'avoir recours.

Principe sur lequel repose la théorie de l'addition.

17. L'addition de deux nombres quelconques se ramène à l'addition des nombres inférieurs à dix, à l'aide du principe suivant :

Pour ajouter deux nombres, on peut, après les avoir décomposés en plusieurs parties, ajouter, dans un ordre quelconque, ces parties les unes aux autres, et réunir les sommes qui en résultent. Il est évident, en effet, que le résultat ainsi obtenu contiendra toutes les parties des deux nombres, et sera, par conséquent, leur somme.

Addition de deux nombres.

18. D'après cela, soit à additionner les deux nombres 7847 et 3952.

$$\begin{array}{r} 7847 \\ 3952 \\ \hline 11799 \end{array}$$

Ces deux nombres peuvent être décomposés chacun en quatre parties, unités, dizaines, centaines, mille : et on pourra, d'après le principe précédent, ajouter séparément les unités de même ordre et réunir les résultats partiels.

On dira 7 et 2 font 9 ; 9 peut être écrit immédiatement comme chiffre des unités, car les opérations suivantes ne fourniront que des unités d'ordre supérieur, et ne pourront, par conséquent, modifier le chiffre des unités simples.

4 dizaines et 5 dizaines font 9 dizaines ; on peut, par une raison semblable, écrire 9 comme chiffre des dizaines.

8 centaines et 9 centaines font 17 centaines, c'est-à-dire 1 mille plus 7 centaines ; on peut écrire 7 comme chiffre des centaines et retenir le mille pour le réunir au chiffre suivant.

7 mille et 3 mille font 10 mille ; en y joignant le mille retenu plus haut, nous aurons 11 mille ; c'est-à-dire une dizaine de mille et un mille ; les chiffres correspondant à ces deux ordres d'unités sont, par conséquent, l'un et l'autre égaux à 1, et la somme demandée est 11799.

Un raisonnement semblable pourra se faire dans chaque cas, et conduit à la règle suivante :

Pour additionner deux nombres, on les écrit l'un au-dessous de l'autre de manière que leurs unités de même ordre se correspondent. On ajoute d'abord les chiffres des unités ; si cette somme est moindre que 10, on l'écrit au résultat dont elle est le chiffre des unités ; si elle surpasse 9, on n'écrit que ses unités, et on retient une dizaine pour la joindre à la somme obtenue par l'addition des chiffres des dizaines. On continue de même en additionnant toujours les unités de même ordre dans les deux nombres, jusqu'à ce qu'on soit parvenu à celles de l'ordre le plus élevé, dont la somme, jointe à la retenue précédente, s'écrit telle qu'on l'a trouvée.

Si l'un des nombres proposés a moins de chiffres que l'autre, la règle précédente s'applique de même ; on doit seulement considérer les chiffres manquants à la gauche du plus petit nombre comme remplacés par des zéros.

Addition de plusieurs nombres.

19. Pour ajouter plus de deux nombres, on procède d'une manière analogue et conformément à la règle suivante :

Pour additionner plusieurs nombres, on les écrit les uns sous les autres de manière que leurs unités de même ordre se trouvent sur une même colonne verticale. On fait la somme des chiffres de la première colonne à droite, qui est celle des unités ; quand cette somme ne surpasse pas 9, on l'écrit au résultat comme chiffre des unités. Si elle surpasse 9, on n'écrit que les unités, et l'on retient les dizaines pour les joindre à la deuxième colonne, sur laquelle on opère d'une manière semblable, et ainsi de suite jusqu'à la dernière colonne, dont la somme, jointe à la retenue précédente, s'écrit telle qu'on l'a trouvée.

Cette règle ne nous paraît pas avoir besoin de démonstration; pour l'appliquer, il faut savoir ajouter plusieurs nombres d'un seul chiffre ; cette addition se fera successivement, c'est-à-dire qu'on ajoutera d'abord les deux premiers nombres, puis le résultat obtenu au troisième, et ainsi de suite. Ces opérations se font ordinairement sans prendre la plume.

20. La preuve d'une opération est une seconde opération qui sert de contrôle à la première.

Pour faire la preuve d'une addition, on recommence en écrivant les nombres proposés dans un ordre différent de celui qu'on avait d'abord adopté ; ou bien, si l'on conserve le même ordre, on opère en ajoutant de bas en haut, si la première fois on avait ajouté de haut en bas. Si l'on retrouve ainsi le résultat déjà obtenu, ce sera une forte raison pour le croire exact.

EXEMPLE.

7085	3145
82154	6963
3145	7085
15827	15827
6963	82154
------	------
115174	115174

SOUSTRACTION.

Définitions.

21. La *soustraction* a pour but de chercher la différence de deux grandeurs, ou, en d'autres termes, ce qu'on doit ajouter à la plus petite pour la rendre égale à la plus grande. En arithmétique, ces grandeurs sont représentées par des nombres, et la soustraction a pour but de trouver la différence de deux nombres. Pour chercher la différence de deux nombres, il est inutile de connaître la nature des unités qu'ils représentent ; ainsi en disant : *douze moins quatre font huit*, on exprime à la fois que *douze mètres moins quatre mètres font huit mètres, douze maisons moins quatre maisons font huit maisons, douze centaines moins quatre centaines font huit centaines.*

La soustraction s'indique par le signe —.

EXEMPLE.   12 — 4 signifie 12 moins 4.

Le résultat d'une soustraction se nomme le *reste ;* les deux nombres sur lesquels on opère, les *termes* de la soustraction.

Le reste s'appelle aussi la *différence* des deux nombres donnés, ou l'*excès* du plus grand sur le plus petit.

Pour faire la différence de deux nombres quelconques, il faut savoir par cœur les différences des nombres d'un seul chiffre, ainsi que la différence entre un nombre d'un seul chiffre et un nombre plus grand qui ne le surpasse pas de dix unités. Ces résultats sont, au fond, identiques à ceux que l'on doit savoir par cœur pour faire des additions ; par exemple, savoir que 7 et 5 font 12, c'est savoir que 12 moins 5 font 7.

Principes sur lesquels repose la théorie de la soustraction.

22. Le raisonnement qui conduit à la règle de soustraction est basé sur les principes suivants :

1° *Si deux nombres sont décomposés en un même nombre de parties, et que toutes les parties du plus grand surpassent les parties correspondantes du plus petit, la différence des deux nombres pourra s'obtenir en additionnant les différences des parties correspondantes.*

Exemple. 8 surpasse 5 de 3 unités, et 11 surpasse 7 de 4 unités. La somme $8 + 11$ surpasse $5 + 7$ de $3 + 4$ ou 7 unités.

2° *La différence de deux nombres ne change pas quand on les augmente l'un et l'autre également.*

Soustraction de deux nombres.

23. Les deux principes précédents sont du nombre de ceux que l'on rendrait moins clairs en cherchant à les expliquer.

Le premier suffit quand tous les chiffres du plus grand nombre surpassent les chiffres correspondants du plus petit. Soit, en effet, 421103 à soustraire de 783214 ; écrivons ces deux nombres l'un au-dessous de l'autre de manière que les chiffres qui expriment des unités de même ordre se correspondent sur une même ligne verticale :

783214

421103

──────

362111

on retranchera successivement chaque chiffre de celui qui est au-dessus, et on obtiendra les chiffres de la différence ; car en opérant ainsi, on retranche évidemment chaque partie du plus petit nombre de la partie correspondante du plus grand, et on réunit les résultats de ces soustractions.

Quand la condition précédente n'est pas remplie, l'opération est un peu moins simple ; soit 27513 à soustraire de 31274, écrivons ces deux nombres l'un au-dessous de l'autre :

$$\begin{array}{r} 31274 \\ 27513 \\ \hline 3761 \end{array}$$

nous dirons : 3 unités soustraites de 4 unités, reste 1 unité.

1 dizaine soustraite de 7 dizaines, restent 6 dizaines.

5 centaines de 2 centaines ne peuvent se retrancher ; nous ajouterons alors 10 centaines au nombre supérieur, et nous dirons : 5 centaines de 12 centaines restent 7 centaines.

Ayant ajouté 10 centaines au nombre supérieur, il faut, conformément au second principe, pour que la différence ne soit pas changée, ajouter aussi 10 centaines ou 1 mille au nombre inférieur ; nous continuerons donc l'opération comme si ce nombre avait 8 pour chiffre des mille. Nous dirons : 8 mille de 1 mille ne peuvent se retrancher ; ajoutons donc dix mille au nombre supérieur, et disons : 8 mille de 11 mille, restent 3 mille.

Ayant de nouveau augmenté le nombre supérieur, nous devons augmenter d'autant le nombre inférieur, et il suffira pour cela de continuer l'opération comme si le chiffre des dizaines de mille était 3. Ce chiffre 3 retranché de 3, donnera pour reste 0, en sorte que la différence est 3761.

Remarque. Dans le raisonnement précédent, nous avons supposé que les deux nombres ont autant de chiffres l'un que l'autre ; s'il n'en était pas ainsi, les chiffres manquants à la gauche du plus petit nombre seraient remplacés par des zéros qu'il serait même inutile d'écrire.

D'après cela, on peut énoncer la règle suivante :

24. *Pour faire la soustraction de deux nombres entiers, on écrit le plus petit sous le plus grand, de manière que les unités du même ordre se correspondent, puis on retranche chaque chiffre inférieur* *de celui qui est placé au-dessus, en commençant par la droite; si l'une de ces soustractions est impossible, on ajoute dix unités au chiffre supérieur, mais alors on continue l'opération comme si le chiffre suivant du nombre à soustraire était plus grand d'une unité. Les résultats de ces diverses soustractions sont les chiffres de la différence cherchée.*

25. On procède quelquefois, pour faire une soustraction, d'une manière un peu différente à laquelle quelques personnes trouvent un avantage.

Soit à soustraire 27513 de 31274,

$$
\begin{array}{r}
31274 \\
27513 \\
\hline
3761
\end{array}
$$

si le reste était connu, en l'ajoutant avec 27513 on devrait obtenir 31274; cette considération suffit pour trouver successivement ses différents chiffres à partir de celui des unités.

Le chiffre des unités ajouté à 3 doit donner pour somme 4 ou 14; comme la somme ne peut être 14 (il faudrait que le chiffre cherché fût égal à 11), elle doit être 4. Le chiffre des unités est, par suite, égal à 1.

1 et 3 font 4, dans l'addition de 27513 avec le reste inconnu, il n'y a donc pas de retenue provenant de cette première opération.

Le chiffre des dizaines du reste, ajouté à 1, doit donner pour somme 7 ou 17, et comme la somme ne peut être 17 (il faudrait pour cela que le chiffre cherché fût égal à 16), elle doit être 7 et le chiffre des dizaines du reste est, par conséquent, 6.

6 et 1 font 7, dans l'addition de 27513 avec le reste inconnu, il n'y a donc pas de retenue provenant de cette seconde opération.

Le chiffre des centaines du reste, ajouté à 5, doit donner pour somme 2 ou 12; la somme ne peut évidemment pas être égale à 2, il faut donc qu'elle soit 12 et, par suite, le chiffre des centaines est 7.

7 et 5 font 12, donc, dans l'addition de 27513 avec le reste inconnu, on aura 2 comme chiffre des centaines, et on devra retenir une centaine.

Le chiffre des mille du reste, ajouté à 7 et à cette centaine qui a été retenue, doit donner pour somme 1 ou 11. La somme ne pouvant évidemment être 1, il faut qu'elle soit 11, et par suite le chiffre des mille est 3.

3 et 7 font 10 et 1 de retenue 11, il faudra donc, dans l'addition de 27513 avec le reste inconnu, poser 1 comme chiffre des mille et retenir 1.

Enfin le chiffre des dizaines de mille du reste, ajouté à 2, et à cette dizaine de mille qui a été retenue, doit donner 3 pour somme; le chiffre est donc 0, et le reste cherché est **3761**.

Voici comment on doit parler en faisant l'opération de cette manière :

$$
\begin{array}{r}
31274 \\
27513 \\
\hline
3761
\end{array}
$$

3 et 1 font 4 (*après* avoir dit cela, on écrit le chiffre 1), 1 et 6 font 7 (on écrit alors le chiffre 6), 5 et **7** font 12, je pose 2 et je retiens 1 (on écrit alors le chiffre 7), 7 et 1 de retenue 8, 8 et 3, 11, je pose 1 et je retiens 1 (on écrit le chiffre 3), 2 et 1 de retenue 3, 3 et 0, 3. L'opération est terminée.

Pour faire facilement usage de ce procédé, il faut être assez bien familiarisé avec les additions de nombres d'un seul chiffre, pour que, connaissant l'un d'eux et la somme que l'on veut avoir, le nom de l'autre se présente immédiatement à l'esprit; c'est dans ce cas seulement que l'on pourra additionner le reste avec le plus petit des nombres à soustraire, avant même que le reste soit écrit.

Preuve de la soustraction.

26. Pour vérifier une soustraction, il faut ajouter le reste au plus petit des deux nombres. Le résultat de cette addition doit être égal au plus grand.

De même que l'addition sert de preuve à la soustraction, la soustraction peut servir de preuve à l'addition. Pour qu'en effet une addition soit exacte, il faut qu'en retranchant de la somme trouvée successivement tous les termes de l'addition, on finisse par obtenir zéro pour reste.

Ainsi dans l'exemple page 12, on aurait cinq soustractions consécutives :

```
  115 174
    3 145
  _____
  112 029
   15 827
  _____
   96 202
    6 963
  _____
   89 239
   82 154
  _____
    7 085
    7 085
  _____
    0 0 0
```

Soustraction d'une différence.

27. THÉORÈME. *Pour retrancher d'un nombre la différence de deux autres, il faut retrancher le plus grand et ajouter le plus petit au résultat.*

Par exemple, pour retrancher d'un nombre 10—3 ou 7 unités, on pourra d'abord retrancher 10 et ajouter 3 au résultat. Car en retranchant dix unités, on en retranche 3 de trop ; le résultat est donc trop faible de ces trois unités, et devient par conséquent exact quand on lui ajoute 3.

Cette démonstration est générale, car elle ne repose nullement sur le choix particulier que nous avons fait des nombres 10 et 3.

RÉSUMÉ.

15. Définition de l'addition ; on peut opérer sur des nombres abstraits, et le résultat s'appliquera à des nombres concrets quelconques, pourvu qu'ils soient de même nature. — **16.** Addition de deux nombres moindres que dix. — **17.** Principe évident sur lequel repose la règle d'addition. — **18, 19.** Règle d'addition pour deux ou plusieurs nombres. — **20.** Preuve de l'addition. — **21.** Définition de la soustraction. — **22.** Principes évidents sur lesquels repose la théorie de la soustraction. — **23.** Règle de soustraction lorsque tous les chiffres du plus grand nombre surpassent les chiffres correspondants du plus petit. — **24.** Règle dans le cas général. — **25.** Autre manière de présenter la théorie de la soustraction. — **26.** Preuve de la soustraction. — **27.** Théorème relatif à la soustraction d'une différence.

EXERCICES.

I. Pour soustraire un nombre d'un autre nombre, par exemple, 78324 de 92143, on peut procéder de la manière suivante :

$$92143$$
$$78324$$
$$\overline{13819}$$

opérez comme s'il s'agissait d'une addition, en substituant au chiffre des unités du plus petit nombre ce qui lui manque pour être égal à 10, et aux autres, ce qui leur manque pour être égaux à 9, et supprimant au résultat le chiffre 1 qui se trouve nécessairement à la gauche. Ainsi, dans l'exemple écrit plus haut, on dira 6 et 3 font 9; 7 et 4, 11, je pose 1 et je retiens 1; 6 et 1, 7 et 1 de retenue, 8; 1 et 2, 3; 2 et 9, 11 que j'écris, et je supprime, conformément à la règle, le dernier chiffre 1.

II. Pour ajouter deux nombres, on peut procéder comme s'il s'agissait d'une soustraction, en substituant au chiffre des unités de l'un des nombres, ce qui lui manque pour être égal à 10, et aux autres, ce qui leur manque pour être égaux à 9, et augmentant le second nombre d'une unité de l'ordre immédiatement supérieur à celles qu'exprime le dernier chiffre du premier. Ainsi, pour ajouter 3752 et 8796, on retranchera 1204 de 13752.

III. Quand on ajoute plusieurs nombres, la somme des chiffres du résultat est surpassée par la somme totale des chiffres des nombres ajoutés, d'un nombre exact de fois 9.

IV. Si l'on ajoute la somme de deux nombres à leur différence, on obtient pour résultat le double du plus grand, et, en retranchant la différence de deux nombres de leur somme, on obtient pour résultat le double du plus petit.

V. Trouver trois nombres tels que la somme des deux premiers soit 12, celle des deux derniers 16, et celle du premier et du dernier 14.

VI. Prouver que si l'on ajoute 11 à un nombre, la différence entre la somme des chiffres de rang impair et la somme des chiffres de rang pair, ne peut être changée que d'un nombre entier de fois 11, et énumérer les différents cas qui peuvent se présenter.

VII. Les chemins de fer français ont donné en 1860 une recette totale de 407 498 095 fr.; la recette totale de l'année 1861 était de 460 401 055, dont :

Pour le chemin de fer de Paris à Lyon et à la Méditerranée.................	144 211 335 fr.
Pour le chemin de fer d'Orléans;	76 168 936 fr.
Pour le chemin de fer de l'Est.......	69 834 304 fr.
Pour le chemin de fer du Nord.	64 199 762 fr.
Pour le chemin de fer de l'Ouest.....	55 213 555 fr.
Pour le chemin de fer du Midi.......	30 057 858 fr.

Quelle a été la recette des autres lignes de chemins de fer pendant l'année 1861, et de combien la recette totale de 1861 est-elle supérieure à celle de 1860 ?

VIII. Le nombre des naissances en France est, annuellement, de 498012 garçons et 468342 filles; le nombre des décès est de 395024 pour le sexe masculin et 389452 pour le sexe féminin; quel est l'accroissement annuel de population pour l'un et l'autre sexe ?

IX. Le nombre des naissances a été pour les garçons, en 1811, de 468523; le nombre des jeunes gens appelés par le recrutement de 1832 était de 284101; quel est le nombre des enfants décédés avant d'avoir atteint l'âge de 21 ans ?

CHAPITRE III.

MULTIPLICATION DES NOMBRES ENTIERS.

Définitions.

28. Quand on répète une grandeur un nombre entier de fois, on dit qu'on la *multiplie* par ce nombre entier. La grandeur reçoit alors le nom de *multiplicande*, et le résultat est son *produit* par le nombre entier qui a servi de *multiplicateur*.

EXEMPLE. Cinq fois 12 mois, ou 60 mois, est le produit du multiplicande 12 mois par le multiplicateur cinq.

En arithmétique, le multiplicande est représenté par un nombre, et l'on cherche le nombre qui représente le produit.

Le multiplicande et le multiplicateur se nomment les *facteurs du produit*; on dit aussi que le produit est un *multiple du multiplicande;* en général, on nomme *multiples d'un nombre*, ou d'une *grandeur*, les produits obtenus en multipliant ce nombre, ou cette grandeur, par un nombre entier quelconque.

EXEMPLE. Les multiples de 3, sont 3, 6, 9, 12, 15, 18, etc..., c'est-à-dire, une fois 3, deux fois 3, trois fois 3, etc....

La multiplication s'indique par le signe ×.

EXEMPLE.   5 × 7, se lit : 5 multiplié par 7.

Table de multiplication.

29. Pour faire une multiplication, il faut connaître les produits formés par deux nombres d'un seul chiffre : ces produits se trouvent dans le tableau suivant, à l'intersection des colonnes horizontales et verticales, en tête desquelles les facteurs sont écrits.

Chaque nombre inscrit dans une colonne verticale de ce tableau s'obtient en ajoutant au précédent celui qui commence la colonne, dont on forme ainsi, successivement, le double, le triple, le quadruple, etc.

Il faut apprendre par cœur ces résultats. Il serait impossible de faire les calculs s'il fallait avoir recours au tableau chaque fois que l'on doit multiplier deux nombres d'un seul chiffre.

1	2	3	4	5	6	7	8	9
2	4	6	8	10	12	14	16	18
3	6	9	12	15	18	21	24	27
4	8	12	16	20	24	28	32	36
5	10	15	20	25	30	35	40	45
6	12	18	24	30	36	42	48	54
7	14	21	28	35	42	49	56	63
8	16	24	32	40	48	56	64	72
9	18	27	36	45	54	63	72	81

Principes sur lesquels repose la multiplication.

50. *Si le multiplicande est la somme de plusieurs nombres, on obtiendra le produit, en multipliant successivement chacun d'eux par le multiplicateur, et ajoutant les résultats.*

Il est évident, en effet, que si l'on répète, par exemple, sept fois chacune des parties d'un nombre, ce nombre, lui-même, sera répété sept fois.

Exemple. 5 étant égal à 3 plus 2, 7 fois 5, est, évidemment, égal à 7 fois 3 plus 7 fois 2. On peut vérifier facilement que l'on a, en effet,

$$35 = 21 + 14.$$

31. *Si le multiplicateur est la somme de plusieurs nombres, on obtiendra le produit, en multipliant successivement le multiplicande par chacun d'eux, et ajoutant les résultats.*

Car on pourra, par exemple, répéter un nombre dix-sept fois, en le répétant d'abord dix fois et ensuite sept fois.

EXEMPLE. 8 étant égal à 5 plus 3, 8 fois 9 est évidemment égal à 5 fois 9 plus 3 fois 9. On peut vérifier que l'on a, en effet,

$$72 = 45 + 27.$$

32. *Le produit de deux nombres entiers ne change pas, quand on intervertit les facteurs.*

Soient les facteurs 25 et 12 : il faut prouver que 25 fois 12 est égal à 12 fois 25. Or, pour former 25 fois 12, il faut répéter 25 fois chacune des douze unités qui composent 12 ; par cette multiplication, ces unités deviennent égales à 25, et le produit se compose, par conséquent, de 12 fois 25. C'est ce qu'il fallait démontrer.

33. *Pour multiplier un nombre entier par* 10, 100, 1000, *etc., il suffit d'ajouter un, deux, trois..., zéros à sa droite.*

Il est évident, en effet, que l'on rendra ainsi la valeur représentée par chaque chiffre, 10, 100, 1000.... fois plus grande.

$$3752 \times 10 = 37520$$
$$3752 \times 100 = 375200$$
$$3752 \times 1000 = 3752000$$
$$3752 \times 10000 = 37520000$$
$$3752 \times 100000 = 375200000$$

Multiplication d'un nombre quelconque par un multiplicateur d'un seul chiffre.

34. Soit 7283 à multiplier par 5. Comme toute multiplication n'est qu'une addition abrégée, on n'aurait qu'à écrire cinq fois le nombre 7283 et à faire l'addition de ces cinq termes :

```
  7283
  7283
  7283
  7283
  7283
 ─────
 36415
```

Mais comme tous les termes de cette addition sont égaux entre eux, on n'en écrit qu'un seul, et au-dessous le nombre qui indique combien il y a de ces facteurs égaux (multiplicateur). La table de multiplication permet alors de faire immédiatement la somme de chaque colonne, sans faire les additions consécutives des termes un à un. En effet :

5 fois 3 unités font 15 unités.

5 fois 8 dizaines font 40 dizaines.

5 fois 2 centaines font 10 centaines.

5 fois 7 mille font 35 mille.

Dans la pratique, on ajoute ces produits partiels au fur et à mesure qu'on les obtient. Ainsi, dans l'exemple précédent, on dira :

```
  7283
     5
 ─────
 36415
```

5 fois 3 unités font 15 unités, on pose 5 unités et on retient 1 dizaine : 5 fois 8 dizaines font 40 dizaines et 1 dizaine de retenue font 41 dizaines, on pose 1 dizaine et on retient 4 centaines : 5 fois 2 centaines font 10 centaines et 4 de retenue font 14 centaines, on pose 4 centaines et on retient 1 mille : 5 fois 7 mille font 35 mille et 1 de retenue font 36 mille, que l'on écrit à la gauche des trois premiers chiffres obtenus, ce qui donne pour produit 36415.

Multiplication d'un nombre quelconque par un chiffre significatif
suivi d'un ou plusieurs zéros.

35. Soit 7283 à multiplier par 500.

500 est égal à 5 fois 100, ou à 100 fois 5 (**32**) ; par conséquent,
pour répéter le multiplicande 500 fois, il suffit de le répéter
5 fois, puis de multiplier le résultat par 100. La multiplication
par 5 se fera conformément à la méthode exposée plus haut (**34**);
et pour multiplier le résultat par 100, on écrira, à sa droite,
deux zéros (**33**) :

$$7283 \times 500 = 3641500.$$

Nous pouvons donc énoncer la règle suivante.

Pour multiplier un nombre quelconque par un chiffre signifi-
catif suivi d'un ou plusieurs zéros, on le multiplie par ce chiffre,
considéré comme représentant des unités simples, et on écrit, à la
droite du produit, autant de zéros qu'il y en a à la droite du multi-
plicateur.

Multiplication de deux nombres quelconques.

36. Soit 375 à multiplier par 286. Pour répéter 375, 286 fois,
il suffit (**31**) de le répéter successivement 6 fois, 80 fois et
200 fois, et d'ajouter les résultats. Chacune de ces multiplications partielles rentre dans l'un des deux cas précédents, et
n'exige pas d'explications nouvelles. Nous pouvons donc énoncer la règle suivante.

Pour faire le produit de deux nombres entiers, on multiplie suc-
cessivement le multiplicande par chacun des chiffres du multipli-
cateur, et on ajoute les résultats, après avoir placé à la droite de
chacun d'eux un nombre de zéros égal au nombre de chiffres qui
précèdent le multiplicateur qui l'a fourni.

Dans la pratique, on se dispense d'écrire les zéros, on se
borne à donner aux chiffres des produits partiels la place qu'ils
occuperaient après l'addition de ces zéros.

EXEMPLE.   375
                           286
                         ─────
                          2250
                          3000
                           750
                         ─────
                         107250

Produits de plusieurs facteurs.

37. Faire le produit de plusieurs facteurs, c'est multiplier les deux premiers, le résultat obtenu par le troisième, ce résultat par le quatrième, et ainsi de suite.

EXEMPLE. $2 \times 3 \times 5 \times 4 \times 6$ signifie : le produit de 2 par 3, qui est 6, multiplié par 5, ce qui donne 30; puis, le résultat par 4, ce qui donne 120, et enfin ce dernier résultat par 6, ce qui fait 720.

Carrés et puissances.

38. Le produit d'un nombre par lui-même, se nomme son *carré* ou sa *deuxième puissance*. Si le nombre est pris trois fois comme facteur, le produit se nomme *cube* ou *troisième puissance*; en général, si on prend un nombre 4, 5, 6,... fois comme facteur, le produit se nomme *quatrième, cinquième, sixième,... puissance de ce nombre*.

L'opération par laquelle on forme les puissances d'un nombre s'appelle *élévation aux puissances*.

EXEMPLE. Dans notre système de numération, les unités des divers ordres, dix, cent, mille, etc., sont les puissances de la base dix.

Pour écrire une puissance d'un nombre, on écrit, au-dessus de lui, le nombre de fois qu'il doit être pris comme facteur, qui se nomme l'*exposant de la puissance*.

EXEMPLE. 10^3 signifie 10 au cube, ou 1000; 3 est l'exposant.
Élever le nombre 256 à la 2e, 3e, 4e, 5e et 6e puissance.

$256^2 = 256 \times 256 = 65536.$
$256^3 = 256 \times 256 \times 256 = 16777516.$
$256^4 = 256 \times 256 \times 256 \times 256 = 4294967296.$
$256^5 = 256 \times 256 \times 256 \times 256 \times 256 = 1099511627776.$
$256^6 = 256 \times 256 \times 256 \times 256 \times 256 \times 256 = 281474976710656.$

Théorèmes relatifs à la multiplication.

39. THÉORÈME I. *Un produit ne change pas quand on intervertit les facteurs.*

Quoique la démonstration de ce théorème ait déjà été donnée (**32**) pour le cas de deux facteurs, nous la reproduirons ici, afin de rassembler tout ce qui est relatif à cette proposition importante.

1° *Un produit de deux facteurs ne change pas quand on intervertit les facteurs.*

Soient les facteurs 25 et 12; il faut prouver que 25 fois 12 est égal à 12 fois 25. Or, pour former 25 fois 12, il faut répéter 25 fois chacune des douze unités qui composent 12; par cette multiplication, ces unités deviennent égales à 25, et le produit se compose, par conséquent, de 12 fois 25.

2° *Un produit ne change pas quand on intervertit les deux premiers facteurs.*

Soit, en effet, le produit $5 \times 7 \times 8 \times 9$, il faut prouver qu'il est égal à $7 \times 5 \times 8 \times 9$. Or, pour effectuer la première opération, il faut multiplier 5 par 7, le produit par 8 et le nouveau produit par 9. Pour effectuer la seconde, il faut multiplier 7 par 5, le produit par 8 et le nouveau produit par 9; ce qui est absolument la même chose, puisque cinq multiplié par sept est égal à sept multiplié par cinq.

3° *Un produit de trois facteurs ne change pas quand on intervertit les deux derniers.*

Soit le produit de $12 \times 7 \times 8$; il faut prouver qu'il est égal à $12 \times 8 \times 7$. Cela résulte encore du théorème relatif au cas de deux facteurs, en vertu duquel 7×8 est égal à 8×7; cette égalité signifie, en effet, que 8 fois 7 *unités* valent 7 fois 8 *unités*. Le mot unité désignant ici une grandeur tout à fait arbitraire, cette grandeur peut être une collection de douze objets, ou une *douzaine*; et par suite

8 *fois* 7 *douzaines valent* 7 *fois* 8 *douzaines;*

ce qui est la traduction, en langage ordinaire, de l'égalité que nous voulons prouver,

$$12 \times 7 \times 8 = 12 \times 8 \times 7;$$

car, le premier membre de cette égalité exprime 7 douzaines répétées 8 fois, et le second 8 douzaines répétées 7 fois.

4° *Un produit ne change pas quand on intervertit les deux derniers facteurs.*

Soit le produit $3 \times 7 \times 8 \times 9 \times 5 \times 4$; il faut prouver qu'il est égal à $3 \times 7 \times 8 \times 9 \times 4 \times 5$.

Pour former ces deux produits, il faudrait commencer, dans les deux cas, par multiplier 3 par 7, le produit par 8 et le nouveau produit par 9. Sans effectuer ces opérations, désignons-en le résultat par une lettre P; pour achever le premier produit, il faut multiplier P par 5 et le produit par 4; pour achever le second, il faut multiplier P par 4 et le produit par 5, ce qui revient au même; car, en vertu du théorème précédent, on a

$$P \times 5 \times 4 = P \times 4 \times 5.$$

5° *Un produit ne change pas quand on intervertit deux facteurs consécutifs.*

Soit le produit $3 \times 5 \times 7 \times 9 \times 11 \times 4 \times 5 \times 6$. Il faut prouver qu'il est égal à $3 \times 5 \times 7 \times 9 \times 4 \times 11 \times 5 \times 6$.

D'après la proposition précédente, on a

$$3 \times 5 \times 7 \times 9 \times 11 \times 4 = 3 \times 5 \times 7 \times 9 \times 4 \times 11.$$

Si on multiplie ces deux nombres égaux par 5 et les résultats obtenus par 6, les produits seront évidemment égaux, et, par conséquent,

$$3 \times 5 \times 7 \times 9 \times 11 \times 4 \times 5 \times 6 = 3 \times 5 \times 7 \times 9 \times 4 \times 11 \times 5 \times 6;$$

c'est ce qu'il fallait démontrer.

6° *Démontrons enfin que dans un produit de plusieurs facteurs, on peut changer, d'une manière quelconque, l'ordre des facteurs sans altérer la valeur du produit.*

Il est permis (5°) d'intervertir deux facteurs consécutifs. Or, par une suite d'inversions de ce genre, on pourra amener les facteurs à se succéder dans tel ordre que l'on voudra. On pourra choisir, en effet, l'un quelconque d'entre eux, et l'amener à la première place en le changeant successivement avec ceux qui se trouveront à sa gauche. Cela fait, on pourra en choisir un second et l'amener de la même manière à la seconde place, puis un troisième que l'on fera parvenir à la troisième place, et ainsi de suite, jusqu'à ce qu'ils soient tous placés dans l'ordre assigné.

40. THÉORÈME II. *Pour multiplier un nombre par le produit de plusieurs facteurs, on peut le multiplier successivement par ces divers facteurs.*

Soit le nombre 13 à multiplier par le produit $2 \times 3 \times 5$, qui est égal à 30; on a

$$13 \times 30 = 30 \times 13.$$

Or, dans le produit 30×13, on peut remplacer 30 par $2 \times 3 \times 5$. Car, par définition, pour effectuer $2 \times 3 \times 5 \times 13$, il faudra d'abord former le produit $2 \times 3 \times 5$ ou 30, et le multiplier par 13; on a donc

$$30 \times 13 = 2 \times 3 \times 5 \times 13,$$

ou, en changeant l'ordre des facteurs dans le second membre,

$$30 \times 13 = 13 \times 2 \times 3 \times 5;$$

c'est précisément ce qu'il fallait démontrer.

41. REMARQUE I. *Pour multiplier un produit par un nombre, il suffit de multiplier un de ses facteurs par ce nombre.* Nous venons de voir, en effet, que

$$(2 \times 3 \times 5) \times 13 = 13 \times 2 \times 3 \times 5.$$

Or, le second membre peut s'écrire

$$(13 \times 2) \times 3 \times 5,$$

et, par conséquent, pour multiplier le produit $2 \times 3 \times 5$ par 13, il a suffi de multiplier un de ses facteurs par 13.

42. REMARQUE II. *On peut multiplier un produit par un autre*

produit, en formant un produit unique avec les facteurs du multi-
plicande et ceux du multiplicateur.

Soit à multiplier $5 \times 7 \times 4$ par $8 \times 5 \times 3$. Pour multiplier un
nombre par le produit $8 \times 5 \times 3$, il suffit (**40**) de le multiplier
successivement par chacun des facteurs de ce produit; on a
donc

$$(5 \times 7 \times 4) \times (8 \times 5 \times 3) = (5 \times 7 \times 4) \times 8 \times 5 \times 3;$$

la parenthèse dans le second membre ne changeant rien aux
opérations indiquées, on peut la supprimer et écrire

$$(5 \times 7 \times 4) \times (8 \times 5 \times 3) = 5 \times 7 \times 4 \times 8 \times 5 \times 3,$$

ce qu'il fallait démontrer.

Comme la démonstration est fondée sur ce que l'expression
$(5 \times 7 \times 4) \times 8 \times 5 \times 3$ a absolument la même signification
avant et après la suppression de la parenthèse, il n'est peut-être
pas inutile d'insister sur ce point.

$$(5 \times 7 \times 4) \times 8 \times 5 \times 3$$

signifie le produit effectué, $5 \times 7 \times 4$, multiplié par 8, puis le
résultat par 5, puis enfin le résultat par 3.

$$5 \times 7 \times 4 \times 8 \times 5 \times 3$$

signifie, 5 multiplié par 7, le résultat multiplié par 4 (ce qui
donne le produit $5 \times 7 \times 4$), puis le résultat par 8, puis le nouveau résultat par 5, et enfin le dernier résultat par 4. On voit
que les deux opérations sont identiquement les mêmes.

43. REMARQUE III. *On peut remplacer, dans un produit, un
nombre quelconque de facteurs par leur produit effectué.*

L'ordre des facteurs étant indifférent, supposons que ceux
dont on parle soient les premiers ; il devient alors évident que
les opérations à faire restent les mêmes si on remplace ces facteurs par leur produit effectué. Soit, par exemple, le pro-
duit $5 \times 7 \times 9 \times 13 \times 11$; si on le remplace par $315 \times 13 \times 11$
(315 est égal à $5 \times 7 \times 9$), l'opération indiquée reste absolument
la même; car, pour effectuer le produit proposé, il faut, par
définition, multiplier 5 par 7, puis le produit par 9, ce qui fait

315, puis multiplier ce résultat 315 par 13 et le résultat par 11, ce qui revient à former le produit 315 × 13 × 11.

44. REMARQUE IV. *Pour multiplier deux puissances d'un même nombre, il suffit d'ajouter leurs exposants.*

Soit, en effet, à multiplier 2^3 par 2^4, c'est-à-dire $2 \times 2 \times 2$ par $2 \times 2 \times 2 \times 2$; il suffit (Remarque II) de former un produit unique avec les facteurs du multiplicande et ceux du multiplicateur. Or, ce produit est

$$2 \times 2 \times 2 \times 2 \times 2 \times 2 \times 2,$$

ou 2^7.

45. REMARQUE V. *Pour multiplier deux nombres terminés par des zéros, on peut supprimer ces zéros, faire ensuite la multiplication et ajouter, à la droite du produit, autant de zéros qu'il y en a dans les deux facteurs.*

Soit à multiplier 378000 par 2700, c'est-à-dire 378×10^3 par 27×10^2, on a,

$$(378 \times 10^3) \times (27 \times 10^2) = 378 \times 10^3 \times 27 \times 10^2 =$$
$$378 \times 27 \times 10^3 \times 10^2 = 378 \times 27 \times 10^5;$$

10^5 étant égal à 100000, on voit (**33**) que pour former le produit demandé, il suffit de multiplier 378 par 27 et d'ajouter cinq zéros au résultat; donc

$$378000 \times 2700 = 1020600000.$$

Multiplication d'une somme par une somme.

46. Soit $9 + 4$ à multiplier par $7 + 5$. Il faut répéter le multiplicande $7 + 5$ fois, ce qui peut se faire en le répétant 7 fois, puis 5 fois, et ajoutant les résultats. Mais, pour multiplier une somme $9 + 4$, il suffit de multiplier chacune de ses parties (**30**); le produit demandé se compose donc de 7 fois 9, plus 7 fois 4, plus 5 fois 9, plus 5 fois 4, ce qui s'écrit ainsi :

$$(9 + 4) \times (7 + 5) = 9 \times 7 + 4 \times 7 + 9 \times 5 + 4 \times 5.$$

Ainsi donc, *pour multiplier une somme par une somme, il faut multiplier chacune des parties du multiplicande par chacune des parties du multiplicateur et ajouter les résultats.*

Multiplication d'une différence par un nombre quelconque.

47. Soit la différence $17 - 4$ à multiplier par 5; cela revient (**32**) à multiplier 5 par $17 - 4$. Or, pour cela, il suffit de le répéter 17 fois, puis 4 fois, et de retrancher les résultats. On a donc,

$$(17 - 4) \times 5 = 17 \times 5 - 4 \times 5 ;$$

par conséquent, *pour multiplier une différence par un nombre quelconque, il suffit de multiplier ses deux termes par ce nombre.*

APPLICATION. Soit à multiplier 7997 par 8; on a

$$7997 = 8000 - 3.$$

Par conséquent

$$7997 \times 8 = (8000 - 3) \times 8 = 64000 - 24 = 63976.$$

Nombre des chiffres d'un produit.

48. THÉORÈME III. *Le nombre des chiffres d'un produit de deux facteurs est égal à la somme du nombre des chiffres du multiplicande et du nombre des chiffres du multiplicateur, ou à cette somme diminuée d'une unité.*

Supposons que le multiplicande ait cinq chiffres; qu'il soit, par exemple, 35178 et que le multiplicateur ait trois chiffres.

Puisque le multiplicateur a trois chiffres, il est au moins égal à 100; le produit est donc au moins égal au multiplicande suivi de deux zéros, soit 3517800; et par suite le nombre de ses chiffres est au moins égal à la somme des nombres des chiffres des facteurs diminuée d'une unité.

D'un autre côté, le multiplicateur est moindre que 1000; donc le produit est moindre que le multiplicande suivi de trois zéros, soit 35178000; par conséquent le nombre des chiffres du produit ne peut pas surpasser la somme des nombres des chiffres du multiplicande et du multiplicateur.

EXEMPLE. $287 \times 348 = 99876$

$287 \times 349 = 100163.$

Méthode abrégée pour faire la multiplication.

49. Pour multiplier deux nombres, on fait souvent usage d'un procédé qui permet d'écrire immédiatement le produit définitif, sans former les produits partiels intermédiaires.

Soit, par exemple, à multiplier 375 par 286 ; il faut, conformément à la règle exposée plus haut, multiplier successivement le multiplicande par 6, par 80 et par 200 ; et, pour cela, on doit multiplier, successivement, par chacun de ces trois nombres, les trois parties 300, 70 et 5 dont se compose le multiplicande. Cela fait, en tout, neuf multiplications partielles que l'on doit exécuter, savoir, celles des trois multiplicandes 300, 70 et 5, par les trois multiplicateurs 200, 80, 6 ; il suffira (**45**) de multiplier 3, 7 et 5 par 2, 8 et 6, en écrivant, à la droite de chaque produit, autant de zéros qu'il devait y en avoir après les deux facteurs multipliés, c'est-à-dire un nombre de zéros égal au nombre des chiffres placés avant eux dans les deux nombres proposés. D'après cette remarque, il est bien facile de former successivement les produits qui représentent des unités simples, ceux qui représentent des dizaines, ceux qui représentent des centaines, etc., et de les ajouter au fur et à mesure qu'on les obtient. Ainsi dans l'exemple que nous considérons,

$$\begin{array}{r} 3\ 7\ 5 \\ 2\ 8\ 6 \\ \hline 107250 \end{array}$$

il est clair que, parmi les neuf produits que nous avons à former, un seul peut représenter des unités simples, c'est celui des unités du multiplicande par les unités du multiplicateur ; 6 fois 5 font 30. Le chiffre des unités du produit est donc 0, et nous devons retenir trois dizaines. Deux des produits partiels représentent des dizaines, ce sont les unités multipliées par les dizaines et les dizaines multipliées par les unités ; 7 fois 6, 42, 8 fois 5, 40 ; 40 et 42 font 82 et 3 dizaines qui ont été retenues 85 dizaines, le chiffre des dizaines est donc 5, et l'on doit retenir 8 centaines.

Trois des produits partiels représentent des centaines, ce sont les unités multipliées par les centaines, les dizaines par les dizaines et les centaines par les unités; 6 fois 3 font 18, 8 fois 7, 56, 2 fois 5, 10 ; 10, 56 et 18 font 84, et 8 centaines de retenue, 92. Le chiffre des centaines est donc 2, et il faut retenir 9 mille.

Deux des produits partiels représentent des mille, ce sont les dizaines multipliées par les centaines, et les centaines multipliées par les dizaines; 8 fois 3 font 24, 2 fois 7 font 14 ; 14 et 24 font 38, et 9 de retenue 47 ; le chiffre des mille est donc 7, et il faut retenir 4 dizaines de mille.

Un seul produit donne des dizaines de mille, c'est celui des centaines par les centaines; 2 fois 3 font 6, et 4 de retenue 10 ; le chiffre des dizaines de mille est donc 0, et il reste une centaine de mille.

REMARQUE. Il sera toujours facile de trouver tous les produits qui représentent des unités d'un ordre assigné. On commencera, pour cela, par chercher celui d'entre eux qui correspond aux unités les plus élevées dans le multiplicande ; tous les autres s'obtiendront ensuite, en remarquant que l'ordre des unités représentées par le produit ne change pas quand on avance, à la fois, d'un rang vers la droite dans le multiplicande et d'un rang vers la gauche dans le multiplicateur.

Soit, par exemple, à multiplier 783214 par 291573 ; cherchons les produits partiels qui représentent les dizaines de millions. Les unités les plus élevées du multiplicande sont les centaines de mille ; pour avoir des dizaines de millions, il faut les multiplier par des centaines ; le premier des produits demandés est donc 5×7. Les autres sont 1×8, 9×3, 2×2 ; et leur somme $35 + 8 + 27 + 4$ est égale à 74. Il n'en faut pas conclure que, dans le produit, le chiffre des dizaines de millions soit 4, car les millions ont donné des retenues.

Cherchons encore les produits partiels qui, dans la multiplication proposée, donnent des dizaines de mille ; celui de ces produits, qui correspond aux plus hautes unités possibles du multiplicande, est le produit des dizaines de mille du multiplicande par les unités du multiplicateur, c'est-à-dire, 8×3 ; les autres sont 3×7, 2×5, 1×1, 4×9.|

RÉSUMÉ.

28. Définition de la multiplication ; ce qu'on entend par multiplicande multiplicateur, produit, facteur d'un produit, multiples d'un nombre. —

ARITH. B. 3

29. Table de multiplication. — **30.** Il résulte immédiatement des défi-nitions, que si le multiplicande est une somme, il faudra, pour avoir le produit, multiplier toutes ses parties par le multiplicateur, et ajouter les résultats. — **31.** Si le multiplicateur est une somme, il faudra multi-plier le multiplicande par ses différentes parties, et ajouter les résultats. — **32.** On démontre aussi que, dans un produit de deux facteurs, on peut changer l'ordre des facteurs. — **33.** Moyen de multiplier un nombre par 10, 100, 1000.... — **34.** A l'aide de ces trois principes, on aperçoit facilement le moyen de multiplier un nombre quelconque par un mul-tiplicateur d'un seul chiffre. — **35.** Puis, par un chiffre significatif suivi de plusieurs zéros. — **36.** Puis, enfin, par un nombre quelconque. — **37.** Définition d'un produit de plusieurs facteurs. — **38.** Des carrés et puissances quelconques des nombres. — **39.** Dans un produit d'un nombre quelconque de facteurs, on peut intervertir l'ordre des facteurs. On démontre d'abord cette proposition pour le cas de deux facteurs ; puis on prouve que, dans le cas où il y en a trois, on peut changer les deux derniers ; il en résulte immédiatement que l'on peut faire le même changement dans le cas d'un nombre quelconque de facteurs ; puis, que l'on peut intervertir deux facteurs consécutifs, et, enfin par une série d'inversions de ce genre, amener les facteurs à se succéder dans tel ordre que l'on voudra. — **40.** Pour multiplier un nombre par un produit, il suffit de le multiplier successivement par les facteurs du produit. — **41.** Pour multiplier un produit par un nombre, il suffit de multiplier un de ses facteurs par ce nombre. — **42.** Pour multiplier deux produits, il suffit de former un produit unique avec les facteurs de chacun d'eux. — **43.** L'on peut supprimer dans un produit un nom-bre quelconque de facteurs et les remplacer par leur produit effectué. — **44.** Pour multiplier deux puissances d'un même nombre, il suffit d'ajouter leurs exposants. — **45.** Moyen de simplifier la multiplication lorsque les facteurs du produit sont terminés par des zéros. — **46.** Mul-tiplication d'une somme par une somme. — **47.** D'une différence par un nombre quelconque. — **48.** Théorème relatif au nombre des chiffres d'un produit. — **49.** Moyen abrégé de faire la multiplication.

EXERCICES.

I. Combien y a-t-il de secondes dans l'année 1862 ? Cette an-née contient 365 jours, le jour a 24 heures, l'heure a 60 mi-nutes et la minute a 60 secondes.

Réponse. $365 \times 24 \times 60 \times 60$ secondes ou 31536000 secondes.

II. Convertir en secondes 51 jours 10 heures 34 minutes et 4 secondes.

RÉPONSE. 4444444 secondes.

III. Quelle est la distance en kilomètres de la planète *Neptune* au Soleil? La distance de Neptune au Soleil est 30 fois plus grande que celle de la Terre au Soleil; celle-ci est de 24000 rayons terrestres, et le rayon terrestre est de 6370 kilomètres.

RÉPONSE. $30 \times 24000 \times 6370 = 4586400000$ kilomètres.

IV. La vitesse du son dans l'air étant de 340 mètres par seconde; à quelle distance est-on d'un nuage orageux, lorsqu'on a entendu le tonnerre 14 secondes après l'apparition de l'éclair?

RÉPONSE. 4760 mètres.

V. Une locomotive parcourt 850 mètres par minute; quelle distance parcourra-t-elle en 2 heures 17 minutes?

RÉPONSE. 116450 mètres.

VI. La consommation moyenne annuelle par habitant est, en France, de 167 litres de blé, 69 litres de vin, 21879 grammes de viande, 6525 grammes de sel et 3648 grammes de sucre. Déduire de ces chiffres la consommation totale, en supposant le nombre des habitants égal à 37039364.

VII. Si un nombre est terminé par 5, son carré est terminé par 25.

VIII. Si deux nombres ne sont terminés ni par 0 ni par 5, la différence de leurs quatrièmes puissances est terminée par un de ces deux chiffres.

IX. Pour trouver le produit de deux nombres compris entre 5 et 10, on peut procéder de la manière suivante : Fermer dans la main gauche autant de doigts qu'il manque d'unités au multiplicande pour être égal à 10, et dans la main droite, autant qu'il en manque au multiplicateur; faire le produit de ces deux nombres de doigts, et lui ajouter autant de dizaines qu'il est resté de doigts non fermés.

X. Si l'on donne deux suites de nombres, qui en contiennent autant l'une que l'autre, dans quel ordre doit-on les disposer pour que la somme des produits obtenus, en multipliant les nombres correspondants, soit la plus grande possible ?

XI. On prend un nombre quelconque de chiffres. On double le premier, on ajoute 5 au résultat, et on multiplie la somme par 5 ; au produit ainsi obtenu, on ajoute le second chiffre, puis on multiplie par 10 ; on ajoute au produit le troisième chiffre, on multiplie encore par 10, et on ajoute le quatrième ; ainsi de suite indéfiniment. Prouver que le résultat ainsi obtenu, diminué de 25 ou de 250 ou de 2500..., suivant le nombre des chiffres donnés, sera égal au nombre formé par ces chiffres, écrits dans l'ordre où on les avait placés.

XII. $\overset{\displaystyle\vdash\rule{4em}{0.4pt}\vdash\rule{2em}{0.4pt}\vdash\rule{4em}{0.4pt}\dashv}{\text{A} \qquad\quad \text{R} \qquad \text{S} \qquad\qquad}$ B. On marque sur une ligne AB deux points R et S, et l'on mesure cette ligne et ses différentes parties ; prouver que l'on aura toujours

$$AB \times RS + AR \times BS = AS \times BR.$$

AB, RS, AR, BS, AS, BR, désignant les nombres qui mesurent ces différentes lignes.

Exemple.   AB $= 100$, AR $= 20$, BS $= 10$, RS $= 70$.
$$100 \times 70 + 20 \times 10 = 90 \times 80.$$

XIII. Le produit de la somme de deux nombres par leur différence, est égal à la différence de leurs carrés.

XIV. Déduire du théorème précédent, que, la somme de deux nombres étant donnée, leur produit est le plus grand possible quand ils sont égaux.

XV. Le produit de deux nombres étant donné, s'ils sont égaux, leur somme est la plus petite possible ; montrer l'identité de cette proposition avec la précédente.

XVI. La somme des carrés de deux nombres est plus grande que le double de leur produit.

XVII. Le produit des nombres entiers depuis une limite quelconque n jusqu'au nombre $2n - 2$, inférieur de deux unités au double de n, est égal au produit des nombres impairs depuis 1 jusqu'à $2n-3$, par la puissance $(n-1)^{me}$ de 2.

XVIII. Quelle est la valeur du cuivre produit en France pendant l'année 1847, sachant que le quintal de cuivre vaut 211 fr. et que l'on a fabriqué 312 quintaux avec des minerais indigènes et 6108 avec des minerais étrangers?

XIX. On a fabriqué en France, en 1847, 1874111 quintaux de fonte dans des hauts fourneaux au coke. Quels ont été le poids et la valeur du coke brûlé, sachant que l'on consomme 171 kilogrammes de coke par quintal de fonte obtenu, et que le coke revient, en moyenne, à 245 centimes les 100 kilogrammes?

CHAPITRE IV.

DIVISION DES NOMBRES ENTIERS.

Définitions.

50. Le mot *division* signifie littéralement, partage en diverses parties. Diviser une grandeur par un nombre entier, c'est la partager en autant de parties égales qu'il y a d'unités dans ce nombre, et évaluer l'une des parties. En arithmétique, la grandeur à diviser est représentée par un nombre que, dans ce chapitre, nous supposerons entier; ce nombre se nomme *dividende*; celui qui exprime en combien de parties égales on le divise se nomme *diviseur*, et la valeur de l'une des parties s'appelle *quotient*. Le but de la division est de trouver le quotient, quand on connaît le dividende et le diviseur.

51. Lorsque le quotient d'une division ne sera pas entier, nous nous bornerons, dans ce chapitre, à chercher le plus grand nombre entier qui y soit contenu, renvoyant son évaluation exacte à la théorie des fractions. Si l'on considère cette partie entière du quotient comme obtenue en divisant une portion du dividende, le *reste* est la partie non divisée. Par exemple, dans la division de 10 par 4, la partie entière du quotient, qui est 2, étant seulement le quart de 8, le *reste* est 2 unités.

52. REMARQUE I. *Le reste d'une division est toujours moindre que le diviseur;* car, sans cela, en le divisant par ce diviseur, on obtiendrait au moins une unité nouvelle à ajouter à la partie entière du quotient. Ainsi, il ne serait pas conforme aux définitions précédentes, de dire que 18 divisé par 5 donne pour quotient 2 et pour reste 8 unités. Car 5 de ces 8 unités, divisées par 5, donnent pour quotient une unité qu'il faut ajouter aux deux autres. On doit donc dire que le quotient est 3 et le reste 3.

53. REMARQUE II. Le partage d'une grandeur en parties égales n'est pas le seul genre de questions qui conduise à faire des divisions. Cette opération se présente aussi, lorsque, pour comparer deux grandeurs, on cherche combien de fois l'une contient l'autre; les deux grandeurs étant exprimées par des nombres, nous allons montrer que cette comparaison revient à la division des deux nombres.

Soient les nombres 46 et 7. Le quotient de leur division est 6 et le reste 4, c'est-à-dire que 46 contient 42 dont le septième est 6, et en outre, 4 unités.

Or, un nombre dont le septième est six, est égal à sept fois six ou (**32**) à six fois sept; 46 contient par conséquent six fois le diviseur 7, et en outre, 4 unités; en sorte qu'en cherchant combien de fois 46 contient 7, on trouvera le même nombre entier 6, qu'en prenant le septième de 46, et il restera la même partie du dividende, égale à 4 unités, dont la division ne peut s'effectuer en nombres entiers.

Cette remarque prouve que l'on peut considérer la division comme ayant pour but de chercher combien de fois le dividende contient le diviseur. Le *reste* est alors ce qui reste du dividende, quand on en a retranché le diviseur autant de fois que possible.

Il résulte de là, *que le produit du diviseur par la partie entière du quotient est le plus grand multiple du diviseur qui soit contenu dans le dividende.*

REMARQUE. Si la longueur des calculs n'était pas un obstacle, le quotient de la division des deux nombres s'obtiendrait facilement à l'aide des opérations précédentes.

Soit 28 à diviser par 8, on peut obtenir le quotient de trois manières :

1° A l'aide de l'addition. En ajoutant 8 à lui-même, on reconnaît que $8+8+8$ donnent pour somme 24, et que $8+8+8+8$ donnent 32; 28 contient donc plus de 3 fois 8 et moins de 4 fois 8. Le quotient demandé est par conséquent 3, et le reste est 4, excès de 28 sur 24.

2° Par la soustraction. En retranchant 8 de 28 autant de fois que possible, on reconnaît qu'il n'y est contenu que trois fois.

$$
\begin{array}{r}
28 \\
8 \\
\hline
20 \\
8 \\
\hline
12 \\
8 \\
\hline
4
\end{array}
$$

28 contient donc trois fois 8, et il reste 4.

3° *Par la multiplication.* En multipliant successivement 8 par les nombres 1, 2, 3, etc., on trouve pour produits, 8, 16, 24, 32. Le plus grand de ces nombres qui soit contenu dans 28, est 24 ou 3 fois 8 ; le quotient est par conséquent 3.

. Le but de ce chapitre n'est donc pas seulement de donner un procédé pour faire la division, mais de faire connaître une règle commode et pratique.

54. D'après ce qui précède, deux nombres étant donnés, il sera toujours facile de décider directement, si le quotient de leur division est plus grand ou plus petit qu'un nombre assigné.

Soient les nombres 63724 et 453 :

Cherchons si le quotient de leur division surpasse 135.

Il faut savoir si 63724 contient plus ou moins de 135 fois le diviseur 453 ; c'est-à-dire, si le dividende est plus grand ou plus petit que 453×135. Si nous formons le produit, nous trouvons

$$453 \times 135 = 61155 ;$$

63724 surpassant 61155, le quotient est plus grand que 135. On voit même que 135 n'est pas sa partie entière ; car l'excès de 63724 sur 61155 est 2569 qui contient encore plusieurs fois 453.

Cas simple de la division.

55. Pour faire une division quelconque, il est utile de savoir résoudre la question suivante :

Trouver la partie entière du quotient d'une division lorsque cette partie entière n'a qu'un chiffre.

Nous distinguerons trois cas :

1° *Le diviseur n'a qu'un chiffre.*

La table de multiplication apprend, dans ce cas, quel est le plus grand multiple du diviseur que contienne le dividende, et, par là (55), fait connaître la partie entière du quotient.

Exemple. 77, divisé par 9, donne pour quotient 8 ; car le plus grand multiple de 9, contenu dans 77, est 72 ou 9×8. Le reste est 5.

2° *Le diviseur est exprimé par un chiffre suivi de plusieurs zéros.*

La table de multiplication faisant connaître le produit de ce diviseur par les nombres d'un seul chiffre, on apercevra immédiatement quel est le plus grand de ces produits que contienne le dividende.

EXEMPLE. Soit à diviser 37857 par 5000, 37857 est plus grand que 35000 et moindre que 40000, c'est-à-dire plus grand que 7 fois, et moindre que 8 fois le diviseur. La partie entière du quotient est donc 7 ; le reste est l'excès de 37857 sur 35000, c'est-à-dire 2857.

Dans l'exemple précédent, les mille seulement du dividende déterminent la partie entière du quotient; les multiples de 5000 étant en effet des nombres entiers de fois mille, le plus grand de ces multiples, qui soit contenu dans le dividende, ne dépend que du nombre de mille que celui-ci contient. On aurait donc pu, pour trouver la partie entière du quotient, diviser 37 par 5. En général, *quand le diviseur est exprimé par un chiffre suivi de plusieurs zéros, pour trouver la partie entière du quotient, on peut supprimer ces zéros ainsi qu'un nombre égal de chiffres du dividende.*

EXEMPLE. Soit à diviser 783217 par 90000, la partie entière du quotient est la même que celle du quotient de 78 par 9, et, par conséquent, elle est égale à 8.

3° *Le diviseur est un nombre quelconque.*

La seule inspection du dividende et du diviseur apprendra si le quotient est réellement moindre que 10. Il est nécessaire et suffisant pour cela, que le dividende ne contienne pas dix fois le diviseur, c'est-à-dire qu'il soit moindre que le résultat obtenu en écrivant un zéro à la droite du diviseur.

EXEMPLE. 37892 divisé par 3814 donnera un quotient moindre que 10, car 37892 est moindre que 38140.

Sachant que le quotient est moindre que dix, on pourrait le trouver en multipliant le diviseur par les nombres 1, 2, 3, 4, etc., et s'arrêtant dès que deux produits comprendraient entre (ux le dividende ; soit, par exemple, 4796 à diviser par 934, on a

$$1 \times 934 = 934$$

$$2 \times 934 = 1868$$

$$3 \times 934 = 2802$$

$$4 \times 934 = 3736$$

$$5 \times 934 = 4670$$

$$6 \times 934 = 5604 \, ;$$

4796 est donc compris entre 5 fois 934 et 6 fois 934, et par suite (52), le quotient demandé a 5 pour partie entière.

Ce procédé ne sera jamais très-long, puisque l'on aura, au plus, 9 petites multiplications à faire ; il est cependant utile de l'abréger. C'est ce qu'on fait à l'aide de la remarque suivante.

Le chiffre placé à la gauche du diviseur est celui qui a le plus d'influence sur sa valeur. Si donc on remplace tous les autres par des zéros, on aura un quotient peu différent du véritable et très-facile à obtenir.

Cette première valeur approchée du quotient peut être trop grande, mais elle ne peut être trop petite. Car, en remplaçant les chiffres du diviseur par des zéros, on diminue celui-ci, et l'on augmente évidemment le quotient, en sorte que la partie entière peut quelquefois rester la même, mais ne peut, dans aucun cas, diminuer. Quelques essais permettront, dans chaque cas, de trouver si le chiffre obtenu est trop grand, et combien on doit lui enlever d'unités.

EXEMPLE. Soit à diviser 4573 par 782 ; on divisera d'abord 4573 par 700. La partie entière du quotient est la même (55, 2°) que celle de la division de 45 par 7, elle est donc égale à 6. La partie entière du quotient cherché est donc à peu près 6, et ne peut surpasser cette limite. Pour essayer ce chiffre 6, on multipliera le diviseur par les nombres 6, 5, 4..., jusqu'à ce qu'on trouve un produit qui soit contenu dans le dividende ; 782 multiplié par 6 donne pour produit 4692 qui est plus grand que le dividende. Mais le produit par 5 est 3910, qui est moindre que 4573 ; le dividende contient donc 5 fois le diviseur, mais il ne le contient pas 6 fois, et la partie entière du quotient est, par conséquent, égale à 5.

56. REMARQUE. En remplaçant tous les chiffres du diviseur, excepté le premier, par des zéros, on obtient une limite supérieure du quotient. On peut, d'une manière analogue, obtenir une limite inférieure. Reprenons, en effet, l'exemple précédent. Au lieu de substituer 700 au diviseur 782, substituons-lui 800, la partie entière du quotient de la division de 4573 par 800 est la même (55, 2°) que celle de la division de 45 par 8, elle est donc égale à 5 ; mais en substituant 800 au diviseur, nous avons augmenté sa valeur et, par conséquent, diminué celle du quotient ; la partie entière de celui-ci ne peut donc avoir augmenté ; et puisque, sans augmenter, elle est devenue égale à 5, nous sommes assurés que la valeur véritable est 5 *au moins*.

Quelquefois la remarque précédente permet d'assigner exactement la partie entière du quotient. Soit, par exemple, 6378 à diviser par 875 ; en substituant 800 au diviseur, la partie entière du quotient deviendra (55, 2°) la même que celle de la division de 63 par 8, qui est 7 ; la partie entière du quotient cherché est donc 7, *au plus*. En substituant 900 au diviseur, la partie entière du quotient deviendra la même que celle de la division de 63 par 9, c'est-à-dire encore égale à 7 ; la partie entière du quotient cherché est donc 7, *au moins*. Ne pouvant ni surpasser 7, ni être moindre que 7, elle est précisément 7.

Division de deux nombres entiers quelconques.

57. Lorsque le quotient d'une division est plus grand que 10, il s'exprime par plusieurs chiffres que l'on doit trouver successivement.

Nous allons montrer d'abord comment on peut trouver celui qui exprime les plus fortes unités ; mais cette première question sera elle-même divisée en deux autres : 1° chercher l'ordre des unités exprimées par le premier chiffre du quotient ; 2° chercher la valeur de ce premier chiffre.

Soit 8593214 à diviser par 247.

Pour trouver l'ordre des plus hautes unités du quotient, séparons, sur la gauche du dividende, autant de chiffres qu'il en faut pour former un nombre plus grand que le diviseur, mais moindre que 10 fois ce diviseur. Ce nombre, qui sera dans le cas actuel 859, exprimant des dizaines de mille, je dis que le premier chiffre du quotient exprimera aussi des dizaines de mille, ou, en d'autres termes, que le quotient est plus grand que dix mille et moindre que cent mille.

1° Le quotient est plus grand que 10000, car le dividende, contenant 859 dizaines de mille, est plus grand que 247 dizaines de mille, c'est-à-dire que dix mille fois le diviseur.

2° Le quotient est moindre que cent mille, car le dividende ne contenant que 859 dizaines de mille, et 859 étant moindre que dix fois 247, le dividende ne contient pas dix fois 247 dizaines de mille, c'est-à-dire 247 centaines de mille. Et il est, par conséquent, moindre que cent mille fois le diviseur.

Ce raisonnement est évidemment général, et conduit à la règle suivante :

Si l'on détache, à la gauche du dividende, autant de chiffres qu'il en faut pour former un nombre plus grand que le diviseur et moindre que dix fois le diviseur, le premier chiffre du quotient exprime des unités de même ordre que le nombre formé par ces chiffres.

58. Sachant que le premier chiffre du quotient exprime des dizaines de mille, il nous reste à trouver sa valeur; la question qu'il faut résoudre est celle-ci : combien y a-t-il de dizaines de mille dans le quotient de la division de 8593214 par 247? Ou encore, ce qui revient au même (55), quel est le plus grand nombre de dizaines de mille qui, multiplié par 247, donne un produit inférieur à 8593214 ? Le produit d'un nombre de dizaines de mille par 247 ne pouvant donner que des dizaines de mille, il est clair que les chiffres 3214, qui expriment des unités d'ordre inférieur, sont ici sans influence, et que le produit en question doit être tout au plus égal à 859 dizaines de mille. Le premier chiffre du quotient est donc le plus grand nombre qui, multiplié par 247, donne un produit inférieur ou égal à 859; il est par conséquent (55) la partie entière du quotient de la division de 859 par 247.

Le raisonnement est évidemment général, et conduit à la règle suivante :

Lorsque l'on a détaché, à la gauche du dividende, autant de chiffres qu'il en faut pour exprimer un nombre plus grand que le diviseur mais moindre que dix fois le diviseur, en divisant ce nombre par le diviseur, on obtient le premier chiffre du quotient.

En divisant 859 par 247, comme il a été dit (**55**), on trouve 3 pour quotient. Le quotient cherché contient donc 3 dizaines de mille.

59. REMARQUE. Le nombre 859, que l'on détache à la droite du dividende, pour le diviser par le diviseur, se nomme *un dividende partiel*. Un dividende partiel est toujours plus grand que le diviseur et moindre que dix fois le diviseur. Il peut avoir autant de chiffres que le diviseur ou un de plus.

60. Les 3 dizaines de mille trouvées au quotient expriment, évidemment, la 247ᵉ partie de 247 fois 3 dizaines de mille, c'est-à-dire la 247ᵉ partie de 741 dizaines de mille. Or, le quotient étant la 247ᵉ partie du dividende contient, outre ces 3 dizaines de mille, la 247ᵉ partie de l'excès du dividende sur 741 dizaines de mille. Si donc nous retranchons de 8593214, 741 dizaines de mille, en divisant le reste par 247, on obtiendra le nombre qui doit compléter le quotient, c'est-à-dire le nombre formé de l'ensemble des chiffres encore inconnus.

Le raisonnement est évidemment général, et conduit à la règle suivante :

Si l'on multiplie le diviseur par le nombre qu'exprime le premier chiffre du quotient, et que l'on retranche le produit du dividende, le reste de cette soustraction, divisé par le diviseur, fournira l'ensemble des autres chiffres du quotient.

REMARQUE. Pour multiplier 247 par 30000, il suffit évidemment de le multiplier par 3 et d'écrire quatre zéros à la droite du produit; la soustraction se fera donc en retranchant 247 multiplié par 3 dizaines de mille, ou 741 dizaines de mille, des 859 dizaines de mille du dividende, et écrivant à la suite du reste les autres chiffres du dividende.

Retrancher de 869 le produit de 247 par 3, c'est chercher le reste de la division de 859 par 247, qui a fourni le premier chiffre du quotient; c'est donc à la droite du reste de cette division que l'on doit écrire les derniers chiffres du dividende.

Le nombre ainsi obtenu, divisé par le diviseur, fournira l'ensemble des autres chiffres du quotient.

61. Les théorèmes précédents permettent d'effectuer une division quelconque; car ils donnent le moyen de trouver le premier chiffre du quotient, et ramènent la recherche de tous les autres à une division nouvelle. En les appliquant à cette seconde division, on trouvera un second chiffre du quotient, et on ramènera la recherche de tous les autres à une troisième division; celle-ci fournira un troisième chiffre du quotient, etc. Nous sommes donc conduits à la règle suivante :

1° *Pour diviser l'un par l'autre deux nombres entiers, on sépare à la gauche du dividende assez de chiffres pour que leur ensemble exprime un nombre au moins égal au diviseur; en divisant ce nombre par le diviseur, on obtient le premier chiffre du quotient, qui exprime des unités de même ordre que ce premier dividende partiel.*

Cette première partie de la règle résulte des théorèmes démontrés (**37, 58**).

2° *On calcule le reste de la division qui a fourni le premier chiffre du quotient, et on écrit à sa droite les autres chiffres du dividende; le nombre ainsi formé, étant divisé par le diviseur, fournira les autres chiffres du quotient.*

Cette seconde partie de la règle résulte du théorème démontré (**60**).

3° *En appliquant à cette nouvelle division les règles que nous venons d'énoncer, on obtiendra le premier chiffre du nouveau quotient qui est, en général, le second du quotient cherché; les autres seront fournis par une troisième division.*

Cette troisième partie de la règle n'a pas besoin de démonstration.

Le chiffre fourni par cette nouvelle division ne sera le second que si les unités qu'il exprime sont d'un ordre immédiatement inférieur à celles qu'exprime le premier chiffre; si cela n'avait pas lieu, il faudrait placer, entre eux, un ou plusieurs zéros. Cette circonstance se présentera, lorsqu'après avoir retranché du dividende partiel le produit du diviseur par le chiffre trouvé au quotient, il faudrait adjoindre plus d'un chiffre nouveau à cette différence pour la rendre plus grande que le diviseur, et former le second dividende partiel. Il est clair, en effet, que, dans ce cas, les unités exprimées par le second dividende partiel ne seront pas d'un ordre immédiatement inférieur à celles qu'exprime le premier.

4° On continue ainsi jusqu'à ce qu'on obtienne un dividende moindre que le diviseur: ce dividende est le reste de l'opération.

Car ce dividende, divisé par le diviseur, ne donnerait pas une seule unité nouvelle à ajouter au quotient; ce sera donc le reste. Si le dernier chiffre obtenu n'exprimait pas des unités simples, il faudrait écrire, à sa droite, un ou plusieurs zéros pour lui faire acquérir la valeur qu'il doit avoir.

Manière de disposer l'opération.

62. Pour faire une division, on écrit le dividende et le diviseur sur une même ligne horizontale, on les sépare par une barre verticale, et on souligne le diviseur. Cela fait, on sépare par une virgule le premier dividende partiel, et on inscrit, provisoirement, comme premier chiffre du quotient, le résultat approché, obtenu comme il a été dit (**55**). On multiplie ce premier chiffre par le diviseur, et on retranche le produit du premier dividende partiel. Si cette soustraction n'est pas possible, on diminue le chiffre inscrit au quotient jusqu'à ce que son produit par le diviseur soit moindre que le dividende partiel; on fait alors la soustraction sans écrire le produit lui-même, en retranchant ses divers chiffres au fur et à mesure qu'on les obtient. A la suite du reste, on écrit le premier des chiffres non encore employés du dividende, ou, si cela est nécessaire, les deux premiers, les trois premiers.... chiffres non encore employés, de manière à former un second dividende partiel plus grand que le diviseur. Ce dividende partiel, divisé par le diviseur, fournit un second chiffre du quotient. On continue de la même manière, jusqu'à ce qu'on obtienne un dividende partiel moindre que le diviseur et exprimant des unités simples.

Les calculs de la division de 8593214 par 247, se font de la manière suivante :

$$\begin{array}{r|l} 8593214 & 247 \\ \cline{2-2} 1183 & \overline{34790} \\ 1952 & \\ 2231 & \\ 84 & \end{array}$$

On détache, à la gauche du dividende, le nombre 859 plus grand que le diviseur, et on le divise par 247. La règle (**55**) conduirait à essayer le chiffre 4, mais avec un peu d'habitude on reconnaît qu'il est trop fort ; on inscrit donc 3 au quotient. On multiplie 3 par 247, et on retranche le produit de 859 ; le reste est 118. A sa droite on écrit le premier des chiffres non employés du dividende, et on forme le dividende partiel 1183 qu'il faut diviser par 247; 11 divisé par 2, donnant pour quotient 5, on est conduit (**55**) à essayer le chiffre 5, mais le produit de 247 par 5 ne peut pas se retrancher de 1183 ; 5 est donc trop fort, et il faut essayer 4 (l'essai du nombre 5 n'a pas été fait sur le tableau de l'opération). En retranchant de 1183 le produit de 247 par 4, on trouve pour reste 195; à sa droite on écrit le premier des chiffres non employés du dividende, et on forme le dividende partiel 1952, qu'il faut diviser par 247 : 19 divisé par 2 donnant pour quotient 9, on est conduit (**55**) à essayer le chiffre 9; mais la moindre habitude du calcul fait voir qu'il est trop fort et qu'il en est de même de 8. On retranche donc de 1952 le produit de 247 par 7, le reste est 223; à sa droite on écrit le premier des chiffres non employés du dividende, et on forme le dividende partiel 2231 qu'il faut diviser par 247. En 22, 2 est contenu 11 fois ; nous sommes donc conduits à mettre au quotient le chiffre 9, qui est bon ; car son produit par 247 peut se retrancher de 223, et laisse pour reste 8. A la droite de ce reste, on écrit le chiffre non employé du dividende, et on forme ainsi le dividende partiel 84 qui ne peut se diviser par 247, et est, par conséquent, le *reste* de l'opération ; mais comme le dividende partiel précédent 2231 représentait les dizaines, le chiffre 9, qu'il a fourni, exprime 9 dizaines, et il faut placer un zéro à sa droite.

Considérons encore l'exemple suivant, dans lequel le quotient contient plusieurs fois le chiffre 0.

Soit 1054854 à diviser par 351.

$$\begin{array}{r|l} 1054854 & 351 \\ 1854 & \overline{3005} \\ 99 & \end{array}$$

On détache, à la gauche du dividende, le nombre 1054 plus grand que le diviseur 351, et on divise par 351. Le quotient (**55**) ne peut surpasser le quotient de la division de 10 par 3, c'est-à-dire 3, essayons donc le chiffre 3 : le produit de 3 par 351 est 1053, et par conséquent moindre que 1054. Le chiffre 3 est donc bon, et le reste de cette première division partielle est 1, excès de 1054 sur 1053. A la droite de 1, j'écris les chiffres 854 du dividende ; et pour obtenir un second dividende partiel supérieur à 351, je dois prendre le nombre 1854 tout entier, mais ce nombre représente des unités simples ; le dividende précédent 1054 représentant des mille, il faudrait placer deux zéros au quotient entre les chiffres fournis par ces divisions. Pour diviser 1854 par 351, on divisera (**55**) 18 par 3, et on obtiendra un quotient 6, qui ne peut être trop petit ; puis en divisant 18 par 4, on obtiendra un quotient 4, qui ne peut être trop grand ; le quotient est donc 4, 5 ou 6. En essayant d'abord 6, on trouve que le produit de 6 par 351 est 2106, nombre supérieur à 1854 ; 6 est donc trop grand. En essayant 5, on trouve que le produit de 5 par 351 est 1755, nombre moindre que 1854 ; le chiffre 5 est donc bon. Le quotient cherché est donc 3005, et le reste est 99, excès de 1854 sur 1755.

Nombre des chiffres du quotient.

63. On connaît, dès le début de l'opération (**57**), l'ordre des unités exprimées par le premier chiffre du quotient. Dans chaque cas on saura donc, immédiatement, combien le quotient doit avoir de chiffres ; car si son premier chiffre exprime des dizaines, il aura évidemment deux chiffres, trois s'il exprime

ARITH. B.   4

des centaines, etc.; mais il existe, en outre, une règle générale qu'il est bon de connaître.

Le nombre des chiffres du quotient est égal à la différence entre le nombre des chiffres du dividende et le nombre des chiffres du diviseur, ou à cette différence augmentée d'une unité.

Le premier chiffre du quotient représente, en effet, des unités de même ordre que le premier dividende partiel; tous deux sont donc suivis, l'un dans le dividende, l'autre dans le quotient, d'un même nombre de chiffres.

Or, le premier dividende partiel peut avoir (59) autant de chiffres que le diviseur, ou un chiffre de plus. Dans le premier cas, le nombre des chiffres qui suivent le premier dividende partiel, et par suite, le nombre de ceux qui suivent le premier chiffre du quotient, est égal à la différence entre le nombre de chiffres du dividende, et le nombre de chiffres du diviseur; dans le second cas, il lui est inférieur d'une unité. Le nombre total des chiffres du quotient, *y compris le premier*, est donc, dans le premier cas, supérieur d'une unité, et, dans le second, égal à cette différence : ce qui est précisément la proposition énoncée.

Exemple. Soit 3753821 à diviser par 457.

Le premier dividende partiel étant 3753, le premier chiffre du quotient exprimera des unités de même ordre que le chiffre 3 du dividende; il sera donc suivi, comme lui, de trois chiffres, et le quotient aura, par conséquent, quatre chiffres.

Table des neuf premiers multiples du diviseur.

64. Lorsque le quotient et le diviseur renferment un grand nombre de chiffres, il est avantageux de former d'avance les produits du diviseur par les neuf premiers nombres naturels. Ce tableau se forme par de simples additions; on ajoute d'abord le diviseur à lui-même, puis le diviseur à cette somme, et ainsi de suite, jusqu'à ce qu'on ait une somme égale à dix fois le diviseur; le dernier produit ne sert qu'à l'épreuve des additions successives.

En déterminant, à chaque division partielle, le multiple qui se rapproche le plus *en moins* du dividende partiel, on trouve immédiatement les divers chiffres du quotient.

```
317070412,6891752 | 37418652
  17721196 6       | 84735926
   2753735 88
    134430 249
     22174 2931
      3464 96717          37418652..... 1
        97 298495         74837304..... 2
         2 2451192       112255956..... 3
              »          149674608..... 4
                        ·187093260..... 5
                         224511912..... 6
                         261930564..... 7
                         299349216..... 8
                         336767868..... 9
                         374186520
```

Sur la manière d'essayer les chiffres trouvés au quotient.

65. Chaque chiffre du quotient s'obtient, comme on l'a vu, à l'aide d'une division partielle dont le quotient est moindre que 10.

Pour faire ces divisions partielles, on commence (**55, 56**) par chercher deux limites, l'une inférieure, l'autre supérieure, du quotient; et on essaye les chiffres compris entre ces limites, en les multipliant par le diviseur, et cherchant le plus grand de ceux qui donnent un produit inférieur au dividende partiel. Il existe un autre procédé, presque toujours plus commode, que nous allons expliquer par un exemple.

Soit le dividende partiel 1853 à diviser par 392,

$$1853 \mid 392$$

le quotient est (**55**) au plus égal à 18 divisé par 3, c'est-à-dire à 6, au moins égal à 18 divisé par 4, c'est-à-dire à 4; il est donc 4, 5 ou 6. Essayons d'abord 6; pour que 6 soit bon, il suffit que 6 multiplié par 392 donne un produit moindre que 1853, ou, ce qui revient au même, il suffit que 392 soit plus petit que la sixième partie de 1853. Prenons donc la sixième partie de 1853; si elle est moindre que 392, le chiffre 6 est à rejeter. Or, la division par un nombre d'un chiffre se fait très-facilement.

$$\begin{array}{c|l} 1853 & 6 \\ 053 & \overline{30\ldots} \end{array}$$

18 divisé par 6 donne pour quotient 3 et pour reste 0. Le second dividende partiel est 53, qui exprime des unités simples; le premier exprimant des centaines, il faut placer un zéro entre eux.

Nous pouvons nous arrêter là, le quotient commençant par 30... est moindre que 392. Le chiffre 6 est à rejeter.

Essayons 5 de la même manière ;

$$\begin{array}{c|l} 1853 & 5 \\ 35 & \overline{37\ldots} \end{array}$$

18 divisé par 5, donne pour quotient 3, il reste 3. Le second dividende partiel est 35; 35 divisé par 5 donne pour quotient 7. Nous pouvons nous arrêter là, le quotient commençant par 37... est moindre que 392. Le chiffre 5 est donc à rejeter.

Essayons enfin le chiffre 4 ;

$$\begin{array}{c|l} 1853 & 4 \\ & \overline{4\ldots} \end{array}$$

18 divisé par 4 donne pour quotient 4. Nous pouvons nous arrêter; le chiffre 4 est bon, car le quotient commençant par 4 est plus grand que 392.

Nous donnerons encore un exemple.

Soit le dividende partiel 17325 à diviser par 1952; 17 divisé par 1 donne 17 pour limite supérieure du quotient; mais comme on sait d'ailleurs que le quotient ne peut surpasser 9, cette première opération n'apprend rien ; 17 divisé par 2 donne 8 ; le quotient est donc au moins 8, donc il est 8 ou 9.

Essayons 9.

$$\begin{array}{c|l} 17325 & 9 \\ 83 & \overline{192\ldots} \end{array}$$

17 divisé par 9 donne pour quotient 1 et il reste 8; le second

dividende partiel est 83, qui, divisé par 9, donne 9 pour quotient et 2 pour reste; le troisième dividende partiel est 22 qui, divisé par 9, donne 2 pour quotient. Le quotient commençant par 192 est plus petit que 1952 et le chiffre 9 est à rejeter; le quotient est par conséquent 8.

Preuve de la division.

66. *Pour faire la preuve d'une division, on multiplie le diviseur par le quotient, et on ajoute à ce produit le reste s'il y en a un; la somme doit être égale au dividende.*

Supposons qu'en divisant 55555555 par 37814 on ait trouvé 1469 pour quotient et 6789 pour reste, on doit avoir

$$55555555 = 1469 \times 37814 + 6789;$$

en effectuant la multiplication et en ajoutant au produit le reste indiqué, on aura

37814
1469
———
340326
226884
151256
37814
6789
———
55555555 égal au dividende.

REMARQUE I. A et B désignant des nombres quelconques, pour exprimer que le quotient de leur division est Q et le reste R, il suffit d'écrire :

$$A = B \times Q + R,$$

et d'ajouter que R est moindre que B.

REMARQUE II. De même que la multiplication sert de preuve à la division, la division peut servir de preuve à la multiplication. Pour qu'une multiplication soit exacte, il faut, en effet, que le produit, divisé par le multiplicande, donne pour quotient le multiplicateur et pour reste zéro. Si, par exemple, 30 est égal à 5×6, le cinquième de 30 est évidemment 6.

Théorèmes relatifs à la division.

67. THÉORÈME I. *Quand on multiplie ou divise le dividende et le diviseur d'une division par un même nombre, le quotient ne change pas; le reste seul, s'il y en a un, est multiplié ou divisé par ce nombre.*

752 divisé par 13, donnant pour quotient 57, et pour reste 11, il faut prouver qu'en prenant pour dividende 752×12 et pour diviseur 13×12, le quotient sera encore 57 et le reste 11×12.

Le résultat de la première division nous apprend, en effet, que 752 *unités* contiennent 57 fois 13 *unités* et, en outre, 11 *unités*.

Le mot unité exprime ici une grandeur tout à fait arbitraire, qui peut être une collection de 12 objets ou une douzaine; et par conséquent, 752 *douzaines* contiennent 57 fois 13 *douzaines* et en outre 11 *douzaines*.

Or, cette dernière phrase exprime que 12×752, divisé par 12×13, donne pour quotient 57, et un reste 12×11 évidemment moindre que le diviseur. C'est ce qu'il fallait démontrer. Le raisonnement est général, et l'on pourrait substituer à 12 un multiplicateur quelconque.

Il arrive quelquefois qu'on peut simplifier notablement une division en divisant le dividende et le diviseur par un même nombre.

Ainsi, par exemple, soit 3832785 à diviser par 495; on divise d'abord chacun de ces nombres par 5, et la division est ramenée à diviser 766557 par 99.

On peut encore diviser ces deux nombres par 9, et la division sera réduite à la division de 85173 par 11; le quotient sera 7743.

68. THÉORÈME II. *Pour diviser un nombre par le produit de plusieurs facteurs, il suffit de le diviser successivement par chacun d'eux.*

1° Ce théorème est évident dans le cas où les divisions se font exactement. Si l'on a, par exemple, à diviser une grandeur en 35 parties égales, on peut la partager d'abord en 5, puis partager ensuite chacune des cinq parties en 7. Cela fera, en tout, sept fois cinq ou trente-cinq parties, évidemment égales entre elles, et représentant, par conséquent, le quotient de la division de la grandeur considérée par le nombre 35.

Si les divisions ne conduisent pas à des quotients entiers, et que l'on se borne à prendre la partie entière de chacun d'eux, le théorème est encore exact; mais il n'est pas aussi évident. Nous établirons un lemme, ou proposition préliminaire.

Si un dividende n'est pas entier, la partie entière du quotient de la division par un diviseur entier ne dépend que de la partie entière du dividende.

Supposons, par exemple, que l'on ait à diviser par 17 un nombre compris entre 123 et 124. Je dis que la partie entière du quotient est la même que si l'on divisait 123 par 17. La partie entière du quotient est, en effet, (54) le plus grand nombre entier, dont le produit par 17 soit contenu dans le dividende. Elle est, par conséquent, égale au quotient que l'on obtiendrait en divisant par 17 le plus grand multiple de 17 qui soit contenu dans le dividende; or, les multiples de 17 sont des nombres entiers, le plus grand de ces multiples qui soit contenu dans un nombre compris entre 123 et 124 est donc le même que le plus grand de ceux qui sont contenus dans 123.

Cela posé, supposons que l'on ait à diviser 1847 par 60. On peut (67) prendre le cinquième, puis le douzième du résultat. En divisant 1847 par 5, nous trouvons 369 pour partie entière du quotient. Le cinquième de 1847 est compris, par conséquent, entre 369 et 370. Lors donc que nous prendrons le douzième de ce cinquième, la partie entière sera la même que celle du douzième de 369. Il est donc prouvé que la partie entière du quotient de 1847 par 60 est la même que celle du quotient de 369 par 12, c'est-à-dire qu'elle est égale au résultat obtenu en divisant 1847 par 5, puis le résultat par 12, et se bornant, à chaque fois, à prendre la partie entière du quotient.

RÉSUMÉ.

30. Définition de la division, du dividende, du diviseur, du quotient. — 31. Définition du reste. — 32. Le reste est toujours moindre que le diviseur. — 33. Autre point de vue sous lequel on peut considérer la division; on prouve qu'il conduit au même résultat. — 34. Moyen de

DIVISION

reconnaître si le quotient est plus grand ou plus petit qu'un nombre
donné. — 55. Division de deux nombres entiers, en supposant que le
quotient n'ait qu'un chiffre. 1° Cas où le diviseur n'a qu'un chiffre.
2° Cas où il est égal à un chiffre significatif suivi de plusieurs zéros.
3° Cas où les deux nombres sont quelconques ; on n'a pas, dans ce troisième cas, de règle qui puisse conduire sans tâtonnements au résultat ;
on se borne à substituer des zéros aux chiffres du diviseur qui suivent
le premier, et on obtient ainsi un quotient approché qui ne peut être
trop petit ; on cherche sa valeur exacte par une suite d'essais. —
56. — Moyen d'obtenir une limite supérieure de la partie entière du quotient. Cas où cette limite coïncide avec la limite inférieure. — 57. Division de deux nombres entiers quelconques. Si on détache, à gauche
du dividende, le nombre de chiffres nécessaire pour exprimer un nombre
plus grand que le diviseur, le dernier de ces chiffres exprime des unités
du même ordre que le premier chiffre du quotient. — 58. En divisant
le nombre ainsi détaché par le diviseur, on obtient exactement le premier chiffre du quotient. — 59. Ce qu'on entend par dividende partiel.
60. En multipliant le diviseur par le nombre qu'exprime le premier
chiffre du quotient, et retranchant le produit du dividende, on obtient
un reste qui, divisé par le diviseur, fournit l'ensemble des autres chiffres
du quotient. — Moyen abrégé de former ce reste. — 61. Les théorèmes
précédents permettent d'énoncer immédiatement la règle générale de
la division. — 62. Développements sur la manière de disposer l'opération. — 63. Théorème relatif au nombre des chiffres du quotient. —
64. Table des multiples du diviseur. — 65. Moyen abrégé d'essayer
les chiffres trouvés au quotient. — 66. Preuve de la division. —
67. Quand on multiplie le dividende et le diviseur par un même nombre, le quotient ne change pas, et le reste est multiplié par ce nombre.
— 68. Pour diviser un nombre par un produit, on peut le diviser successivement par les facteurs. Cas où les divisions ne se faisant pas exactement, on se borne à prendre les parties entières des quotients.

EXERCICES.

I. Une personne a 13870^f de rente par an ; combien peut-elle
dépenser par jour en moyenne, l'année étant de 365 jours ?

RÉPONSE. 38 francs.

II. La lumière arrive du Soleil à la Terre en 8 minutes 13 secondes ; quel chemin fait-elle par seconde, la distance du Soleil à la

Terre étant égale à 24000 rayons terrestres, et le rayon de la Terre étant égal à 6370 kilomètres?

Réponse. 310101 kilomètres par seconde.

III. Deux convois partent en même temps de deux stations distantes de 270000 mètres, à la rencontre l'un de l'autre; le premier fait 730 mètres par minute, le second en fait 470; après combien de temps se rencontreront-ils, et quel chemin chacun d'eux aura-t-il parcouru?

Réponse. Après 3 heures 45 minutes, le premier aura parcouru 164250 mètres et le second 105750 mètres.

IV. Combien y a-t-il de jours, heures, minutes et secondes dans 5 millions de secondes.

Réponse. 57 jours 20 heures 53 minutes 20 secondes.

V. La consommation annuelle est en France de 5716439726 litres de blé, 2361882282 litres de vin, 749120964462 grammes de viande, 223351911450 grammes de sel, et 124871689344 grammes de sucre. Calculer la consommation moyenne par habitant, en supposant le nombre des habitants égal à 34230178. Comparer cet exercice au premier de ceux qui sont relatifs à la multiplication, et montrer que la division est l'opération *inverse* de la multiplication.

VI. Si un nombre est exactement divisible par 9, pour trouver le quotient de la division, on peut procéder de la manière suivante :

$$\begin{array}{r} 56940 \\ 51246 \\ \hline 5694 \end{array}$$

Soit le nombre 51246, écrivez un zéro au-dessus du chiffre des unités, retranchez le dividende d'un nombre, qui ayant ce zéro pour dernier chiffre, aurait, pour les autres chiffres, ceux que fournit la soustraction elle-même; ainsi, dites : 6 de 10 reste 4, 4 est le chiffre des dizaines du nombre supérieur; 4 et 1 font 5, 5 de 14 reste 9, 9 est le chiffre des centaines du nombre supérieur; 2 et 1 font 3, 3 de 9 reste 6; 6 est le chiffre des mille du nombre supérieur; 1 de 6 reste 5, 5 est le chiffre des dizaines

de mille du nombre supérieur, 5 de 5 reste 0 ; le quotient cherché est 5694.

VII. Si un nombre est exactement divisible par 11, on peut
faire la division d'une manière analogue. Soit le nombre 345785
à diviser par 11,

$$345785$$
$$314350$$
$$\overline{31435}$$

écrivez un zéro au-dessous du chiffre des unités, et retranchez
du dividende un nombre dont le zéro est ce dernier chiffre, et
dont les autres chiffres sont fournis par la soustraction elle-
même.

VIII. Si un nombre est exactement divisible par 99, on peut
procéder de la manière suivante pour obtenir le quotient. Soit
56529 à diviser par 99 :

$$57100$$
$$56529$$
$$\overline{571}$$

écrivez deux zéros au-dessus des deux derniers chiffres du dividende, et retranchez le dividende d'un nombre qui, ayant ces
deux zéros pour ses deux derniers chiffres, a pour ses autres
chiffres ceux que fournit la soustraction elle-même.

IX. Si on divise un nombre par le produit de plusieurs autres,
le quotient est le même qu'en le divisant successivement par
chacun d'eux. Prouver ce théorème : 1° quand les divisions se
font exactement ; 2° quand elles ne réussissent pas et qu'on se
borne à prendre les parties entières des différents quotients. Par
exemple, en divisant un nombre par 35, on aura la même partie entière au quotient que si on le divisait par 5, et la partie
entière du résultat par 7.

X. Il existe en France 4395 machines à vapeur, dont la force
totale est de 54467 chevaux ; quelle est la force moyenne de ces
machines?

XI. Le département de la Seine possède 663 de ces machines.
Leur force totale est de 5065 chevaux, la force moyenne dans ce

département est-elle plus grande que dans le reste de la France ? Faire le même calcul pour le département de la Haute-Loire, qui possède 11 machines dont la force est de 217 chevaux.

XII. Quand on dit qu'une machine a la force d'un certain nombre de chevaux, on entend qu'elle est capable de produire un certain nombre de fois un effet déterminé qui, par convention, répond à la force d'un cheval ; on a calculé que les machines qui existent en France peuvent remplacer, effectivement, le travail de 163401 chevaux de trait. Sachant que leur force totale est de 54467 chevaux, trouver combien une machine de la force de 25 chevaux peut remplacer de chevaux de trait.

XIII. Une machine à vapeur consomme, par force de cheval et par heure, 6750 grammes de charbon. Sachant qu'elle a dépensé en huit jours (travaillant jour et nuit), 395 hectolitres de charbon, au poids de 80 kilogrammes l'hectolitre, trouver quelle est sa force.

XIV. Un chemin de fer a transporté 1129371 voyageurs à une distance moyenne de 13 kilomètres. Il a dépensé en combustible 98536 francs. Le coke revenant à 4 francs 30 centimes l'hectolitre, et l'hectolitre pesant 80 kilogrammes, trouver en grammes le poids de coke correspondant à un voyageur et à un kilomètre.

XV. On fabriqué en France, en 1847, 8315 quintaux métriques de fers de faux. Quel est le nombre de ces fers, sachant que le poids moyen de l'un d'eux est 775 grammes ?

XVI. Les mines de houille, en France, emploient 31752 ouvriers. La houille extraite s'élève annuellement à 44693420 quintaux métriques ; quelle est la production annuelle par ouvrier ?

XVII. La superficie de la France, évaluée en milles carrés de 15 au degré, est 11653. Celle de l'ancienne monarchie prussienne est 5040. La population de la France étant 34230178, et celle de la Prusse 12552278, quel est celui des deux pays dans lequel la population est la plus dense ?

CHAPITRE V.

CONDITIONS DE DIVISIBILITÉ.

Définitions et théorèmes généraux.

69. Quand le reste d'une division est nul, on dit que le dividende est divisible par le diviseur. Il est alors égal au produit du diviseur par le quotient. Dire, en effet, par exemple, que 42 divisé par 6 donne pour quotient 7, c'est dire que 42 est égal à six fois sept. Il résulte de là, qu'un nombre divisible par un autre est (**27**) un de ses multiples; réciproquement, tous les multiples d'un nombre sont évidemment divisibles par ce nombre.

Un nombre qui en divise un autre se nomme souvent un *diviseur* de cet autre. Ainsi les locutions suivantes sont équivalentes :

42 est divisible par 6.

42 est un multiple de 6.

6 est un diviseur de 42.

70. THÉORÈME I. *Si un nombre divise exactement toutes les parties d'une somme, il divise aussi la somme.*

La somme étant en effet composée de parties égales chacune à un nombre entier de fois le diviseur, le contiendra, elle-même, un nombre entier de fois; car la somme de plusieurs nombres entiers est un nombre entier.

71. THÉORÈME II. *Tout nombre, qui en divise un autre, divise les multiples de ce dernier.*

Car les multiples d'un nombre pouvant s'obtenir en l'ajoutant à lui-même un certain nombre de fois, il est clair que ses diviseurs divisent toutes les parties des sommes ainsi formées et, par suite (**70**), les sommes elles-mêmes.

72. THÉORÈME III. *Tout nombre, qui en divise exactement deux autres, divise aussi leur différence.*

Les deux termes de cette différence contenant, en effet, un nombre entier de fois le diviseur, la différence le contiendra, elle-même, un nombre entier de fois : car la différence de deux nombres entiers est un nombre entier.

REMARQUE. *Tout nombre, qui divise exactement une somme et une de ses parties, divise aussi l'autre partie.*

Ce théorème ne diffère du précédent que par la forme de l'énoncé ; car la seconde partie de la somme peut être considérée comme la différence entre la somme entière et l'autre partie.

73. THÉORÈME IV. *Si deux nombres divisés par un troisième donnent des restes égaux, leur différence est divisible par ce troisième; et réciproquement, si la différence de deux nombres est divisible par un troisième, ces deux nombres divisés par le troisième donneront des restes égaux.*

Si, en effet, on retranche des deux nombres ces restes, qui, par supposition, sont égaux, leur différence ne changera pas; or, après cette soustraction, ils sont l'un et l'autre divisibles par le diviseur considéré, et, par suite (**72**), leur différence l'est aussi.

Réciproquement; si la différence de deux nombres est divisible par un troisième, ces deux nombres, divisés par le troisième, donnent des restes égaux. Soient les deux nombres 87 et 65, dont la différence 22 est divisible par 11. Je dis que ces nombres, divisés par 11, doivent donner le même reste. On peut en effet considérer 87, comme égal à 65 augmenté de la différnce 22; or, il est évident qu'en divisant par 11 cette somme $65+22$, la seconde partie 22, se divisant exactement et donnant pour quotient 2, n'aura d'autre influence que d'augmenter le quotient de deux unités; le reste proviendra donc seulement de la division de 65 par 11; 87 divisé par 11 laisse donc le même reste que 65 divisé par 11.

On peut énoncer la proposition précédente en disant: le reste d'une division n'est pas changé, quand on ajoute au dividende un multiple du diviseur.

Conditions de divisibilité par 2, 5, 4, 25 et 8.

74. Le principe précédent permet de calculer facilement le reste d'une division, lorsque le diviseur est l'un des nombres 2, 5, 4, 25, 8, 125.

1° *Le reste d'une division par 2 ou par 5 s'obtient en divisant par 2 ou par 5 le chiffre des unités du dividende.*

Soit le nombre 78917 ; il se compose de 7891 dizaines et de 7 unités; 10 étant égal à 2×5, est divisible par 2 et par 5. Cette partie du dividende est donc **(73)** sans influence sur le reste. En la supprimant, il reste 7, qui, divisé par 2 ou 5, donnera le même reste que le nombre proposé. Il résulte de là, que 78917 divisé par 2, donne pour reste **1**, et divisé par 5, donne pour reste **2**.

REMARQUE. Pour qu'un nombre soit divisible par 2 ou par 5, il faut que le reste de la division soit 0, et par conséquent, que le chiffre des unités soit divisible par 2 ou par 5.

Les seuls chiffres divisibles par 5, étant 0 et 5, pour qu'un nombre soit divisible par 5, il faut et il suffit qu'il soit terminé par un 0, ou par un 5.

2° *Le reste d'une division par 4 ou par 25 s'obtient en divisant par 4 ou par 25 le nombre exprimé par les deux derniers chiffres du dividende.*

Soit le nombre 78917 ; il se compose de 789 centaines et de 17 unités; 100 étant égal à 4×25 est divisible par les deux nombres 4 et 25, il en est par conséquent de même de son multiple 789 centaines; cette partie du dividende est donc **(73)** sans influence sur le reste; en la supprimant, il reste 17 qui, divisé par 4 ou 25, donnera le même reste que le nombre proposé. 17 divisé par 4 donne pour reste 1, et divisé par 25, il donne pour reste 17 ; 78917 divisé par 4 et 25 donne donc pour restes 1 et 17.

REMARQUE. Pour qu'un nombre soit divisible par 4 ou 25, il faut que le reste de la division soit 0, et par conséquent que les deux derniers chiffres expriment un nombre divisible par 4 ou 25.

Les seuls nombres de deux chiffres divisibles par 25, étant 00, 25, 50 et 75, pour qu'un nombre soit divisible par 25, il faut et il suffit qu'il soit terminé par 00, 25, 50 ou 75.

3° *Le reste d'une division par 8 ou 125 s'obtient en divisant par 8 ou 125 le nombre exprimé par les trois derniers chiffres.*

La démonstration se fera absolument comme les deux précédentes, si on remarque que 1000 étant égal à 8×125, tout multiple de 1000 est divisible par 8 et par 125, et n'a, par conséquent, aucune influence sur le reste de la division par ces deux nombres.

On verra, comme dans les cas précédents, que la condition nécessaire et suffisante pour qu'un nombre soit divisible par 8, est que l'ensemble des trois derniers chiffres exprime un nombre divisible par 8.

REMARQUE. Les démonstrations précédentes sont fondées sur ce que 10 est divisible par 2 et 5; 100 par 4 et 25; 1000 par 8 et 125. On peut admettre ces vérités comme des faits faciles à constater, mais on peut aussi les rattacher les unes aux autres; on a en effet :
$$10 = 2 \times 5.$$
$$100 = 10 \times 10 = (2 \times 5) \times (2 \times 5) = 2 \times 5 \times 2 \times 5 = 2^2 \times 5^2$$
$$= 4 \times 25.$$
$$1000 = 10 \times 10 \times 10 = (2 \times 5) \times (2 \times 5) \times (2 \times 5)$$
$$= 2 \times 5 \times 2 \times 5 \times 2 \times 5 = 2^3 \times 5^3 = 8 \times 125.$$

En résumé :

Pour qu'un nombre soit divisible par 2, il faut et il suffit que le chiffre de ses unités soit pair.

Par ex. : 3790 est divisible par 2.

Pour qu'un nombre soit divisible par 4, il faut et il suffit que le nombre formé par ses deux derniers chiffres le soit.

Par ex. : 36 étant divisible par 4, le nombre 7736 l'est également.

Pour qu'un nombre soit divisible par 8, il faut et il suffit que le nombre formé par ses trois derniers chiffres le soit.

Par ex. : 512 étant divisible par 8, le nombre 7539512 est également divisible par 8.

Pour qu'un nombre soit divisible par 16, il faut et il suffit que le nombre formé par ses quatre derniers chiffres le soit.

Par ex. : 3536 étant divisible par 16, le nombre 79573536 est également divisible par 16.

Un nombre n'est divisible par 5 que lorsqu'il est terminé par 5 ou par 0. Par ex. : 4265.

Un nombre n'est divisible par 25 que lorsque le nombre formé par ses deux derniers chiffres est divisible par 25 (c'est-à-dire s'il est terminé par deux zéros ou par l'un des nombres 25, 50 ou 75). Par ex. : 31875.

Un nombre n'est divisible par 125 que lorsque le nombre formé par ses trois derniers chiffres est divisible par 125 (c'est-à-dire s'il est terminé par trois zéros ou par l'un des nombres 125, 250, 375, 500, 625, 750, 875). Par ex. : 6284375.

Condition de divisibilité par 9.

75. Avant d'énoncer les conditions de divisibilité par 9, nous établirons quelques propositions préliminaires :

1° *L'unité suivie d'un ou plusieurs zéros exprime un nombre égal à un multiple de 9 augmenté d'une unité :* on a, en effet,

$$10 = 9 + 1$$
$$100 = 99 + 1$$
$$1000 = 999 + 1$$
$$10000 = 9999 + 1.$$

Ces égalités prouvent la proposition énoncée; car 9 étant égal à 1 fois 9, 99 à 11 fois 9, 999 à 111 fois 9, etc., ces nombres sont des multiples de 9.

2° *Un chiffre, suivi d'un ou de plusieurs zéros, exprime un nombre égal à un multiple de 9 augmenté de la valeur de ce chiffre.*

Soit, par exemple, 70000. Nous venons de prouver que

$$10000 = \text{un multiple de } 9 + 1 \ ;$$

70000 est égal à 7 fois 10000. Or, on répète une somme 7 fois en multipliant chacune de ses parties par 7 : par conséquent,

$$70000 = (\text{un multiple de } 9) \times 7 + 7.$$

Un multiple de 9, multiplié par 7, donnant pour produit un nouveau multiple de 9, nous pouvons écrire

$$70000 = \text{un multiple de } 9 + 7 \ ;$$

c'est ce qu'il fallait démontrer.

3° *Tout nombre est égal à un multiple de 9 augmenté de la somme e ses chiffres.*

Soit, par exemple, 72385. Ce nombre est composé de cinq parties, 70000, 2000, 300, 80 et 5 ; or, d'après la proposition précédente,

$$70000 = \text{un multiple de } 9 + 7,$$
$$2000 = \text{un multiple de } 9 + 2,$$
$$300 = \text{un multiple de } 9 + 3,$$
$$80 = \text{un multiple de } 9 + 8,$$
$$5 = \ldots\ldots\ldots\ldots\ldots 5 \ ;$$

on conclut de là, en ajoutant et remarquant que la somme de plusieurs multiples de 9 est un multiple de 9 :

$$72385 = \text{un multiple de } 9 + 7 + 2 + 3 + 8 + 5 \ ;$$

c'est ce qu'il fallait démontrer.

Nous pouvons maintenant démontrer la proposition suivante.

76. *Pour qu'un nombre soit divisible par* 9, *il faut et il suffit que la somme de ses chiffres soit divisible par* 9.

Tout nombre entier est égal, en effet (**75**), à un multiple de 9 augmenté de la somme de ses chiffres : si donc la somme des chiffres est un multiple de 9, le nombre, étant composé de deux

ARITH. B.   5

parties divisibles par 9, est divisible par 9. Réciproquement, pour que le nombre soit divisible par 9, il faut que la somme des chiffres le soit; car autrement, en ajoutant cette somme à un multiple de 9, le résultat ne pourrait être divisible par 9.

Reste de la division d'un nombre par 9.

77. *Un nombre divisé par 9 donne le même reste que la somme de ses chiffres.*

Tout nombre entier étant égal, en effet (**75**), à un multiple de 9 augmenté de la somme de ses chiffres, et le multiple de 9 se divisant exactement par 9, le reste de la division par 9 ne pourra provenir que de la somme des chiffres.

EXEMPLE. Soit à diviser 73214 par 9 : la somme des chiffres est 17 ; 17 divisé par 9 donne pour reste 8 : l'opération ne réussira donc pas, et laissera 8 pour reste.

Condition de divisibilité par 3.

78. *Pour qu'un nombre soit divisible par 3, il faut et il suffit que la somme de ses chiffres soit divisible par 3.*

Tout multiple de 9 est, en effet, un multiple de 3. Par conséquent (**75**), un nombre quelconque est égal à un multiple de 3 augmenté de la somme de ses chiffres. Partant de là, on démontrera le théorème énoncé comme le théorème analogue relatif au diviseur 9. On verra aussi qu'un nombre divisé par 3 donne le même reste que la somme de ses chiffres.

Tout multiple de 6 est un multiple de 2 et de 3; par conséquent, pour qu'un nombre soit divisible par 6, il faut et il suffit qu'il soit pair et que la somme de ses chiffres soit divisible par 3.

Condition de divisibilité par 11.

79. Avant d'énoncer cette condition, nous établirons quelques propositions préliminaires, sur lesquelles sa démonstration repose.

1° *L'unité suivie d'un nombre impair de zéros exprime un nombre égal à un multiple de 11 diminué d'une unité; et l'unité suivie d'un nombre pair de zéros exprime un nombre égal à un multiple de 11 augmenté d'une unité.*

On a évidemment

$$10 = 11 - 1.$$

Si on multiplie par 10 ces deux nombres égaux, les produits seront égaux ; par conséquent,

$$100 = 11 \times 10 - 10 ;$$

ce qui peut s'écrire

$$100 = 11 \times 10 - 11 + 1.$$

Cette dernière égalité exprime que 100 est un multiple de 11 $(11 \times 10 - 11)$, augmenté d'une unité ; nous pouvons donc écrire

$$100 = \text{un multiple de } 11 + 1.$$

Si on multiplie par 10 ces deux nombres égaux, les produits seront égaux, et par conséquent,

$$1000 = (\text{un multiple de } 11) \times 10 + 10 ;$$

ce qui peut s'écrire

$$1000 = \text{un multiple de } 11 + 11 - 1.$$

Car, un multiple de 11, multiplié par 10, donne pour produit un nouveau multiple de 11 ; et, pour ajouter 10, on peut ajouter 11 et retrancher 1. Or, un multiple de 11, augmenté de 11, donne pour somme un multiple de 11 ; on peut donc écrire

$$1000 = \text{un multiple de } 11 - 1.$$

En raisonnant de la même manière, on trouvera successivement

$$10000 = \text{un multiple de } 11 + 1,$$
$$100000 = \text{un multiple de } 11 - 1,$$
$$1000000 = \text{un multiple de } 11 + 1,$$

ce qui démontre la proposition énoncée.

2° *Un chiffre, suivi d'un nombre impair de zéros, exprime un multiple de* 11, *diminué de la valeur de ce chiffre; et un chiffre suivi d'un nombre pair de zéros exprime un multiple de* 11, *augmenté de la valeur de ce chiffre.*

Soit, par exemple, 7000 : on a, d'après la proposition précédente,

$$1000 = \text{un multiple de } 11 - 1.$$

On en conclut (**46**)

$$7000 = (\text{un multiple de } 11) \times 7 - 7.$$

Le produit d'un multiple de 11 par 7 étant un multiple de 11, on peut écrire

$$7000 = \text{un multiple de } 11 - 7\,;$$

ce qu'il fallait démontrer.

La démonstration serait la même dans le cas d'un chiffre suivi d'un nombre pair de zéros.

3° *Un nombre quelconque est égal à un multiple de* 11, *augmenté de la somme des chiffres de rang impair à partir de la droite, et diminué de la somme des chiffres de rang pair.*

Soit, par exemple, 82145. Ce nombre est composé de cinq parties : 80000, 2000, 100, 40 et 5 ; or, d'après la proposition précédente, on a

$$80000 = \text{un multiple de } 11 + 8,$$
$$2000 = \text{un multiple de } 11 - 2,$$
$$100 = \text{un multiple de } 11 + 1,$$
$$40 = \text{un multiple de } 11 - 4,$$
$$5 = \dots\dots\dots\dots\dots 5.$$

En écrivant que la somme des premiers membres est égale à celle des seconds, et remarquant que la somme de plusieurs multiples de 11 est un multiple de 11, nous obtiendrons l'égalité suivante :

$$82145 = \text{un multiple de } 11 + 5 - 4 + 1 - 2 + 8.$$

Ce qui démontre le théorème énoncé.

30. Remarque. Quand les chiffres de rang impair ont une somme plus grande que ceux de rang pair, on peut dire : *un nombre entier est égal à un multiple de* 11, *augmenté de l'excès de la somme des chiffres de rang impair sur la somme des chiffres de rang pair.* Quand, au contraire, la somme des chiffres de rang pair est la plus grande, on peut dire : *un nombre entier est égal à un multiple de* 11 *diminué de l'excès de la somme des chiffres de rang pair sur celle des chiffres de rang impair.*

81. *Pour qu'un nombre entier soit divisible par* 11, *il faut et il suffit que la différence entre la somme des chiffres de rang impair, à partir de la droite, et celle des chiffres de rang pair, soit nulle ou divisible par* 11.

En effet, un nombre entier quelconque est égal (**80**) à un multiple de 11, augmenté ou diminué de la différence de ces deux sommes. Si donc cette différence est nulle ou égale à un multiple de 11, le nombre sera divisible par 11. Réciproquement, pour qu'un nombre soit divisible par 11, il faut que cette différence le soit elle-même; sans quoi, en l'ajoutant ou la retranchant d'un multiple de 11, le résultat ne pourrait être divisible par 11.

Reste d'une division par 11.

82. La recherche du reste d'une division par 11 peut présenter deux cas :

1° Si la somme de ses chiffres de rang impair surpasse celle des chiffres de rang pair, le dividende est égal (**80**) à un multiple de 11 augmenté de la différence de ces deux sommes; lors donc qu'on le divisera par 11, le multiple de 11 donnant un quotient entier, le reste, s'il y en a un, ne proviendra que de cette différence. Ainsi donc, *quand la somme des chiffres de rang impair, à partir de la droite, surpasse celle des chiffres de rang pair, le reste de la division par* 11 *est égal au reste obtenu en divisant par* 11 *la différence de ces deux sommes.*

Exemple : 75246 divisé par 11 donne pour reste 6.

2° Si la somme des chiffres de rang impair est moindre que celle des chiffres de rang pair, le dividende est égal (**80**) à un multiple de 11 diminué de la différence de ces deux sommes. Soit, par exemple, le dividende 358291, on a :

$$358291 = \text{un multiple de } 11 - 12.$$

Pour retrancher 12, on peut d'abord retrancher 11, ce qui laissera évidemment pour reste un multiple de 11, dont on devra encore soustraire une unité ; on peut donc écrire :

$$358291 = \text{un multiple de } 11 - 1 ;$$

mais en détachant 11 unités du multiple de 11 indiqué dans le second membre, il restera encore un multiple de 11 ; nous pouvons donc écrire :

$$358291 = \text{un multiple de } 11 + 11 - 1 = \text{un multiple de } 11 + 10.$$

D'où l'on conclut que le reste de la division de 358291 par 11 est 10. Le raisonnement est général, il conduit à la règle suivante :

Lorsque la somme des chiffres de rang impair, à partir de la droite, est moindre que celle des chiffres de rang pair, on cherche la différence de ces deux sommes, et on en retranche 11 autant de fois que possible ; l'excès de 11 sur le reste ainsi obtenu est le reste cherché.

Preuve par 9 et par 11 de la multiplication.

83. Les preuves de la multiplication auxquelles on a donné le nom de preuve par 9 et preuve par 11, sont fondées sur le théorème suivant :

Si l'on divise par un diviseur quelconque le produit de deux nombres, on obtient le même reste que si l'on substituait aux deux facteurs les restes de leurs divisions par ce diviseur.

Avant de démontrer ce théorème, nous en donnerons un exemple pour bien fixer le sens de son énoncé.

Soit le produit 65×47 à diviser par 12 ; 65 divisé par 12 donne pour reste 5, et 47 divisé par 12 donne pour reste 11. Le théorème consiste en ce que 65×47, étant divisé par 12, donne le même reste que 5×11, divisé également par 12. La vérification est facile :

$$65 \times 47 = 3055$$

$$5 \times 11 = 55;$$

et 3055 et 55, divisés par 12, laissent l'un et l'autre un reste égal à 7.

Démontrons maintenant ce théorème par un raisonnement qui puisse s'appliquer à tous les cas.

Considérons le produit 65×47. Si l'on retranche du multiplicande 65 un multiple de 12, le produit diminue de 47 fois ce multiple de 12, c'est-à-dire d'un multiple de 12, et le reste de la division par 12 (**75**) n'est pas changé. On peut donc, sans changer le reste, retrancher 12 de 65 autant de fois que possible, et substituer par conséquent à ce multiplicande le reste 5 de sa division par 12.

Sachant que 5×47 donne, quand on le divise par 12, le même reste que 55×47, nous remarquerons que, si l'on retranche un multiple de 12 du multiplicateur 47, le produit sera diminué du produit de 5 par ce multiple de 12, c'est-à-dire d'un multiple de 12, et le reste de la division par 12 ne sera pas changé. On peut donc, sans changer le reste, retrancher 12 de 47 autant de fois que possible, et substituer à ce multiplicateur le reste 11 de sa division par 12. Ce qui démontre la proposition énoncée.

84. Pour faire la preuve par 9 d'une multiplication, on cherche les restes de la division par 9 du multiplicande et du multiplicateur ; le produit de ces restes, divisé par 9, doit laisser le même reste que le produit des deux nombres proposés (**83**). Si cette vérification ne réussit pas, l'opération est inexacte ; mais le contraire n'est pas toujours vrai.

En effet, si, par exemple, l'erreur commise dans la multiplication provient de ce qu'on n'a pas tenu compte du chiffre zéro contenu dans le multiplicateur, ou de ce que le chiffre de l'un des produits partiels n'a pas été placé, comme il convient, sous le deuxième chiffre à droite du produit partiel précédent, la preuve par 9 ne signalera aucune erreur.

85. Pour faire la preuve par 11 d'une multiplication, on cherche les restes de la division par 11 du multiplicande et du multiplicateur; le produit de ces restes, divisé par 11, doit donner le même reste que le produit des deux nombres proposés (83). Si cette vérification ne réussit pas, l'opération est inexacte; mais le contraire n'est pas toujours vrai.

EXEMPLE. Supposons qu'en multipliant 723 par 87, on ait trouvé pour produit 62901 ; 723 et 87 laissent 3 et 6 pour restes de leur division par 9 ; leur produit doit donc laisser le même reste que 3×6 ou 18 ; c'est-à-dire qu'il doit être divisible par 9. Le nombre 62901 satisfait à cette condition, car la somme de ses chiffres est 18 ; 723 et 87, divisés par 11, laissent pour restes 8 et 10 ; leur produit doit donc laisser le même reste que 80 ; 80 et 62901 laissent, en effet, l'un et l'autre 3, pour reste de leur division par 11. Les deux preuves réussissent donc. Mais cette double vérification ne permet pas d'affirmer que le résultat soit exact.

86. REMARQUE I. Quand la preuve par 9 d'une multiplication réussit, on doit en conclure seulement que l'erreur, s'il y en a une, est un multiple de 9. De même, la réussite de la preuve par 11 prouve seulement que l'erreur, s'il y en a une, est un multiple de 11. Pour que les deux preuves réussissent, l'opération n'étant pas exacte, il suffirait que l'erreur fût à la fois un multiple de 11 et un multiple de 9.

87. REMARQUE II. Les valeurs particulières des nombres 9 et 11 sont sans influence sur les raisonnements qui précèdent. On pourrait considérer d'autres diviseurs, les conclusions resteraient les mêmes. La seule raison qui porte à adopter 9 ou 11, est la facilité avec laquelle s'obtiennent les restes des divisions par ces nombres. Les diviseurs 2, 3, 4, 5, 8, 10, 25, donnent aussi, il est vrai, des restes faciles à calculer; mais la preuve par ces différents nombres ne donnerait aux résultats qu'une bien faible garantie d'exactitude.

Le reste d'une division par 2, 5, 10, 4, 25 et 8 ne dépendant que du premier, des deux premiers ou des trois premiers chiffres à droite, la preuve par un de ces nombres ne ferait porter la vérification que sur ces seuls chiffres.

Le succès de la preuve par 3 apprendrait seulement que l'erreur, s'il y en a une, est un multiple de 3; et comme sur 3 nombres consécutifs, l'un est divisible par 3, le hasard la ferait souvent réussir pour des opérations inexactes. Ajoutons, que dans le cas où la preuve par 9 a réussi, la preuve par 3 n'apprendrait rien de nouveau; car quand l'erreur est un multiple de 9, elle est aussi un multiple de 3.

RÉSUMÉ.

69. Ce qu'on entend par nombres divisibles l'un par l'autre. — 70. Un nombre divise une somme quand il divise ses parties. — 71. Un nombre qui en divise un autre divise les multiples. — 72. Un nombre qui en divise deux autres divise leur différence. — 73. Si deux nombres divisés par un troisième laissent des restes égaux, leur différence est divisible par ce troisième. Le reste d'une division n'est pas changé quand on ajoute au dividende un multiple du diviseur. — 74. Condition de divisibilité et reste de la division par 2; par 5; par 4; par 25; par 8. Les conditions précédentes sont fondées sur ce que 10 est divisible par 2 et 5; 100 par 4 et 25; 1000 par 8 et 125. On peut démontrer *a priori* qu'il en est ainsi. — 75. La condition de divisibilité par 9 résulte de trois propositions préliminaires : 1° l'unité suivie d'un ou plusieurs zéros exprime un nombre égal à un multiple de 9 augmenté d'une unité ; 2° un chiffre suivi d'un ou plusieurs zéros exprime un nombre égal à un multiple de 9 augmenté de ce chiffre; 3° un nombre quelconque est égal à un multiple de 9 augmenté de la somme de ses chiffres. — 76. On conclut de là que, pour qu'un nombre soit divisible par 9, il faut et il suffit que la somme de ses chiffres le soit elle-même. — 77. Un nombre divisé par 9 donne le même reste que la somme de ses chiffres. — 78. Condition de divisibilité par 3. — 79. La condition de divisibilité par 11 résulte de trois propositions préliminaires : 1° l'unité suivie d'un ou plusieurs zéros exprime un nombre égal à un multiple de 11 augmenté ou diminué d'une unité, suivant que le nombre des zéros est pair ou impair; 2° un chiffre suivi d'un ou plusieurs zéros exprime un nombre égal à un multiple de 11 augmenté ou diminué de la valeur de ce chiffre, suivant que le nombre des zéros est pair ou impair; 3° un nombre quelconque est égal à un multiple de 11 augmenté de la somme des chiffres de rang impair, à partir de la droite, et diminué de la somme des chiffres de rang pair. — 80. Remarque sur les deux manières dont on peut énoncer la proposition, suivant que la somme des chiffres de rang pair est plus grande ou plus petite que la somme des chiffres de rang impair. — 81. Pour qu'un nombre soit divisible par 11, il faut que la différence entre la somme des chiffres de rang impair et la somme

des chiffres de rang pair soit divisible par 11. — **82.** Reste de la division d'un nombre par 11 : 1° dans le cas où la somme des chiffres de rang impair surpasse la somme des chiffres de rang pair; 2° dans le cas où la somme des chiffres de rang pair est la plus grande. — **83.** Théorème sur lequel reposent les preuves par 9 et par 11. — **84.** Preuve par 9 de la multiplication. — **85.** Preuve par 11. — **86.** Quand les preuves par 9 et par 11 ont réussi, on ne peut pas en conclure que l'opération soit exacte. — **87.** Remarque sur les raisons qui font choisir les diviseurs 9 et 11 pour faire la preuve de la multiplication.

EXERCICES.

I. Un nombre est divisible par 6, si le chiffre des unités, ajouté à quatre fois la somme de tous les autres, donne une somme divisible par 6.

II. Un nombre est divisible par 4, si le chiffre des unités, ajouté au double du chiffre des dizaines, donne une somme divisible par 4.

III. Un nombre est divisible par 8, si le chiffre des unités, ajouté au double du chiffre des dizaines et à quatre fois celui des centaines, donne une somme divisible par 8.

IV. Un nombre est divisible par 99, si, en le séparant en tranches de deux chiffres à partir de la droite, la somme des tranches est divisible par 99. La même règle s'applique aux diviseurs 9 et 11.

V. Si on fait le produit d'un nombre quelconque de facteurs, le reste de la division par 9 ou par 11 sera le même que le reste obtenu en divisant par 9 ou par 11 le produit des restes correspondant aux différents facteurs.

VI. La somme des carrés de deux nombres entiers ne peut être divisible par 7, que si ces nombres sont eux-mêmes divisibles par 7.

VII. Si on multiplie deux nombres entiers consécutifs, le produit est toujours pair; en prenant la moitié de ce produit, on aura un quotient qui, divisé par 3, ne pourra jamais donner pour reste 2.

CONDITIONS DE DIVISIBILITÉ.

VIII. a et b étant deux nombres non divisibles par 3, $a^6 - b^6$ est divisible par 9.

IX. Pour diviser par 9 un nombre dont les chiffres sont $abcde$, on peut procéder de la manière suivante : on fait la somme des chiffres $a + b + c + d + e$, et on la divise par 9 ; soit q le quotient et r le reste ; r sera, comme on le sait, le reste de la division proposée. Le quotient de cette division s'obtiendra en ajoutant q à la somme des nombres suivants, $a + ab + abc + abcd$. Par exemple, pour diviser 75234 par 9, on fera la somme des chiffres, 21, qui, divisée par 9, donne pour quotient 2, et le quotient sera $2 + 7 + 75 + 752 + 7523$, c'est-à-dire 8359.

X. Si le carré d'un nombre diminué de 13 est divisible par 9, ce nombre divisé par 9 laisse pour reste 2 ou 7. La réciproque est vraie.

XI. Deux nombres quelconques a et b, divisés par leur différence $a - b$ laissent des restes égaux ; on en conclura que a^m et b^m divisés par $a - b$ donnent aussi le même reste, et que, par suite, $a^m - b^m$ est divisible par $a - b$, quel que soit le nombre entier m.

XII. Si, en faisant une multiplication, on oublie de reculer d'un rang les chiffres d'un produit partiel, la preuve par 9 réussira de même. La preuve par 9 et la preuve par 11 réussiront de même, si l'on recule les chiffres d'un produit partiel de deux rangs de trop vers la gauche.

CHAPITRE VI.

DIVISEURS COMMUNS DES NOMBRES ENTIERS.

— — · ·

Définitions.

88. Un nombre qui en divise exactement plusieurs autres s'appelle leur *diviseur commun*. Il est souvent utile de connaître les diviseurs communs à plusieurs nombres, et notamment le plus grand d'entre eux, que l'on nomme leur *plus grand commun diviseur*.

Dans ce chapitre, il ne sera question que des nombres entiers et de leurs diviseurs entiers.

Théorèmes sur lesquels repose la recherche du plus grand commun diviseur.

89. Théorème I. *Si deux nombres sont divisés l'un par l'autre, le plus petit des deux est leur plus grand commun diviseur.*

Soient les nombres 42 et 6, qui sont divisibles l'un par l'autre; 6 est évidemment un de leurs diviseurs communs, et il ne peut y en avoir de plus grand; car un nombre plus grand que 6 ne pourrait pas diviser 6; 6 est donc le plus grand commun diviseur.

90. Théorème II. *Si deux nombres ne sont pas divisibles l'un par l'autre, ils ont le même plus grand commun diviseur que le plus petit d'entre eux et le reste de leur division.*

Soient les nombres 7524 et 918. En les divisant l'un par l'autre, on trouve 8 pour quotient et pour reste 180, en sorte que

$$7524 = 918 \times 8 + 180.$$

Il résulte de cette égalité :

1° Que les diviseurs communs à 7524 et 918 divisent tous 180. Car ces nombres, divisant 918, divisent son multiple 918×8;

ils divisent donc une somme 7524 et l'une de ses parties 918×8, et par suite (**75**) l'autre partie, qui est 180.

2° Que les diviseurs communs à 180 et 918 divisent tous 7524. Car ces nombres, divisant 918, divisent son multiple 918×8; ils divisent donc les deux parties d'une somme 918×8 et 180, et, par suite (**70**), cette somme elle-même, qui est 7524.

Ainsi donc :

Tous les diviseurs communs à 7524 et 918 divisent 180, et par suite 180 et 918.

Tous les diviseurs communs à 180 et 918 divisent 7524, et, par suite, 7524 et 918.

Ces deux propositions réunies démontrent que les diviseurs communs à 7524 et 918 sont les mêmes que les diviseurs communs à 180 et 918; le plus grand des uns est par conséquent le même que le plus grand des autres. C'est ce qu'il fallait démontrer.

Recherche du plus grand commun diviseur de deux nombres entiers.

91. Le théorème précédent permet de remplacer les deux nombres dont on veut trouver le plus grand commun diviseur par deux autres plus simples. Ceux-ci pourront de même être remplacés par d'autres plus simples encore, et ainsi de suite, jusqu'à ce qu'on soit conduit à deux nombres divisibles l'un par l'autre; le plus petit des deux (**89**) sera alors le plus grand commun diviseur. Nous pouvons donc énoncer la règle suivante :

Pour chercher le plus grand commun diviseur de deux nombres entiers, on divise le plus grand par le plus petit, puis le plus petit par le reste de leur division, et on continue ainsi à diviser chaque diviseur par le reste correspondant, jusqu'à ce qu'une de ces divisions se fasse exactement; le diviseur de cette division est le plus grand commun diviseur cherché.

92. Pour que cette règle conduise au résultat, il faut que l'un des restes divise exactement le précédent; mais cela arrivera toujours, car les restes étant tous entiers et allant en diminuant, leur nombre est nécessairement limité.

93. On dispose ordinairement les divisions successives sur une même ligne horizontale, et l'on écrit chaque quotient au-dessus du diviseur, afin de réserver la place qui est au-dessous pour le reste de la division suivante. EXEMPLE :

7524	8 918	5 180	10 18
180	18	0	

18 est le plus grand commun diviseur.

94. REMARQUE I. Dans la recherche du plus grand commun diviseur, deux restes consécutifs quelconques ont le même plus grand commun diviseur que les nombres proposés. Si donc, on aperçoit le plus grand commun diviseur de deux de ces restes, on pourra se dispenser de continuer l'opération. L'habitude du calcul et la connaissance des diviseurs des nombres peuvent seules guider dans l'application de cette remarque. Un des cas les plus simples est celui où un reste serait *premier* avec le reste précédent (**109**). Il est évident, en effet, qu'ils ne peuvent alors avoir d'autre commun diviseur que l'unité.

EXEMPLE. Chercher le plus grand commun diviseur entre 756 et 535.

756	1 535	2 221	2 93	2 35
221	93	35	23	

Le dernier reste 23 étant un nombre *premier*, et ne divisant pas 35, il est inutile de continuer l'opération.

Théorèmes relatifs à la théorie du plus grand commun diviseur.

95. THÉORÈME III. *Les diviseurs communs à deux nombres sont absolument les mêmes que ceux de leur plus grand commun diviseur.*

Considérons les nombres 7524 et 918. Il a été prouvé (**90**) que leurs diviseurs communs sont absolument les mêmes que ceux de 918 et 180. Le même raisonnement fait voir que les diviseurs de 918 et 180 sont absolument les mêmes que ceux de 180 et du reste 18 de leur division. Mais 180 étant un multiple de 18, les diviseurs communs à 180 et 18 sont tout simplement les diviseurs de 18 ; et, par suite, les diviseurs communs aux deux nombres proposés sont absolument les mêmes que ceux de leur plus grand commun diviseur 18.

96. THÉORÈME IV. *Si on multiplie deux nombres par un troisième, leur plus grand commun diviseur est multiplié par ce troisième.*

Si on multiplie par un même nombre le dividende et le diviseur d'une division, le reste (**63**) est multiplié par ce nombre. Si donc, après avoir cherché le plus grand commun diviseur de deux nombres, on les multiplie par un troisième, et qu'on recommence l'opération, tous les restes successifs, et, par conséquent, le plus grand commun diviseur qui est un d'entre eux, seront multipliés par ce troisième nombre. C'est précisément ce qu'il fallait démontrer.

97. REMARQUE I. D'après le théorème précédent, si deux nombres entiers sont un certain nombre de fois plus grands que deux autres, leur plus grand commun diviseur est le même nombre de fois plus grand. Au lieu de dire que les deux premiers nombres sont un certain nombre de fois plus grands que les deux autres, et ont un plus grand commun diviseur le même nombre de fois plus grand, on peut dire, au contraire, que les deux derniers sont un certain nombre de fois plus petits qu'eux, et ont un commun diviseur le même nombre de fois plus petit ; le théorème peut donc être énoncé ainsi : si deux nombres entiers sont un certain nombre de fois plus petits que deux autres, leur plus grand commun diviseur est le même nombre de fois plus petit ; ou encore, *si deux nombres sont divisibles par un troisième, et qu'on effectue leur division par ce troisième nombre, leur plus grand commun diviseur sera lui-même divisé par ce nombre.*

98. REMARQUE II. *Si on divise deux nombres par leur plus grand commun diviseur, le plus grand commun diviseur sera divisé par lui-même, et deviendra l'unité.*

Plus grand commun diviseur de trois nombres entiers.

99. Considérons trois nombres 126, 322, et 1029, leur plus grand commun diviseur est le plus grand nombre qui jouisse de la double propriété de diviser 126 et 322, et de diviser 1029 ; or, les nombres qui divisent 126 et 322 sont absolument les mêmes (**82**) que ceux qui divisent leur plus grand commun diviseur, qui est ici égal à 14. Par conséquent, au lieu de chercher :

Le plus grand nombre qui jouisse de la double propriété de diviser 126 et 322, et de diviser 1029,

On peut chercher :

Le plus grand nombre qui jouisse de la double propriété de diviser 14 et de diviser 1029, c'est-à-dire le plus grand commun diviseur de 14 et de 1029. De là résulte la règle suivante :

Pour chercher le plus grand commun diviseur de trois nombres, il faut chercher le plus grand commun diviseur de deux d'entre eux, puis le plus grand commun diviseur du résultat obtenu et du troisième.

Le plus grand commun diviseur de 14 et de 1029 est 7 ; 7 est par conséquent le plus grand commun diviseur des trois nombres proposés.

100. THÉORÈME V. *Les diviseurs communs à trois nombres sont absolument les mêmes que ceux de leur plus grand commun diviseur.*

Soient les nombres 126, 322 et 1029. Les diviseurs communs à 126 et 322 sont absolument les mêmes (**95**) que les diviseurs de 14. Par conséquent, les nombres qui jouissent de la double propriété de diviser 126 et 322, et de diviser 1029, sont absolument les mêmes que ceux qui jouissent de la double propriété de diviser 14 et de diviser 1029. Or, les diviseurs communs à 14 et à 1029 sont les mêmes (**95**) que les diviseurs de leur plus grand commun diviseur 7. Par conséquent, les diviseurs communs à 126, 322 et 1029 sont absolument les mêmes que les diviseurs de 7.

101. Théorème VI. *Si on multiplie trois nombres par un quatrième, leur plus grand commun diviseur sera multiplié par ce quatrième.*

Soient les trois nombres 126, 322 et 1029, dont le plus grand commun diviseur est (**99**) 7. Si on les multiplie tous les trois par 5, ils deviennent 630, 1610 et 5145. Il faut prouver que leur plus grand commun diviseur est devenu 35. En effet, pour obtenir le plus grand commun diviseur de 126, 322 et 1029, nous avons cherché (**99**) le plus grand commun diviseur de 126 et 322 qui est 14, puis le plus grand commun diviseur de 14 et 1029 qui est 7. Si nous considérons ensuite les nombres 630, 1610 et 5145, pour obtenir leur plus grand commun diviseur, il faudra chercher celui de 630 et 1610 qui (**96**) sera 14 × 5, puis celui de 14 × 5 et de 5145 qui (**96**) sera 7 × 5. C'est précisément ce qu'il fallait démontrer.

102. Remarque I. On peut énoncer le théorème précédent en disant : si ces trois nombres sont divisibles par un quatrième, et qu'on effectue leur division par ce quatrième, leur plus grand commun diviseur sera divisé par le même nombre (**97**).

103. Remarque II. *Si on divise trois nombres par leur plus grand commun diviseur, les quotients ont pour plus grand commun diviseur l'unité.*

Cette proposition est une conséquence évidente de la précédente.

Plus grand commun diviseur de quatre nombres entiers.

104. Soient les quatre nombres 275, 385, 495, 308 ; leur plus grand commun diviseur est le plus grand nombre qui jouisse de la double propriété de diviser 275, 385, 495 et de diviser 308 ; si nous cherchons le plus grand commun diviseur de 275, 385 et 495, nous trouverons (**99**) qu'il est 55, et nous savons (**87**) que les nombres qui divisent 275, 385 et 495, sont absolument les mêmes que ceux qui divisent 55. Par conséquent, au lieu de chercher

Le plus grand nombre qui jouisse de la double propriété de diviser 275, 385 et 495 et de diviser 308,

ARITH. B.   6

On peut chercher

Le plus grand nombre qui jouisse de la double propriété de diviser 55 et de diviser 308, c'est-à-dire le plus grand commun diviseur de 55 et de 308.

Il résulte de là que *l'on trouvera le plus grand commun diviseur de quatre nombres en cherchant le plus grand commun diviseur de trois d'entre eux, puis le plus grand commun diviseur du résultat obtenu et du quatrième.*

105. THÉORÈME VII. *Tout nombre qui en divise quatre autres, divise leur plus grand commun diviseur, et réciproquement tout nombre qui divise le plus grand commun diviseur de quatre autres, divise ces quatre autres.*

Ce théorème se prouvera absolument comme pour le cas de trois nombres.

106. La règle pour trouver le plus grand commun diviseur de cinq nombres est analogue à celle qui a été donnée pour le cas de quatre, et se démontrerait de la même manière. Cette règle s'étendrait sans difficulté au cas où il y en aurait un nombre quelconque. Nous nous bornerons à en donner l'énoncé.

THÉORÈME VIII. *Pour trouver le plus grand commun diviseur de plusieurs nombres, il faut chercher le plus grand commun diviseur de tous ces nombres excepté un, puis le plus grand commun diviseur du résultat obtenu et du dernier nombre.*

Limite du nombre de divisions auxquelles peut conduire la recherche du plus grand commun diviseur.

107. THÉORÈME IX. *Dans la recherche du plus grand commun diviseur de deux nombres, chaque reste est moindre que la moitié de celui qui le précède de deux rangs.*

Désignons par les lettres R et R_1 deux restes consécutifs. Si conformément à la règle générale, on divise R par R_1, on obtiendra un nouveau reste R_2. Nous voulons prouver que R_2 est moindre que la moitié de R.

Si R_1 est moindre que la moitié de R, R_2 l'est à plus forte raison, car les restes vont en diminuant. Il suffit donc d'établir le théorème énoncé, dans le cas ou R_1 est plus grand que la moitié de R. Dans ce cas, R ne contenant qu'une seule fois R_1, le reste R_2 de leur division est égal à leur différence $R - R_1$. Or, l'excès de R sur un nombre plus grand que sa moitié est moindre que cette moitié. La proposition est donc démontrée.

REMARQUE. La même démonstration prouve que le second reste est moindre que la moitié du plus petit des deux nombres.

108. THÉORÈME X. *On aura une limite du nombre des divisions à effectuer dans la recherche du plus grand commun diviseur de deux nombres* A *et* B, *en formant la suite,* 2, 4, 8, 16..., *des puissances de* 2, *et prenant le double du rang du premier des termes de cette suite qui surpasse le plus petit* B *des nombres proposés.*

Soient, en effet, R_1, R_2, R_3, R_4..., les restes obtenus successivement. D'après le théorème précédent, R_2 est moindre que la moitié de B, R_4 moindre que la moitié de R_2, et par suite moindre que le quart de B, R_6 moindre que la moitié de R_4, et par suite, moindre que le 8e de B, R_8 moindre que la moitié de R_6, et, par suite, moindre que le 16e de B; on verra de même que R_{10} est moindre que le 32e de B, R_{12} moindre que le 64e, et ainsi de suite; et en général, le reste de rang $2n$ est moindre que B divisé par la puissance n^{ieme} de 2. Si donc, 2^n est plus grand que B, les restes ne pouvant devenir moindres que l'unité, il ne peut pas y avoir $2n$ opérations.

RÉSUMÉ.

88. Définition des diviseurs communs et du plus grand commun diviseur de deux ou plusieurs nombres entiers. — 89. Si deux nombres sont divisibles l'un par l'autre, le plus petit des deux est leur plus grand commun diviseur. — 90. Si deux nombres ne sont pas divisibles l'un par l'autre, ils ont le même plus grand commun diviseur que le plus petit des deux et le reste de leur division. — 91. Recherche du plus grand commun diviseur de deux nombres entiers. — 92. Il est impossible que l'opération ne se termine pas. — 93. Manière de disposer l'opération. — 94. Cas dans lesquels on peut se dispenser de pousser les calculs jusqu'au bout. — 95. Tout nombre qui en divise deux autres divise leur plus grand commun diviseur. La réciproque de la pro-

position précédente étant évidente, on voit que les diviseurs communs à deux nombres sont absolument les mêmes que ceux de leur plus grand commun diviseur.—96. Si on multiplie deux nombres par un troisième, leur plus grand commun diviseur est multiplié par le troisième. — 97. On peut encore énoncer le théorème précédent en disant que, si on divise deux nombres par un troisième, leur plus grand commun diviseur est divisé par ce troisième. — 98. Si on divise deux nombres par leur plus grand commun diviseur, les quotients ont pour plus grand commun diviseur l'unité. — 99. Plus grand commun diviseur de trois nombres entiers. — 100. Tout nombre qui en divise trois autres divise leur plus grand commun diviseur. Les diviseurs de trois nombres sont les mêmes que ceux de leur plus grand commun diviseur. — 101. Si on multiplie trois nombres par un quatrième, leur plus grand commun diviseur est multiplié par le quatrième. — 102. Si on divise trois nombres par un quatrième, leur plus grand commun diviseur est divisé par ce quatrième. — 103. Si on divise trois nombres par leur plus grand commun diviseur, les quotients ont pour plus grand commun diviseur l'unité. — 104. Plus grand commun diviseur de quatre nombres entiers. — 105. Tout nombre qui en divise quatre autres divise leur plus grand commun diviseur. — 106. Plus grand commun diviseur d'un nombre quelconque de nombres. — 107. Dans la recherche du plus grand commun diviseur de deux nombres, chaque reste est moindre que la moitié de celui qui le précède de deux rangs. — 108. On aura une limite du nombre des divisions à effectuer dans la recherche du plus grand commun diviseur de deux nombres, en formant la suite 2, 4, 8, 16, ... des puissances de 2, et, prenant le double du rang du premier des termes de cette suite, qui surpasse le plus petit des nombres proposés.

EXERCICES.

I. Pour trouver le plus grand commun diviseur de trois nombres A, B, C, on peut procéder de la manière suivante.

On divise les deux nombres A et B par le plus petit des trois C. Ces divisions fourniront deux restes R et R′; le plus grand commun diviseur des nombres C, R et R′ est le même que celui des nombres proposés. En opérant de la même manière sur ces trois nombres C, R et R′, on les ramènera à d'autres plus simples, et on continuera jusqu'à ce que l'un des deux restes soit nul. On cherchera alors le plus grand commun diviseur de l'autre reste et du diviseur précédent.

II. Si on forme la suite 1, 2, 3, 5, 8, 13..., dont chaque

terme est la somme des deux précédents, il est impossible que dans l'opération du plus grand commun diviseur, plus de deux restes consécutifs tombent entre deux mêmes termes de cette suite; et s'il en tombe deux, il n'y en aura aucun dans l'intervalle suivant.

III. En se fondant sur la proposition précédente et sur celle qui a été énoncée (Chap. I, ex. III), on peut prouver que l'opération du plus grand commun diviseur exige un nombre de divisions au plus égal à cinq fois le nombre des chiffres du plus petit des deux nombres.

IV. Trouver le plus grand commun diviseur des deux nombres 23 643 et 8325.

V. Trouver le plus grand commun diviseur des nombres 1442, 2678 et 4017.

CHAPITRE VII.

THÉORIE DES NOMBRES PREMIERS.

———

Définitions.

109. Un nombre entier est dit premier, lorsqu'il n'a pas d'autres diviseurs entiers que lui-même et l'unité.

EXEMPLES. 2, 3, 5, 7, sont des nombres premiers; 9 n'est pas premier, car il est divisible par 3.

Deux nombres sont dits premiers entre eux, lorsque leur plus grand commun diviseur est l'unité.

110. REMARQUE. *Un nombre premier est premier avec tous les nombres entiers qui ne sont pas ses multiples;* car n'ayant d'autres diviseurs que lui-même et l'unité, son seul diviseur commun avec un nombre qu'il ne divise pas, est évidemment l'unité.

Théorèmes relatifs aux nombres premiers.

111. THÉORÈME I. *Tout nombre entier, qui n'est pas premier, admet au moins un diviseur premier.*

Si, en effet, un nombre n'est pas premier, il admet un ou plusieurs diviseurs autres que lui-même et l'unité : or il est évident que le plus petit de ces diviseurs est premier ; car, s'il en était autrement, il admettrait un diviseur plus petit que lui, qui devrait diviser le nombre proposé.

Soit, par exemple, le nombre 1261; supposons que le plus petit de ses diviseurs (non compris l'unité) soit 97; il est clair que 97 est premier ; car s'il avait un diviseur, 13 par exemple, 13 divisant 97, devrait (**71**) diviser son multiple 1261, et 97 ne serait pas, par conséquent, le plus petit diviseur de 1261.

112. REMARQUE. Un nombre premier étant lui-même son diviseur, admet un diviseur premier; on peut donc modifier le théorème précédent en disant : *tout nombre, premier ou non, admet au moins un diviseur premier*.

115. THÉORÈME II. *Si deux nombres ne sont pas premiers entre eux, ils ont au moins un diviseur premier commun.*

En effet, si deux nombres ne sont pas premiers entre eux, par définition, ils admettent un diviseur commun autre que l'unité ; ce diviseur (**112**) admet lui-même un diviseur premier, qui divise évidemment les deux nombres proposés.

114. THÉORÈME III. *La suite des nombres premiers est illimitée.*

Supposons, s'il est possible, que N désigne le plus grand des nombres premiers. Formons le produit de tous les nombres premiers depuis 2 jusqu'à N, et ajoutons une unité à ce produit.

$$2 \times 3 \times 5 \times 7 \dots \times N + 1.$$

Si nous nommons S le résultat ainsi obtenu, S admet un diviseur premier (**111**). Or, ce diviseur doit être plus grand que N ; car autrement il entrerait comme facteur dans la première partie de S, et devrait, par conséquent (**75**), diviser la seconde, qui est 1, ce qui est impossible. Il y a donc nécessairement un nombre premier plus grand que N, et l'hypothèse que nous avons faite est inadmissible.

Formation d'une table de nombres premiers.

115. Pour former un tableau des nombres premiers, on écrit la suite des *nombres impairs*, et l'on efface ceux qui ne sont pas premiers.

Écrivons la suite : 1, 3, 5, 7, 9, 11, 13, 15, 17, 19, 21, 23, 25, 27, 29, 31, 33, 35, 37, 39, 41, 43, 45, 47, 49, 51, 53, 55, 57, 59, 61, 63....

1° Comme tous les *nombres pairs* sont divisibles par 2, aucun d'entre eux n'est nombre premier, et on peut se dispenser de les écrire pour les effacer immédiatement après ; seulement, à la fin de l'opération, on n'oubliera pas que le nombre 2 est premier (**109**), et on le joindra au tableau.

2° Les nombres divisibles par 3, à l'exception de 3, ne sont pas premiers; on doit donc effacer, de trois en trois, tous les termes de la suite, à partir de 3 exclusivement.

3° Les nombres divisibles par 5, à l'exception de 5, ne sont pas premiers; on effacera donc les multiples de 5, et pour cela on effacera les termes de la suite, de cinq en cinq, à partir de 5 exclusivement.

4° On effacera ensuite les termes de 7 en 7, à partir de 7 exclusivement, et l'on supprimera ainsi les multiples de 7.

On continuera de la même manière, en remarquant toujours qu'il est inutile d'effacer les multiples des nombres qui ne sont pas premiers.

C'est de cette manière que l'on a construit la table I.

116. REMARQUE I. On pourrait croire nécessaire de connaître déjà la liste des nombres premiers, pour effacer leurs multiples. Mais l'opération fournira ces nombres au fur et à mesure qu'on en aura besoin.

117. Il est important de savoir à quelle époque de l'opération précédente on peut affirmer qu'un nombre non effacé est premier. Supposons, par exemple, qu'on se soit arrêté après avoir effacé les nombres de 7 en 7, je dis que tout nombre non effacé est premier, jusqu'au carré du nombre premier 11, immédiatement supérieur à 7. Si, en effet, 97 (nombre moindre que 11×11) n'a pas été effacé, c'est qu'il n'est divisible ni par 2, ni par 3, ni par 5, ni par 7. Le plus petit de ses diviseurs qui, comme nous l'avons vu (**98**) est premier, est donc au moins égal à 11; et 97 est par conséquent, s'il n'est pas premier, le produit d'un nombre au moins égal à 11 par un certain quotient Q.

$$97 = P \times Q,$$

P désignant un nombre au moins égal à 11; mais le quotient Q est évidemment un diviseur de 97, et par conséquent il est au moins égal à P (nous avons supposé que P est le plus petit diviseur de 97).

L'égalité

$$97 = P \times Q$$

prouve donc que 97 est le produit de deux nombres ui, l'un

et l'autre, sont au moins égaux à 11 ; or cela est impossible, puisque 97 est moindre que 11×11. Nous avons donc fait une supposition inadmissible en admettant que 97 ne fût pas premier; la démonstration étant générale, on verra de même qu'après avoir effacé les nombres de 11 en 11, on peut regarder les nombres non effacés comme premiers jusqu'au carré de 13, et, en général, qu'après avoir effacé les multiples d'un certain nombre premier, on peut regarder les nombres non effacés comme premiers jusqu'au carré de nombre premier immédiatement supérieur.

118. REMARQUE II. Les explications précédentes donnent le moyen de décider si un nombre est premier ou non; il suffira, en effet, de le diviser successivement par les nombres premiers 2, 3, 5, 7....., dont les carrés sont moindres que lui; si aucune de ces divisions ne réussit, le nombre est premier.

On sera averti que le carré du diviseur essayé est plus grand que le dividende, lorsque le quotient deviendra moindre que le diviseur; car, en nommant N le dividende et P le diviseur, si N est moindre que P^2, le quotient sera plus petit que P.

Décomposition d'un nombre en facteurs premiers.

119. THÉORÈME IV. *Tout nombre qui n'est pas premier est égal à un produit de facteurs premiers.* Ce que l'on exprime en disant, *qu'il est décomposable en facteurs premiers.*

Désignons par N un nombre non premier. Ce nombre a au moins (**111**) un diviseur premier P, et, par conséquent, en désignant par Q un quotient entier,

$$N = P \times Q.$$

Si Q est premier, la proposition est démontrée, N est le produit de deux nombres premiers. Si Q n'est pas premier, il a (**111**) au moins un diviseur premier P_1; et par conséquent, en désignant par Q_1 un quotient entier,

$$Q = P_1 \times Q_1.$$

En substituant cette valeur de Q dans l'égalité précédente, on a

$$N = P \times P_1 \times Q_1.$$

Si Q_1 est premier, la proposition est démontrée, N est le produit de trois nombres premiers; s'il ne l'est pas, il a au moins un diviseur premier P_2; par conséquent, en nommant Q_2 un quotient entier,

$$Q_1 = P_2 \times Q_2.$$

En substituant cette valeur de Q_1 dans l'égalité précédente, on a

$$N = P \times P_1 \times P_2 \times Q_2.$$

On continuera ainsi jusqu'à ce qu'un des quotients Q, Q_1, Q_2, soit premier; cela ne peut manquer d'arriver après un certain nombre d'opérations; car, autrement, ces nombres entiers, qui vont en diminuant, formeraient une suite illimitée, ce qui est impossible.

120. REMARQUE. Dans la démonstration précédente, rien ne suppose que les nombres désignés par P, P_1, P_2, aient des valeurs différentes. Le même facteur peut figurer plusieurs fois dans le produit.

EXEMPLE. Appliquons le raisonnement précédent au nombre 60 :

1° 60 admet le diviseur premier 2, et l'on a,

$$60 = 2 \times 30 ;$$

2° 30 admet le diviseur premier 2, et l'on a,

$$30 = 2 \times 15 ;$$

par conséquent,

$$60 = 2 \times 2 \times 15 ;$$

3° 15 admet le diviseur premier 3, et l'on a,

$$15 = 3 \times 5 ;$$

par conséquent,

$$60 = 2^2 \times 3 \times 5 ;$$

5 étant premier, la décomposition est terminée.

121. THÉORÈME V. *Si un nombre divise un produit de deux fac-*

teurs, et qu'il soit premier avec l'un des facteurs, il divise nécessairement l'autre.

Soit P un nombre premier avec A, qui divise le produit A×B. Il faut prouver qu'il divise B.

Par hypothèse, le plus grand commun diviseur de P et A est l'unité; si on multiplie ces deux nombres par B, leur plus grand commun diviseur (**96**) sera multiplié par B, et deviendra, par conséquent, égal à B; ainsi donc, le plus grand commun diviseur de P×A et A×B est B; or, P divise évidemment P×B, il divise aussi, par hypothèse, A×B; il divise donc (**93**) leur plus grand commun diviseur B. C'est précisément ce qu'il fallait démontrer.

122. THÉORÈME VI. *Un nombre premier ne peut diviser un produit de deux facteurs, sans diviser l'un des facteurs.*

Soit P un nombre premier qui divise un produit A×B; P étant premier, s'il ne divise pas A, il est premier avec lui (**110**); et alors, d'après le théorème précédent, il divise B. Il divise donc, dans tous les cas, l'un ou l'autre.

123. THÉORÈME VII. *Un nombre premier ne peut diviser un produit de plusieurs facteurs, sans diviser au moins un des facteurs.*

Considérons, par exemple, un produit de quatre facteurs A×B×C×D, divisible par un nombre premier P; ce produit pouvant être considéré comme formé de deux facteurs (A×B×C) et D, si P ne divise pas D (**110**), il divise A×B×C; mais ce nouveau produit pouvant lui-même être considéré comme composé de deux facteurs (A×B) et C, si P ne divise pas C, il doit diviser A×B, et, par conséquent, A ou B. Il divise donc, dans tous les cas, l'un des quatre facteurs.

La même démonstration s'applique évidemment à un nombre quelconque de facteurs.

124. REMARQUE I. *Un nombre premier ne peut diviser un produit de facteurs premiers, sans être égal à l'un d'eux.*

Car, pour diviser le produit, il doit (**121**) diviser l'un des facteurs; et ces facteurs étant premiers, ne sont divisibles que par eux-mêmes et par l'unité.

125. REMARQUE II. Les facteurs du produit considéré peuvent être égaux, et par conséquent un nombre premier qui ne divise pas un nombre ne peut diviser ses puissances. Il résulte de là que, si deux nombres sont premiers entre eux, deux quelconques de leurs puissances n'auront pas de facteurs premiers communs, et seront par conséquent premières entre elles.

126. THÉORÈME VIII. *Un nombre qui est premier avec tous les facteurs d'un produit, est premier avec le produit.*

Soit un produit $A \times B \times C \times D$, et P un nombre premier avec chacun des facteurs A, B, C et D. Si P et $A \times B \times C \times D$ n'étaient pas premiers entre eux, ils auraient (**113**) au moins un diviseur premier commun K : K étant premier et divisant le produit $A \times B \times C \times D$, divisera (**125**) l'un au moins des facteurs de ce produit, A par exemple; mais alors A et P ont le diviseur commun K, et, contrairement à l'hypothèse, ils ne sont pas premiers entre eux. Il y a donc contradiction à admettre que P et $A \times B \times C \times D$ aient un diviseur commun.

127. THÉORÈME IX. *Un nombre divisible par plusieurs autres, premiers entre eux deux à deux, est divisible par leur produit.*

Soit N un nombre divisible par plusieurs autres, A, B, C, premiers entre eux deux à deux; N, étant divisible par A, on aura, en désignant par Q un quotient entier,

$$N = A \times Q;$$

le produit $A \times Q$ étant égal à N, sera divisible par B; et par suite, B étant premier avec A, devra (**121**) diviser Q, en sorte que, en désignant par Q_1 un quotient entier, on aura

$$Q = Q_1 \times B;$$

en substituant cette valeur de Q, dans l'expression de N, celle-ci devient

$$N = A \times B \times Q_1.$$

Le produit $A \times B \times Q_1$, étant égal à N, sera, comme lui, div –

sible par C; mais C, étant premier avec A et B, le sera avec A $\times$ B (**126**), et, par conséquent, devra (**121**) diviser Q_1; on aura donc, en désignant par Q_2, un quotient entier,

$$Q_1 = Q_2 \times C.$$

En substituant cette valeur de Q_1 dans l'expression de N, celle-ci devient

$$N = A \times B \times C \times Q_2;$$

ce qui démontre la proposition énoncée.

128. THÉORÈME X. *Un nombre ne peut se décomposer que d'une seule manière en facteurs premiers.*

S'il existait deux modes de décomposition, ils différeraient, soit par la valeur des facteurs, soit par le nombre de fois que chacun d'eux serait employé. Nous allons prouver que les deux choses sont impossibles.

1° *Si deux produits de facteurs premiers représentent le même nombre, ils sont composés des mêmes facteurs.* Aucun nombre premier ne peut, en effet (**124**), diviser un produit de facteurs premiers sans être égal à l'un d'eux. Si donc deux produits de facteurs premiers représentent le même nombre, chacun d'eux doit contenir tous les diviseurs premiers de ce nombre, et par conséquent tous les facteurs de l'autre produit. Ce qui démontre la proposition énoncée.

2° *Si deux produits de facteurs premiers représentent le même nombre, chaque facteur doit figurer dans les deux le même nombre de fois.* Supposons, en effet, que dans l'un de ces produits, le facteur 7 entre trois fois, et dans l'autre, deux fois seulement. Soit :

$$7 \times 7 \times 7 \times 13 \times 13 \times 15 \text{ et } 7 \times 7 \times 13 \times 15 \times 15$$

ces deux produits. S'ils étaient égaux, divisés l'un et l'autre par 7×7, ils donneraient des quotients égaux, et l'on aurait par conséquent :

$$7 \times 13 \times 13 \times 15 = 13 \times 15 \times 15.$$

Mais cette égalité est impossible, car ces deux produits ne sont plus composés des mêmes facteurs. Cette démonstration est générale : quel que soit le facteur qui n'entre pas le même nombre de fois dans les deux produits, on obtiendra de la même manière deux nouveaux produits qui devraient être égaux si les proposés l'étaient, et dont l'un seulement contiendra le facteur en question.

129. REMARQUE. La décomposition en facteurs premiers constitue un véritable système de numération des nombres entiers, au moyen duquel tous peuvent être exprimés, et ne peuvent l'être que d'une seule manière. Ce système, fort incommode pour les opérations les plus simples, se prête quelquefois très-facilement aux opérations plus compliquées de l'arithmétique. Nous exposerons quelques-unes de ses applications ; mais il convient d'abord d'indiquer le moyen de décomposer un nombre en facteurs premiers; car, jusqu'ici, nous nous sommes borné à en montrer la possibilité.

Moyen de décomposer un nombre en facteurs premiers.

130. Pour décomposer un nombre en facteurs premiers, on prend les nombres premiers par ordre de grandeur, et on essaye s'ils divisent ce nombre. Quand une division réussit, on l'effectue, et dans les opérations suivantes le quotient est substitué au nombre proposé. Une seconde division qui réussit permet de substituer à ce quotient un nombre plus simple encore, et on continue jusqu'à ce qu'on trouve un quotient premier. Ce quotient est le dernier des facteurs que l'on cherche, et les autres sont les diviseurs successivement employés. Un exemple suffira pour rendre cette méthode très-claire.

Soit à décomposer en facteurs premiers le nombre 25 480 ; ce nombre est divisible par 2 (**74**); et en effectuant la division, on trouve pour quotient 12740. On a donc :

$$25480 = 12740 \times 2.$$

12740 est encore divisible par 2, et donne pour quotient 6370. On a donc :

$$12740 = 6370 \times 2$$

et par conséquent :

$$25480 = 6370 \times 2 \times 2 ;$$

6370 se divise par 2, et l'on a :

$$6370 = 3185 \times 2 ;$$

et par conséquent :

$$25480 = 3185 \times 2 \times 2 \times 2 ;$$

3185 n'est divisible ni par 2, ni par 3 ; mais il l'est par 5, et l'on a :

$$3185 = 637 \times 5,$$

et par conséquent :

$$25480 = 637 \times 5 \times 2 \times 2 \times 2 ;$$

637 n'est pas divisible par 5, mais il l'est par 7, et l'on a :

$$637 = 91 \times 7,$$

et par conséquent :

$$25480 = 91 \times 7 \times 5 \times 2 \times 2 \times 2 ;$$

91 est également divisible par 7, et l'on a :

$$91 = 13 \times 7,$$

par conséquent :

$$25480 = 13 \times 7 \times 7 \times 5 \times 2 \times 2 \times 2 ;$$

13 étant premier, la décomposition est effectuée.

On dispose ordinairement l'opération de la manière suivante :

25480	2
12 740	2
6 370	2
3 185	5
637	7
91	7
13	13

REMARQUE I. Il faut essayer le même diviseur plusieurs fois de suite, comme, dans l'exemple précédent, les diviseurs 2 et 7, jusqu'à ce qu'il cesse de donner un quotient entier. Mais ensuite, il faut cesser de l'essayer, car les quotients successifs étant des diviseurs les uns des autres, un nombre qui ne divise pas l'un d'entre eux ne peut diviser les suivants.

. REMARQUE II. Quand on aperçoit deux facteurs dont un nombre est le produit, on peut les décomposer séparément et réunir les résultats en un seul produit.

EXEMPLES. Soit à décomposer le nombre 2400.

$$2400 = 24 \times 100.$$

Il suffit donc de décomposer 24 et 100; mais $24 = 4 \times 6$, $4 = 2 \times 2, 6 = 2 \times 3$, donc $24 = 2 \times 2 \times 2 \times 3$, $100 = 10 \times 10 = 2 \times 5 \times 2 \times 5$. On a donc enfin :

$$2400 = 2 \times 2 \times 2 \times 3 \times 2 \times 5 \times 2 \times 5 = 2^5 \times 3 \times 5^2.$$

Condition pour que deux nombres soient divisibles l'un par l'autre.

151. *Pour que deux nombres soient divisibles l'un par l'autre, il faut et il suffit que le diviseur n'ait pas d'autres facteurs premiers que ceux du dividende, et que ces facteurs n'y figurent pas un plus grand nombre de fois.*

1° Cette condition est nécessaire : si, en effet, on conçoit que le dividende, le diviseur et le quotient soient décomposés en facteurs premiers, le dividende, étant le produit du diviseur par le quotient, est le produit de tous les facteurs de ces deux nombres. Tous les facteurs du diviseur figurent donc dans le dividende un nombre de fois au moins égal.

2° Cette condition est suffisante : si, en effet, elle est remplie, le quotient sera entier et égal au produit des facteurs qui entrent dans le dividende sans entrer dans le diviseur, par ceux qui entrent dans l'un et dans l'autre, pris un nombre de fois égal à la différence de leurs exposants dans ces deux nombres.

EXEMPLE. $3^3 \times 7^2 \times 13^4 \times 19^2 \times 37$ divisé par $3^3 \times 13^2 \times 19$ donnera pour quotient $7^2 \times 13^2 \times 19 \times 37$; car en réunissant ces facteurs à ceux du diviseur, cela fera, comme dans le dividende, 3 facteurs 3, 2 facteurs 7, 4 facteurs 13, 2 facteurs 19 et 1 facteur 37.

Composition du plus grand commun diviseur de plusieurs nombres.

132. Il résulte de la proposition précédente, que les facteurs premiers des diviseurs communs à plusieurs nombres doivent être communs à ces nombres, et que leurs exposants sont *au plus* égaux à celui qu'ils ont dans le nombre où ils figurent avec le moindre exposant. Le plus grand commun diviseur est donc le produit des facteurs premiers communs pris avec des exposants *précisément* égaux à celui qu'ils ont dans le nombre où ils figurent avec le moindre exposant.

EXEMPLE. Soient les nombres $2^3 \times 5^2 \times 19 \times 37^2$, $2^2 \times 7 \times 19^3 \times 37^4 \times 57$, $2^4 \times 11^2 \times 19 \times 37$; les seuls facteurs premiers communs à ces trois nombres sont 2, 19 et 37; 2 entre 2 fois et les deux autres une seule fois, comme facteurs, dans celui des nombres où ils figurent avec le moindre exposant. Le plus grand commun diviseur est donc $2^2 \times 19 \times 37$.

REMARQUE I. La plupart des théorèmes relatifs au plus grand commun diviseur de deux ou plusieurs nombres, démontrés chapitre IV, deviennent presque évidents, lorsqu'on se représente ces nombres comme décomposés en facteurs premiers. Nous ne développerons pas cependant ce mode de démonstration, parce que nous pensons que l'habitude des considérations de ce genre est une des causes de la difficulté que les élèves éprouvent pour étendre à des grandeurs quelconques les propositions relatives aux nombres entiers.

133. REMARQUE II. *On n'altère pas le plus grand commun diviseur de deux nombres, en multipliant ou divisant l'un d'eux par un facteur premier avec l'autre ;* car par là on n'introduit ni ne supprime aucun facteur premier commun. Dans la recherche du plus grand commun diviseur, on peut donc supprimer, dans chaque reste, les facteurs premiers avec le reste suivant, que l'on y apercevra.

Former tous les diviseurs d'un nombre.

134. Soit le nombre $3 \times 7^3 \times 11^4 \times 13^2$. Les diviseurs de ce nombre (**151**) ont pour facteurs premiers, 3, 7, 11 et 13, le premier ne pouvant pas entrer plus d'une fois, le second plus de trois fois, le troisième plus de quatre fois, et le quatrième plus de deux fois. Si donc nous écrivons le tableau suivant :

$$3$$
$$7 \quad 7^2 \quad 7^3$$
$$11 \quad 11^2 \quad 11^3 \quad 11^4$$
$$13 \quad 13^2$$

en multipliant deux à deux, trois à trois ou quatre à quatre, les nombres pris dans les colonnes horizontales différentes, et adjoignant à ces produits les nombres inscrits dans le tableau lui-même, on aura tous les diviseurs du nombre proposé.

On donne plus de régularité à l'opération, en inscrivant l'unité dans chacune des colonnes horizontales du tableau, qui devient ainsi :

$$1 \quad 3$$
$$1 \quad 7 \quad 7^2 \quad 7^3$$
$$1 \quad 11 \quad 11^2 \quad 11^3 \quad 11^4$$
$$1 \quad 13 \quad 13^2$$

Après cette adjonction, on peut dire que *tous* les diviseurs s'obtiendront en multipliant quatre facteurs pris respectivement dans les quatre lignes horizontales; car pour former ceux dans lesquels n'entrent pas un ou plusieurs des facteurs premiers 3, 7, 11 ou 13, il suffira de prendre l'unité pour facteur dans les lignes correspondantes.

Pour former ces diviseurs, on procédera de la manière suivante : on multipliera les nombres de la première ligne par ceux de la seconde, ce qui, dans le cas actuel, fera huit produits. On multipliera ces huit produits par les quatre nombres de la troisième ligne, ce qui fera 4 fois 8 ou 32 produits, qu'il faudra multiplier par les trois nombres de la quatrième ligne, ce qui fera en tout 3 fois 32 ou 96 produits, qui sont les seuls diviseurs du nombre proposé.

En général, *pour former tous les diviseurs d'un nombre, on le décompose en facteurs premiers, et on forme un tableau composé d'une série de lignes horizontales commençant toutes par l'unité et*

contenant les diverses puissances de chacun de ces facteurs pre-
miers, jusqu'à celle qui figure dans le nombre proposé; on multi-
plie ensuite tous les nombres de la première ligne par tous ceux de
la seconde, puis, chacun de ces produits par ceux de la troisième
ligne, et ainsi de suite; les derniers produits obtenus en multipliant
par les nombres inscrits dans la dernière ligne du tableau sont tous
les diviseurs cherchés.

Ex. Former un tableau contenant tous les diviseurs de 4200.

4200	2	1.2.4.8
2100	2	1.3
1050	2	1.5.25
525	3	1.7
175	5	
35	5	
7	7	

$$4200 = 2^3 \times 3 \times 5^2 \times 7$$

1.	2.	4.	8.	3.	6.	12.	24

5.	10.	20.	40.	15.	30.	60.	120
25.	50.	100.	200.	75.	150.	300.	600

7.	14.	28.	56.	21.	42.	84.	168
35.	70.	140.	280.	105.	210.	420.	840
175.	350.	700.	1400.	525.	1050.	2100.	4200

|Nombre des diviseurs d'un nombre entier.

153. Soit un nombre entier N décomposé en facteurs premiers de la manière suivante :

$$N = a^\alpha \times b^\beta \times c^\gamma,$$

a, *b* et *c* étant ces facteurs premiers, et leurs exposants étant
désignés par les lettres α, β, γ.

Si, conformément à la règle précédente, on forme le tableau :

$$
\begin{array}{cccccc}
1 & a & a^2 & a^3 & . \; . & a^\alpha \\
1 & b & b^2 & b^3 & . \; . & b^\beta \\
1 & c & c^2 & c^3 & . \; . & c^\gamma
\end{array}
$$

la première ligne contiendra $\alpha + 1$ termes, la seconde, $\beta + 1$
termes, et la troisième $\gamma + 1$. Lors donc qu'on multipliera les
termes de la première ligne par ceux de la seconde, cela fera
en tout $(\alpha + 1) \times (\beta + 1)$ produits. Et quand on multipliera ces

produits par les termes de la troisième ligne, chacun d'eux en fournira $\gamma + 1$; leur nombre sera donc multiplié par $\gamma + 1$, et deviendra :

$$(\alpha + 1) \times (\beta + 1) \times (\gamma + 1).$$

Tel est donc le nombre des diviseurs. En général, *le nombre total des diviseurs d'un nombre s'obtient en ajoutant une unité aux exposants des facteurs premiers et formant le produit des nombres ainsi obtenus.*

Ainsi, par exemple, nous avons trouvé ci-dessus :

$$4100 = 2^3 \times 3 \times 5^2 \times 7 \, ;$$

par conséquent le nombre total des diviseurs de 4200 est

$$4 \times 2 \times 3 \times 2 = 48.$$

REMARQUE I. Dans le nombre $(\alpha + 1) \times (\beta + 1) \times (\gamma + 1)$ des diviseurs, figure l'unité qui s'obtient en multipliant les premiers termes des différentes lignes, et le nombre lui-même qui résulte de la multiplication des derniers termes.

156. REMARQUE II. *Le nombre des diviseurs d'un nombre est pair, à moins que les facteurs premiers de ce nombre n'aient tous des exposants pairs.* Si, en effet, l'exposant de l'un des facteurs premiers est impair, en lui ajoutant une unité, la somme sera paire; et, par conséquent, le nombre des diviseurs, dans l'expression duquel (**155**) cette somme entre comme facteur, sera divisible par 2. Nous verrons plus loin que les nombres dont tous les facteurs premiers ont des exposants pairs sont des carrés. On peut donc énoncer la proposition précédente, en disant :

Le nombre total des diviseurs d'un nombre est pair, à moins que ce nombre ne soit un carré parfait.

On peut donner *a priori* la raison du théorème précédent.

Le nombre total des diviseurs d'un nombre est pair, parce qu'il est double du nombre de manières de décomposer ce nombre en un produit de deux facteurs. Considérons, par exemple, le nombre 60. Tout diviseur de 60 peut être considéré comme

l'un des facteurs d'un produit égal à 60; mais à chaque décomposition de 60 en un produit, correspondent deux diviseurs. Si
l'on a, par exemple,

$$60 = 4 \times 15,$$

cela prouve, en effet, que 60 divisé par 4 donne pour quotient 15, et que 60 divisé par 15 donne pour quotient 4; 4 et 15
sont donc deux diviseurs de 60; on voit que le nombre total
des diviseurs est double du nombre de décompositions possibles.
Le raisonnement est général. Il n'y a exception que pour le
cas où le nombre considéré est un carré. Car lorsque les deux
facteurs du produit deviennent égaux, on ne doit les compter
que pour un dans l'énumération des diviseurs.

157. REMARQUE. Les deux diviseurs qui forment un groupe,
ont pour produit le nombre considéré, qui, par suite, est plus
grand que le carré du plus petit, et moindre que le carré du
plus grand. Il résulte de là que, parmi les diviseurs d'un nombre,
la moitié ont un carré moindre, et l'autre moitié un carré plus
grand que ce nombre.

Multiples communs à deux nombres. — Plus petit multiple.

158. Un nombre divisible par plusieurs autres se nomme
leur multiple commun; il est souvent utile de connaître les
multiples communs à plusieurs nombres, et notamment le plus
petit d'entre eux qu'on appelle leur plus petit multiple commun.

159. THÉORÈME. *Si l'on désigne deux nombres entiers par les
lettres* A *et* B, *par* D *leur plus grand commun diviseur, et par* Q *et*
Q' *les quotients obtenus en divisant* A *et* B *par* D, *tout multiple commun à ces nombres est un multiple du produit* $D \times Q \times Q'$. On a,
en effet :

$$A = D \times Q, \quad B = D \times Q'.$$

En désignant par m un nombre entier, les multiples de A
sont tous de la forme $m \times A$, c'est-à-dire $m \times D \times Q$. Cherchons ceux qui sont, en outre, divisibles par B, c'est-à-dire par
$D \times Q'$. On pourra effectuer cette division de $m \times D \times Q$ par
$D \times Q'$, en divisant d'abord $m \times D \times Q$ par D, puis le résultat

par Q'. La division par D donne pour quotient $m \times Q$, qui doit être divisible par Q'; Q' étant premier avec Q doit donc (**121**) diviser le facteur m, et par suite, K étant un nombre entier,

$$m = K \times Q';$$

en remplaçant m par cette valeur, on obtient pour la forme la plus générale que puisse avoir un multiple commun aux deux nombres A et B,

$$K \times Q' \times D \times Q,$$

ce qui démontre la proposition énoncée.

Il est d'ailleurs évident que cette expression représente, quel que soit K, un multiple commun à A et B; car en le divisant par $D \times Q$ et $D \times Q'$, les quotients obtenus sont respectivement les nombres entiers $K \times Q'$ et $K \times Q$.

140. REMARQUE. Le plus petit multiple commun correspondra à la valeur $K = 1$, et est, par conséquent, $D \times Q \times Q'$. Le produit des nombres A et B est égal à $D \times Q \times D \times Q'$, et le quotient de sa division par D est évidemment le plus petit multiple commun que nous venons d'obtenir. On peut donc énoncer les théorèmes suivants :

1° *Le plus petit multiple commun de deux nombres est égal au produit de ces deux nombres divisé par leur plus grand commun diviseur.*

2° *Les autres multiples communs sont les multiples du plus petit.*

EXEMPLE. Trouver le plus petit multiple des deux nombres 1702 et 925.

Le plus grand commun diviseur de ces deux nombres est 37; par conséquent leur plus petit multiple est

$$\frac{1702 \times 925}{37} = 42\,550.$$

Multiples communs à trois nombres.

141. Désignons les trois nombres par les lettres A, B et C. Les multiples communs à A, B et C sont les nombres qui jouissent de la double propriété d'être divisibles par A et B, et de l'être par C; mais si nous nommons M le plus petit multiple commun de A et B, les multiples communs à A et B sont (**140**) absolument les mêmes que ceux de M; par conséquent, au lieu de chercher

Les nombres qui jouissent de la double propriété d'être divisibles par A et par B, et de l'être par C;

On peut chercher

Les nombres qui jouissent de la double propriété d'être divisibles par M et de l'être par C:

C'est-à-dire les multiples communs de M et de C.

Ce qui nous conduit à la règle suivante :

Les multiples communs à trois nombres s'obtiennent en cherchant le plus petit multiple commun à deux d'entre eux, puis les multiples communs au résultat obtenu et au troisième nombre.

142. REMARQUE I. *Tous les multiples communs à trois nombres sont divisibles par le plus petit d'entre eux.*

Soient A, B et C les trois nombres donnés; leurs multiples communs s'obtiennent en cherchant le plus petit multiple M de A et B, puis les multiples de M et de C. Or, les multiples de M et de C sont (**140**) les multiples du plus petit d'entre eux; ce qui démontre la proposition énoncée.

143. REMARQUE II. On démontrera sans difficulté les théorèmes suivants :

Pour trouver le plus petit multiple commun de plusieurs nombres, il faut chercher le plus petit multiple de tous ces nombres excepté un, puis le plus petit multiple du résultat obtenu et du nombre restant.

Tous les multiples communs à plusieurs nombres sont divisibles par le plus petit d'entre eux.

Application de la décomposition des nombres en facteurs premiers à la recherche du plus petit multiple commun.

144. Pour trouver le plus petit multiple commun à plusieurs nombres, on peut encore *les décomposer en facteurs premiers et*

former le produit de tous ces facteurs en affectant chacun d'eux du plus grand exposant avec lequel il figure dans les nombres donnés.

Soient, par exemple, les nombres :

$$200 = 2^3 \times 5^2, \quad 500 = 5^3 \times 2^2, \quad 147 = 3 \times 7^2.$$

Leur plus petit multiple est : $2^3 \times 5^3 \times 3 \times 7^2$.

En effet, ce produit est évidemment divisible par chacun des nombres donnés; de plus, tout nombre divisible par 200, 500 et 147 doit contenir le facteur 2^3 qui se trouve dans 200, le facteur 5^3 qui se trouve dans 500, et les facteurs 3 et 7^2 qui se trouvent dans 147. Il ne peut donc être moindre que le produit de ces facteurs, qui est, par conséquent, leur plus petit multiple commun.

RÉSUMÉ.

109. Définition des nombres premiers. — **110.** Un nombre premier est premier avec ceux qui ne sont pas ses multiples. — **111.** Tout nombre qui n'est pas premier admet au moins un diviseur premier. — **112.** Tout nombre, premier ou non, admet un diviseur premier. — **113.** Deux nombres qui ne sont pas premiers entre eux ont au moins un diviseur premier commun. — **114.** La suite des nombres premiers est illimitée. — **115.** Formation d'une table de nombres premiers. — **116.** L'opération semble supposer que l'on connaisse à l'avance la liste des nombres premiers; mais, en réalité, il n'en est rien. — **117.** Pour former la table jusqu'à une limite déterminée A, il suffit d'effacer les multiples des nombres premiers dont le carré ne surpasse pas A. — **118.** Moyen de constater si un nombre donné est ou n'est pas premier. — **119.** Tout nombre qui n'est pas premier est décomposable en facteurs premiers. — **120.** Le même facteur premier peut entrer plusieurs fois dans le produit. — **121.** Un nombre qui divise un produit de deux facteurs, et qui est premier avec l'un des deux, divise nécessairement l'autre. — **122.** Un nombre premier ne peut diviser un produit de deux facteurs sans diviser au moins un des facteurs. — **123.** Un nombre premier ne peut diviser un produit s'il ne divise un des facteurs. — **124.** On en conclut qu'un nombre premier qui divise un produit de facteurs premiers est égal à l'un d'eux. — **125.** Un nombre premier qui ne divise pas un nombre ne peut diviser ses puissances. — **126.** Un nombre premier avec tous les facteurs d'un produit est premier avec le produit. — **127.** Un nombre divisible par plusieurs autres, premiers deux à deux, est divisible par leur produit. — **128.** Un nombre ne peut se décomposer que d'une seule manière en facteurs premiers. — **129.** Comme il peut toujours se décomposer d'une manière, la décomposition en facteurs premiers constitue un véritable système de numération des nombres entiers. — **130.** Moyen de décomposer un nombre en facteurs premiers. — **131.** Deux nombres étant décomposés en facteurs premiers, on reconnaît immédiatement s'ils sont divisibles l'un par l'autre. — **132.** On peut aussi trouver leur plus grand commun diviseur. — **133.** On n'altère pas le plus grand commun diviseur de deux nombres en multipliant l'un d'eux par un facteur premier avec l'autre. — **134.** Formation des diviseurs d'un nombre. — **135.** Nombre de ces diviseurs. — **136.** Ce nombre de diviseurs est pair, à moins que tous les exposants des facteurs premiers ne soient divisibles par 2. — **136 et 137.** Ce théorème peut aussi se déduire du suivant : À tout diviseur d'un nombre, dont le carré surpasse ce nombre, en correspond un second dont le carré est inférieur. — **138.** Définition du plus petit multiple commun. — **139.** Si A et B sont deux nombres entiers, D leur grand commun diviseur, Q et Q' les quotients obtenus en divisant A et B par D, tout multiple commun à ces nombres est un multiple du produit D $\times$ Q $\times$ Q'. — **140.** On peu énoncer le théorème précédent, en disant que le plus petit multiple commun de deux nombres est égal à leur produit divisé par leur plus grand commun diviseur, et que les autres multiples communs sont des multiples du plus petit. — **141.** Multiples communs de trois nombres. — **142.** Tout nombre divisible par trois autres est divisible par leur plus petit multiple commun. — **143.** Les théorèmes précédents s'étendent à plus de trois nombres. — **144.** Recherche des plus petits multiples par la décomposition en facteurs premiers.

EXERCICES.

I. Trouver le plus grand diviseur et le plus petit multiple des nombres 525, 945 et 441.

II. Former un tableau contenant tous les diviseurs communs aux deux nombres 1584 et 1008.

III. Indiquer *a priori* le nombre de tous les diviseurs de 67 500.

IV. Si n désigne un nombre entier quelconque, le produit

$$n\,(n+1)\,(2n+1)$$

est divisible par 6.

V. a et b désignant deux nombres entiers, le produit

$$ab\,(a^2 + b^2)\,(a^2 - b^2)$$

est divisible par 30.

VI. Si l'on range par ordre de grandeur les diviseurs d'un nombre, en commençant par l'unité, qui est le plus petit de ces diviseurs, et finissant par le nombre lui-même, qui est le plus grand, le produit de deux diviseurs pris dans cette suite à égale distance des extrêmes, est constant et égal au nombre lui-même.

VII. Le carré d'un nombre premier diminué d'une unité est toujours divisible par 12 (2 et 3 font exception).

VIII. Pour trouver le plus grand commun diviseur de deux nombres A et B, on peut procéder de la manière suivante : former les B premiers multiples de A :

$$A, \quad 2A, \quad 3A, \quad \dots \quad BA\,;$$

et chercher, parmi ces multiples, ceux qui sont divisibles par B ; leur nombre est le plus grand commun diviseur.

IX. Pour trouver le plus grand commun diviseur de trois nombres, A, B et C, on peut procéder de la manière suivante : former les C premiers multiples de A et B :

$$A, \quad 2A, \quad 3A, \quad \dots, \quad CA,$$
$$B, \quad 2B, \quad 3B, \quad \dots, \quad CB\,;$$

et chercher combien il arrive de fois que les deux nombres correspondants dans ces deux lignes soient à la fois divisibles par C. Ce nombre de fois est le plus grand commun diviseur demandé.

X. Pour trouver le plus grand commun diviseur entre un nombre A et le produit de plusieurs autres $M \times N \times P$, on peut chercher le plus grand commun diviseur D de A et M, diviser A par D, et chercher le plus grand commun diviseur D′ du quotient Q et de N ; diviser Q par D′, et chercher le plus grand commun diviseur D″ du quotient Q′ et de P ; le plus grand commun diviseur de A et $M \times N \times P$ sera $D \times D' \times D''$.

XI. Si a et b désignent deux nombres entiers premiers entre eux, $a^2 - ab + b^2$ et $a + b$ ne peuvent avoir d'autre facteur premier commun que 3.

XII. Si sur la circonférence d'un cercle on marque un nombre m de points, et qu'on joigne ces points de n en n, 1° on finira toujours par revenir au point de départ; 2° si m et n sont premiers entre eux, on n'y reviendra qu'après avoir rencontré tous les autres points de division; 3° si cela n'a pas lieu, le nombre de points *rencontrés* sera un diviseur du nombre total m.

XIII. Le produit de tous les nombres entiers consécutifs, depuis 1 jusqu'à $p-1$, est toujours divisible par p, si p n'est pas premier, et ne l'est jamais dans le cas contraire.

XIV. Si deux nombres a et b sont premiers entre eux, le plus grand commun diviseur de $a+b$ et de $a-b$ est au plus égal à 2.

XV. De combien de manières peut-on décomposer un nombre en un produit de deux facteurs premiers entre eux? Prouver que ce nombre de manières est 2^{n-1}, n étant le nombre des facteurs premiers distincts qui divisent le nombre proposé.

XVI. Le produit de n nombres entiers consécutifs est toujours divisible par le produit des n premiers nombres : $1 \times 2 \times 3 \times 4 \dots n$.

XVII. Le produit $2 \times 6 \times 10 \times 14 \times 18 \dots \times (4n-6)$ est divisible, quel que soit n, par $2 \times 3 \times 4 \times 5 \times 6 \times \dots n$.

XVIII. a et b étant deux nombres premiers, il y a $(a-1)(b-1)$ nombres premiers à $a \times b$ et moindres que $a \times b$.

XIX. Si a, b, c, d désignent quatre nombres premiers avec un cinquième p, et que $a \times b - a' \times b'$ et $a - a'$ soient divisibles par p, il en sera de même de $b - b'$.

XX. Le plus petit multiple commun de trois nombres est égal à leur produit multiplié par le plus grand commun diviseur et divisé par le produit de leurs plus grands communs diviseurs deux à deux.

XXI. Le plus petit multiple de quatre nombres est égal à leur produit multiplié par le produit de leurs plus grands communs diviseurs trois à trois, et divisé par le produit de leurs plus grands communs diviseurs deux à deux.

CHAPITRE VIII.

THÉORIE DES FRACTIONS.

Définition des fractions.

145. Une grandeur étant divisée en parties égales, la réunion d'un certain nombre de ces parties se nomme une *fraction* de cette grandeur. Une fraction dépend du nombre des parties dans lesquelles la grandeur a été partagée, que l'on nomme son *dénominateur*, et du nombre de celles qui ont été réunies, que l'on nomme son *numérateur*. Le numérateur et le dénominateur d'une fraction sont quelquefois appelés ses deux termes.

Pour écrire une fraction, en écrit son numérateur au-dessus de son dénominateur, et on les sépare par une barre horizontale ; pour l'énoncer, on lit d'abord le numérateur, et on ajoute le nom du dénominateur suivi de la terminaison *ième*.

EXEMPLE. Si l'on divise l'unité en sept parties égales, la réunion de cinq de ces parties se représente par $\frac{5}{7}$, que l'on prononce *cinq septièmes*.

Il y a exception pour les dénominateurs, 2, 3, 4 ; au lieu de deuxième, troisième, quatrième, on dit demi, tiers, quart.

Lorsqu'une grandeur est une fraction de l'unité, cette fraction est le nombre qui lui sert de mesure. Ce nombre est abstrait lorsque l'on n'indique pas la nature de l'unité. Quand on opère sur des nombres abstraits, il faut entendre que l'unité à laquelle ils se rapportent n'est pas fixée, mais pourra l'être ultérieurement d'une manière quelconque.

146. REMARQUE I. La définition des fractions ne suppose pas que le dénominateur soit plus grand que le numérateur. Par exemple, $\frac{11}{3}$ est une fraction exprimant onze fois le tiers de l'unité.

147. REMARQUE II. On peut considérer les nombres entiers comme des fractions ayant pour dénominateur l'unité ; par exemple, 3 est égal à $\frac{3}{1}$; ces fractions ne sont pas d'ailleurs les seules par lesquelles on puisse représenter les nombres entiers. Par exemple, 2 est égal à $\frac{4}{2}$ ou à $\frac{6}{3}$.

Théorèmes relatifs aux fractions.

148. THÉORÈME 1. *Une fraction est égale au quotient de la division de son numérateur par son dénominateur.*

Par exemple, $\frac{15}{7}$ est le septième de 15 : le septième de 15 contient en effet le septième de chacune des 15 unités qui composent 5, c'est-à-dire 15 fois $\frac{1}{7}$ ou $\frac{15}{7}$.

On peut encore prouver ce théorème de la manière suivante; on a (**39**) :

$$15 \times 7 = 7 \times 15,$$

c'est-à-dire que 15 *unités* répétées 7 fois donnent le même produit que 7 *unités* répétées 15 fois. Si donc on prend pour unité $\frac{1}{7}$ (et on le peut, puisque l'unité est une grandeur complétement arbitraire), on voit que 15 *septièmes* répétés 7 fois donnent le même produit que 7 septièmes, ou 1, répétés 15 fois; c'est-à-dire que 15 septièmes répétés 7 fois donnent pour produit 15, et que, par conséquent, 15 septièmes sont le septième de 15.

149. Le théorème précédent peut s'énoncer d'une autre manière :

Si l'on multiplie une fraction par son dénominateur, on obtient pour produit le numérateur.

Dire, en effet, que $\frac{15}{7}$ est le septième de 15, c'est dire que $\frac{15}{7}$ répété 7 fois donne pour produit 15.

150. REMARQUE. Le théorème précédent permet d'exprimer le quotient de la division de deux nombres entiers. Soit, par exemple, 43 à diviser par 9; le quotient entier est 4 et le reste 7, c'est-à-dire que le neuvième de 43 se compose de 4 unités, plus du neuvième de 7; il est donc $4 + \frac{7}{9}$.

En général, *le quotient d'une division est égal au quotient entier augmenté d'une fraction ayant pour numérateur le reste et pour dénominateur le diviseur.*

Quand une fraction est plus grande que l'unité, on peut, d'après cela, la réduire à un nombre entier augmenté d'une fraction moindre que l'unité.

EXEMPLE. $\frac{73}{5}$ est égal à $14 + \frac{3}{5}$.

151. THÉORÈME II. *Si l'on multiplie ou divise le numérateur d'une fraction par un nombre entier, la fraction est multipliée ou divisée par ce nombre.*

En effet, le dénominateur restant le même, les parties de l'unité qui composent la fraction conservent la même valeur; si donc on en prend deux, trois, quatre, ... fois plus, ou deux, trois, quatre, ... fois moins, le résultat sera deux, trois, quatre, ... fois plus grand, ou deux, trois, quatre, ... fois moindre.

EXEMPLE. $\frac{15}{7}$ est le triple de $\frac{5}{7}$, $\frac{5}{7}$ est le tiers de $\frac{15}{7}$.

152. THÉORÈME III. *Si l'on multiplie ou divise le dénominateur d'une fraction par un nombre entier, la fraction est divisée ou multipliée par ce nombre.*

1° Soit, par exemple, la fraction $\frac{5}{9}$; il faut prouver qu'en multipliant le dénominateur par 4 on obtient une fraction, $\frac{5}{36}$, qui est le quart de la première.

Si, en effet, après avoir partagé l'unité en 9 neuvièmes, on divise chacun d'eux en 4 parties égales, on obtiendra en tout 36 parties égales, qui seront, par conséquent, des trente-sixièmes. $\frac{1}{36}$ est donc le quart d'un neuvième, et, par suite, 5 trente-sixièmes sont le quart de 5 neuvièmes.

2° Considérons la fraction $\frac{7}{12}$; il faut prouver qu'en divisant le dénominateur par 4 on obtient une fraction $\frac{7}{3}$, qui est le quadruple de la première; en effet, la démonstration précédente prouve que $\frac{7}{12}$ est le quart de $\frac{7}{3}$; $\frac{7}{3}$ est donc le quadruple de $\frac{7}{12}$.

153. REMARQUE. Pour multiplier une fraction par un nombre entier, on peut (**151**) multiplier son numérateur ou (**152**) diviser son dénominateur par ce nombre entier. Le premier procédé est toujours applicable; mais le second exige que le dénominateur soit divisible par le multiplicateur considéré.

Pour diviser une fraction par un nombre entier, on peut (**151**) multiplier son dénominateur ou (**152**) diviser son numérateur par ce nombre entier. Le premier procédé est toujours applicable; mais le second exige que le numérateur soit divisible par le diviseur considéré.

154. Théorème IV. *On ne change pas la valeur d'une fraction en multipliant ou divisant ses deux termes par un même nombre.*

Soit la fraction $\frac{9}{15}$; en divisant son numérateur par 3, on obtient $\frac{3}{15}$, qui est (**151**) le tiers de $\frac{9}{15}$; si on divise ensuite le dénominateur par 3, le résultat $\frac{3}{5}$ est (**152**) le triple de $\frac{3}{15}$, et, par conséquent, égal à $\frac{9}{15}$.

On prouverait de même qu'on n'altère pas la valeur d'une fraction en multipliant ses deux termes par un même nombre.

Simplification d'une fraction.

155. On peut simplifier une fraction en divisant ses deux termes par un même nombre. Si ce nombre est leur plus grand commun diviseur, les deux termes devenant premiers entre eux, on ne pourra plus les diminuer par le même procédé. Le théorème suivant prouve, de plus, qu'il est impossible, par aucun moyen, de donner à la fraction une forme plus simple.

156. Théorème V. *Une fraction dont les termes sont premiers entre eux est irréductible, c'est-à-dire qu'il est impossible de l'exprimer avec des termes moindres.*

Soit, par exemple, la fraction $\frac{19}{28}$, dont les termes sont premiers entre eux; supposons qu'elle soit égale à une autre fraction $\frac{a}{b}$, en sorte que

$$\frac{a}{b} = \frac{19}{28}.$$

Si on multiplie par b les deux membres de cette égalité, les produits seront égaux : or $\frac{a}{b}$ multiplié par b donne pour produit a; $\frac{19}{28}$ multiplié par b donne pour produit $\frac{19 \times b}{28}$; nous aurons donc

$$a = \frac{19 \times b}{28};$$

a étant entier, 28 divise exactement le produit $19 \times b$; mais il est premier avec 19; donc (**121**) il divise b, et l'on a, en désignant par q un quotient entier, $b = 28 \times q$; la valeur de a devient alors :

$$a = \frac{19 \times 28 \times q}{28} = 19 \times q;$$

donc a et b sont plus grands que 19 et 28, et égaux à leurs produits par un même nombre entier q.

157. REMARQUE. On voit que, pour former toutes les fractions égales à une fraction donnée, il suffit de rendre celle-ci irréductible, puis de multiplier ses deux termes par la série des nombres entiers, 1, 2, 3. . . .

EXEMPLE. Pour former toutes les fractions égales à $\frac{25}{170}$, on divisera les deux termes de cette fraction par leur plus grand commun diviseur 5, et elle deviendra $\frac{5}{34}$; $\frac{5}{34}$ étant irréductible, les seules fractions qui lui soient égales sont : $\frac{10}{68}$, $\frac{15}{102}$, $\frac{20}{136}$, etc.

Réduction de deux ou plusieurs fractions au même dénominateur.

158. *On peut toujours réduire des fractions données à avoir le même dénominateur.*

Supposons d'abord qu'il n'y en ait que deux, $\frac{5}{8}$ et $\frac{3}{11}$; on multipliera les deux termes de chacune d'elles par le dénominateur de l'autre, et elles deviendront :

$$\frac{5 \times 11}{8 \times 11} \quad \text{et} \quad \frac{3 \times 8}{11 \times 8},$$

qui ont même dénominateur.

S'il y a plus de deux fractions, on multipliera les deux termes de chacune d'elles par le produit des dénominateurs de toutes les autres, ce qui leur fera acquérir un dénominateur commun égal au produit des dénominateurs donnés.

EXEMPLE. Soient les fractions $\frac{5}{7}$, $\frac{3}{8}$, $\frac{3}{4}$, $\frac{1}{6}$; en appliquant le procédé indiqué, elles deviennent :

$$\frac{5 \times 8 \times 4 \times 6}{7 \times 8 \times 4 \times 6}, \quad \frac{3 \times 7 \times 4 \times 6}{8 \times 7 \times 4 \times 6}, \quad \frac{3 \times 7 \times 8 \times 6}{4 \times 7 \times 8 \times 6}, \quad \frac{7 \times 8 \times 4}{6 \times 7 \times 8 \times 4},$$

ou, en effectuant les multiplications :

$$\frac{960}{1344}, \quad \frac{504}{1344}, \quad \frac{1008}{1344}, \quad \frac{224}{1344}.$$

Plus petit dénominateur commun.

159. Si l'on a rendu les fractions données irréductibles, chacune d'elles ne peut être égale (**157**) qu'à des fractions dont les termes soient multiples des siens. Un dénominateur commun doit donc être à la fois multiple de tous les dénominateurs ainsi réduits, et la plus petite valeur qu'il puisse avoir est leur plus petit multiple commun. Pour donner aux fractions ce dénominateur commun, il faudra multiplier les deux termes de chacune d'elles par le nombre de fois que le plus petit multiple contient son dénominateur.

EXEMPLE. Reprenons les fractions

$$\tfrac{5}{7}, \quad \tfrac{3}{8}, \quad \tfrac{3}{4}, \quad \tfrac{1}{6},$$

qui sont irréductibles. Le plus petit multiple de leurs dénominateurs est 168. Pour leur faire acquérir ce dénominateur, on multipliera les deux termes de la première par $\tfrac{168}{7}$ ou 24; ceux de la seconde par $\tfrac{168}{8}$ ou 21; ceux de la troisième par $\tfrac{168}{4}$ ou 42, et ceux de la quatrième par $\tfrac{168}{6}$ ou 28; elles deviendront ainsi :

$$\tfrac{120}{168}, \quad \tfrac{63}{168}, \quad \tfrac{126}{168}, \quad \tfrac{28}{168}.$$

Addition et soustraction des fractions.

160. *Lorsque des fractions ont même dénominateur, on les ajoute ou les soustrait en ajoutant ou soustrayant leurs numérateurs, et donnant au résultat le dénominateur commun.*

Il est évident, par exemple, qu'en ajoutant 2 septièmes, 3 septièmes et 4 septièmes, on obtient un nombre de septièmes égal à $2+3+4$, c'est-à-dire 9 septièmes. On a donc

$$\tfrac{2}{7} + \tfrac{3}{7} + \tfrac{4}{7} = \tfrac{9}{7}.$$

La différence entre $\tfrac{12}{13}$ et $\tfrac{4}{13}$ est évidemment aussi un nombre de treizièmes égal à $12-4$, ou $\tfrac{8}{13}$.

161. Quelles que soient les fractions à ajouter ou à soustraire, on les réduira au même dénominateur, et on opérera ensuite conformément à la règle précédente.

Soient, par exemple, les fractions $\tfrac{2}{3}$ et $\tfrac{3}{4}$; en les réduisant au

ARITH. B. 8

même dénominateur, elles deviennent $\frac{8}{12}$ et $\frac{9}{12}$; leur somme est donc $\frac{17}{12}$ et leur différence $\frac{1}{12}$.

Remarque. Lorsqu'on veut additionner des nombres composés d'une partie entière et d'une fraction, il faut faire l'addition des fractions, puis celle des entiers, et réunir ensuite les deux sommes.

Exemple. Additionner $9\frac{5}{6}$, $\frac{7}{15}$ et $42\frac{17}{24}$.

En réduisant les fractions à leur plus petit dénominateur commun 120, on a

$$9\frac{100}{120}$$
$$\frac{56}{120}$$
$$42\frac{85}{120}$$

Somme. . . . . $51\frac{241}{120}$ ou $53\frac{1}{120}$.

Pour faire la soustraction de deux nombres composés d'une partie entière et d'une fraction, on retranche la fraction de la fraction et l'entier de l'entier.

Exemple I. Soustraire $42\frac{19}{36}$ de $58\frac{31}{45}$.

Le plus petit dénominateur commun des deux fractions étant 180, on a :

$$58\frac{124}{180}$$
$$42\frac{95}{180}$$

Reste. . . . $16\frac{29}{180}$.

Exemple II. Retrancher $36\frac{13}{15}$ de $61\frac{17}{21}$.

$$61\frac{85}{105}$$
$$36\frac{91}{105}$$

Reste. . . . $24\frac{99}{105}$ ou $24\frac{33}{35}$.

Comme dans ce dernier exemple la fraction inférieure est plus grande que la fraction supérieure, on ajoute à celle-ci une unité, soit $\frac{105}{105}$, ce qui donne en tout $\frac{190}{105}$, dont on retranche $\frac{91}{105}$. Pour que le résultat de la soustraction ne change pas, on ajoute une unité à 36 : de 61 ôtez 37, reste 24.

Multiplication des fractions.

162. Quand on prend une certaine fraction d'une grandeur, on dit qu'on la multiplie par cette fraction. La grandeur multipliée se nomme *multiplicande*, et le résultat, son *produit* par la fraction qui sert de *multiplicateur*. Ainsi, multiplier une grandeur par $\frac{2}{3}$, c'est en prendre les deux tiers. En arithmétique, la grandeur à multiplier est représentée par un nombre, et l'on cherche le nombre qui exprime le produit.

Pour multiplier deux fractions, il faut diviser le produit des numérateurs par celui des dénominateurs.

Soit à multiplier $\frac{2}{7}$ par $\frac{3}{11}$, c'est-à-dire soit à prendre les $\frac{3}{11}$ de $\frac{2}{7}$: pour cela, on prendra le onzième de $\frac{2}{7}$, et on le répétera trois fois ; or le onzième de $\frac{2}{7}$ est (**152**) $\frac{2}{7 \times 11}$, et le triple de $\frac{2}{7 \times 11}$ est (**151**) $\frac{2 \times 3}{7 \times 11}$ ou $\frac{6}{77}$; telle est donc la valeur du produit.

REMARQUE I. Les nombres entiers étant des fractions dont le dénominateur est l'unité, la règle générale s'applique au cas où le multiplicande est entier.

EXEMPLE. $\qquad\qquad 7 \times \frac{3}{4} = \frac{21}{4}$.

REMARQUE II. Le produit de deux fractions ne change pas quand on intervertit les facteurs ; car, d'après la règle précédente, cela revient à changer l'ordre des facteurs qui forment son numérateur et son dénominateur.

163. Le produit de plusieurs fractions se définit comme celui de plusieurs nombres entiers ; c'est le résultat obtenu en multipliant les deux premières fractions, puis leur produit par la troisième, puis le nouveau produit par la quatrième, etc.... Un pareil produit est, d'après la règle précédente, égal au produit de tous les numérateurs divisé par celui de tous les dénominateurs. Quel que soit l'ordre des facteurs, son numérateur et son dénominateur seront toujours composés des mêmes facteurs entiers ; par conséquent, *le produit de plusieurs fractions ne change pas quand on intervertit l'ordre des facteurs.*

De ce théorème on déduit les suivants, absolument comme on l'a fait (**40, 41**) quand il s'agissait des nombres entiers.

Pour multiplier un nombre par le produit de plusieurs facteurs, on peut le multiplier successivement par ces divers facteurs.

Pour multiplier un produit par un autre produit, il suffit de former un produit unique avec les facteurs du multiplicande et ceux du multiplicateur.

Dans un produit de plusieurs facteurs, on peut remplacer un nombre quelconque d'entre eux par leur produit effectué.

Division des fractions.

164. Diviser une grandeur par une fraction, c'est former une seconde grandeur qui, multipliée par cette fraction, reproduise la première. La grandeur divisée se nomme *dividende*, la fraction par laquelle on la divise se nomme *diviseur*, et le résultat de l'opération s'appelle *quotient*. En arithmétique, la grandeur à diviser est représentée par un nombre, et on cherche le nombre qui représente le quotient.

Pour diviser une grandeur par une fraction, il suffit de la multiplier par la fraction diviseur renversée.

Soit, par exemple, à diviser par $\frac{4}{7}$ une grandeur que j'appelle A. Par définition, A est égal à quatre fois le septième du quotient. Ce septième est donc le quart de A, et par conséquent le quotient est les sept quarts de A, ou le produit de A par la fraction $\frac{7}{4}$. Ce qu'il fallait démontrer.

D'après cela, pour diviser un *nombre* entier ou fractionnaire par une fraction, il suffit de le multiplier par la fraction renversée.

EXEMPLE. $\frac{5}{7}$ divisé par $\frac{3}{11}$ donne pour quotient $\frac{5}{7} \times \frac{11}{3}$ ou $\frac{55}{21}$.

165. REMARQUE. Les mots multiplication et division, appliqués aux fractions, sont évidemment détournés de leur sens étymologique, dans lequel multiplier signifie prendre plusieurs fois, et diviser, partager en plusieurs parties. Pour montrer que néanmoins ces opérations sont complétement analogues à celles qui se rapportent aux nombres entiers, il suffira d'examiner le sens des définitions données (**162**, **164**) dans le cas d'un multiplicateur et d'un diviseur entier mis sous forme de fraction, $\frac{6}{2}$ par exemple.

Multiplier une grandeur par $\frac{6}{2}$ (**162**), c'est en prendra 6 fois la moitié, c'est-à-dire le triple.

Diviser une grandeur par $\frac{6}{2}$ (**164**), c'est trouver une seconde grandeur dont la première soit les $\frac{6}{2}$, c'est-à-dire le triple; cette seconde grandeur est évidemment le tiers de la première.

Dans les deux cas, la coïncidence des deux définitions est évidente.

Applications de la théorie des fractions.

166. 1° *Un poteau vertical est partagé en quatre parties. La première est le $\frac{1}{3}$, la seconde le $\frac{1}{4}$ et la troisième les $\frac{2}{7}$ de sa hauteur totale; la quatrième a $\frac{5}{11}$ de mètre. Quelle est la hauteur de ce poteau?*

Les trois premières parties réunies forment $\frac{1}{3} + \frac{1}{4} + \frac{2}{7}$ ou $\frac{73}{84}$ de la hauteur totale. La quatrième en est donc, à elle seule, les $\frac{11}{84}$; et puisqu'elle a $\frac{5}{11}$ de mètre, les $\frac{11}{84}$ du poteau ont $\frac{5}{11}$ de mètre, c'est-à-dire que la hauteur du poteau, multipliée par $\frac{11}{84}$, donne pour produit $\frac{5}{11}$ de mètre. Cette hauteur est donc le quotient de la division de $\frac{5}{11}$ de mètre par $\frac{11}{84}$, et elle est exprimée par

$$\tfrac{5}{11} \times \tfrac{84}{11} = 3 + \tfrac{57}{121}.$$

2° *Une balle élastique rebondit à une hauteur égale aux $\frac{2}{9}$ de celle dont elle est tombée; après avoir rebondi trois fois, elle s'élève à une hauteur de $\frac{13}{16}$ de mètre; de quelle hauteur est-elle tombée primitivement?*

La balle ayant rebondi trois fois, la hauteur à laquelle elle s'élève est égale à celle dont elle est primitivement tombée, multipliée trois fois par le facteur $\frac{2}{9}$, c'est-à-dire par $\frac{2}{9} \times \frac{2}{9} \times \frac{2}{9}$ ou $\frac{8}{729}$. Les $\frac{8}{729}$ de la hauteur cherchée sont donc $\frac{13}{16}$ de mètre, et cette hauteur est par conséquent égale au quotient de la division de $\frac{13}{16}$m par $\frac{8}{729}$ ou $\frac{13 \times 729}{8 \times 16} = \frac{9477}{128} = 74^{\mathrm{m}} + \frac{5}{128}$.

3° *Un robinet versant de l'eau d'une manière continue peut remplir un certain bassin en $\frac{7}{5}$ d'heure. Un second robinet peut le*

*remplir en $\frac{7}{3}$ d'heure; combien de temps les deux robinets, coulant
ensemble, mettront-ils à le remplir?*

Le premier robinet remplit le bassin en $\frac{7}{5}$ d'heure. La capacité du bassin est donc les $\frac{7}{5}$ de ce qu'il peut remplir en 1 heure,
et il remplirait par conséquent, dans ce temps, le quotient de
la capacité du bassin par $\frac{7}{5}$, c'est-à-dire les $\frac{5}{7}$ du bassin.

On verrait de même que le second robinet, en une heure,
peut remplir les $\frac{3}{7}$ du bassin.

Les deux robinets versent donc, à eux deux, pendant une
heure, les $\frac{8}{7}$ de ce qu'il faudrait pour remplir le bassin, et
1 heure est par conséquent les $\frac{8}{7}$ du temps nécessaire pour le
remplir, c'est-à-dire que ce temps est le quotient de la division
d'une heure par $\frac{8}{7}$ ou $\frac{7}{8}$ d'heure.

Les solutions précédentes exigent, pour être bien comprises,
que l'on ait une idée nette de ce que c'est que multiplier ou
diviser une grandeur par une fraction; mais c'est la seule difficulté qu'elles présentent.

Généralisation de la théorie des fractions.

167. On peut mettre le quotient de la division de deux nombres entiers sous forme de fraction, en les écrivant l'un au-
dessous de l'autre et les séparant par une barre horizontale. On
applique souvent cette notation à des nombres qui ne sont pas
entiers; par exemple, pour indiquer le quotient de la division
de $\frac{5}{7}$ par $\frac{3}{4}$, on écrit $\frac{\left(\frac{5}{7}\right)}{\left(\frac{3}{4}\right)}$; et, par extension, on donne le nom de
fractions à de semblables expressions.

Il est important de faire voir que toutes les règles relatives au
calcul des fractions s'y appliquent sans exception. Pour plus de
brièveté dans l'écriture, nous désignerons les numérateurs et
dénominateurs de ces expressions fractionnaires par les lettres
a et b.

THÉORÈME VI. *On peut multiplier, par un même nombre en-*

tier ou fractionnaire, les deux termes d'une expression de la forme $\left(\dfrac{a}{b}\right)$.

Soit m un nombre quelconque; il faut prouver que

$$\frac{a}{b} = \frac{a \times m}{b \times m}.$$

Désignons par une lettre unique q la valeur du quotient $\dfrac{a}{b}$.

Quoique a et b soient fractionnaires, q sera toujours égal à une fraction à termes entiers; car le quotient de la division de deux fractions est une fraction.

On aura, par définition :

$$a = q \times b.$$

Multipliant les deux membres de cette égalité par le nombre m, on aura (**165**) :

$$a \times m = q \times b \times m = q \times (b \times m).$$

Or cette nouvelle égalité exprime que q est le quotient de la division de $a \times m$ par $b \times m$; on a donc

$$q = \frac{a \times m}{b \times m}.$$

C'est précisément ce qu'il fallait démontrer.

REMARQUE. D'après le théorème précédent, on pourra réduire plusieurs expressions de la forme $\dfrac{a}{b}$ au même dénominateur, absolument comme s'il s'agissait de fractions à termes entiers. On en déduira le moyen de faire l'addition ou la soustraction de ces expressions.

168. THÉORÈME VII. *Le produit de deux expressions de la forme* $\dfrac{a}{b}$, $\dfrac{c}{d}$ *est égal au produit des numérateurs divisé par celui des dénominateurs.*

Nommons q et q' les fractions à termes entiers qui sont égales à $\frac{a}{b}$ et $\frac{c}{d}$; on aura :

$$\frac{a}{b} = q, \quad \frac{c}{d} = q'.$$

Or, par définition,

$$a = q \times b, \quad c = q' \times d.$$

Le produit des premiers membres doit être égal au produit des seconds ; on aura donc

$$a \times c = (q \times b) \times (q' \times d) = (q \times q') \times (b \times d).$$

Ce qui exprime que le produit $q \times q'$ est égal au quotient de la division de $a \times c$ par $b \times d$, c'est-à-dire que

$$q \times q' = \frac{a \times c}{b \times d}.$$

C'est précisément ce qu'il fallait démontrer.

169. THÉORÈME VIII. *Pour diviser une grandeur par une expression de la forme* $\frac{a}{b}$, *il suffit de la multiplier par l'expression renversée* $\frac{b}{a}$.

Soit A une grandeur à diviser par $\frac{a}{b}$, il faut trouver une seconde grandeur Q qui, multipliée par $\frac{a}{b}$, reproduise A ; on doit donc avoir

$$A = Q \times \frac{a}{b},$$

ou, en multipliant les deux membres de cette égalité par l'expression $\frac{b}{a}$,

$$A \times \frac{b}{a} = Q \times \frac{a}{b} \times \frac{b}{a} = Q \times \left(\frac{a \times b}{b \times a} \right) = Q.$$

C'est précisément ce qu'il fallait démontrer.

RÉSUMÉ.

145. Définition des fractions. — 146. Les fractions peuvent être plus grandes que l'unité. — 147. Les nombres entiers peuvent être considérés comme des fractions, et cela d'une infinité de manières. — 148. Une fraction est le quotient de la division de son numérateur par son dénominateur. — 149. Une fraction multipliée par son dénominateur donne pour produit son numérateur. — 150. Le quotient exact de la division de deux nombres entiers est égal à un nombre entier augmenté d'une fraction moindre que 1 ; on peut faire subir la même transformation à une fraction plus grande que l'unité. — 151. Si on multiplie ou divise le numérateur d'une fraction par un nombre entier, la fraction est multipliée ou divisée par ce nombre. — 152. Si on multiplie ou divise le dénominateur d'une fraction par un nombre entier, la fraction est divisée ou multipliée par ce nombre. — 153. Les deux théorèmes précédents donnent le moyen de multiplier ou diviser une fraction par un nombre entier. — 154. On ne change pas la valeur d'une fraction, en multipliant ou divisant ses deux termes par un même nombre. — 155. Simplification d'une fraction. En divisant les deux termes d'une fraction par leur plus grand commun diviseur, ses deux termes deviennent premiers entre eux. — 156. La fraction devient alors irréductible, c'est-à-dire qu'il est impossible de l'exprimer avec des termes moindres. — 157. Formation des fractions égales à une fraction donnée. — 158. Réduction de deux ou plusieurs fractions au même dénominateur. — 159. Le plus petit dénominateur commun de plusieurs fractions irréductibles est le plus petit multiple commun de leurs dénominateurs. — 160, 161. Addition et soustraction des fractions. — 162. Multiplication des fractions. Il est inutile de traiter à part le cas où le multiplicande est entier. Le produit de deux fractions ne change pas quand on intervertit les facteurs. — 163. Les conséquences de ce principe sont les mêmes que dans le cas des facteurs entiers. — 164. Division des fractions. Pour diviser une grandeur par une fraction, il suffit de la multiplier par la fraction renversée. — 165. Les définitions de la multiplication et de la division appliquées aux fractions sont d'accord avec celles qui ont été données pour les nombres entiers. — 166. Applications de la théorie des fractions. — 167, 168, 169. Généralisation de la théorie des fractions. Tous les théorèmes qui composent cette théorie s'étendent aux expressions fractionnaires qui ont pour dénominateur une fraction et pour numérateur une autre fraction.

EXERCICES.

I. La population de l'Asie est, suivant un statisticien, les $\frac{43}{7}$ de celle de l'Europe; celle de l'Afrique en est les $\frac{3}{11}$, et celle de l'Amérique les $\frac{43}{17}$. En supposant que la population de l'Asie soit de 390 257 000 habitants, calculer celle des autres parties du monde.

II. La mer recouvre les $\frac{11}{14}$ de la surface du globe. La surface de l'Asie est les $\frac{424}{27}$ de celle de l'Europe, celle de l'Afrique en est les $\frac{22}{7}$, celle de l'Amérique, les $\frac{111}{29}$, et celle de l'Océanie les $\frac{34}{27}$. Supposant que la surface de l'Afrique soit de 2 970 000 000 d'hectares, calculer celle des autres parties du monde, et en déduire la surface totale du globe.

III. Si l'on ajoute un même nombre aux deux termes d'une fraction, le résultat sera compris entre l'unité et la fraction elle-même, en sorte que la fraction augmentera si elle est moindre que 1, et diminuera dans le cas contraire.

IV. Quel nombre faut-il ajouter à chacun des deux termes de la fraction $\frac{17}{57}$, pour que la fraction obtenue diffère de l'unité de moins d'un dix-millième?

V. La somme des numérateurs de plusieurs fractions, divisée par celle de leurs dénominateurs, est comprise entre la plus grande et la plus petite de ces fractions.

VI. Deux fractions irréductibles ne peuvent avoir pour somme un nombre entier, que si elles ont un même dénominateur.

VII. La somme de trois fractions irréductibles ne peut être un nombre entier, si l'un des trois dénominateurs contient un facteur premier qui ne divise aucun des deux autres.

VIII. Si l'on range par ordre de grandeur toutes les fractions irréductibles moindres que l'unité, dont le dénominateur est inférieur à un nombre donné, les fractions à égale distance des extrêmes auront le même dénominateur, et leur somme sera l'unité.

IX. Si l'on considère les fractions $\frac{1}{2}$, $\frac{1}{2\times 3}$, $\frac{1}{3\times 4}$, $\frac{1}{4\times 5}$, $\frac{1}{5\times 6}$,

$\frac{1}{6 \times 7}$, etc., prouver que la somme des n premières est moindre que l'unité $^{\text{et en}}$ diffère d'une quantité égale à $\dfrac{1}{n+1}$.

X. Si l'on considère les fractions $\frac{1}{2}$, $\frac{1}{3}$, $\frac{1}{4}$, $\frac{1}{5}$, $\frac{1}{6}$, etc., on pourra en prendre un assez grand nombre pour que leur somme surpasse un nombre quelconque aussi grand qu'on le voudra.

XI. Vérifier que l'on a, quel que soit le nombre entier n,

$$\tfrac{1}{3} + \tfrac{1}{3 \times 5} + \tfrac{1}{5 \times 7} + \tfrac{1}{7 \times 9} + \cdots \frac{1}{(2n+1) \times (2n+3)} = \frac{n+1}{2n+3}.$$

XII. Si A et B sont deux nombres entiers quelconques que l'on divise l'un par l'autre, P étant le quotient et R le reste, on aura :

$$\frac{B}{A} = P + \frac{R}{A}.$$

Posons de même :

$$\frac{B}{R} = P_1 + \frac{R_1}{R},$$

$$\frac{B}{R_1} = P_2 + \frac{R_2}{R_1},$$

et ainsi de suite jusqu'à ce qu'on trouve une division qui réussisse. Prouver que l'on a :

$$\frac{A}{B} = \frac{I}{P} - \frac{I}{PP_1} + \frac{I}{PP_1P_2} - \frac{I}{PP_1P_2P_3} + \text{etc.}$$

XIII. Si $\dfrac{b}{a}$, $\dfrac{c}{a}$, $\dfrac{d}{a}$ désignent des fractions, non irréductibles, de même dénominateur, et que b, c, d aient pour plus grand commun diviseur l'unité, pour obtenir d'autres fractions égales à celles-là et de même dénominateur, il faut multiplier les deux termes de chacune d'elles par un même nombre.

XIV. L'usure annuelle est, sur les grandes routes, de 255 décimètres cubes par kilomètre et par tonne de circulation. Quelle doit être la circulation journalière moyenne pour que l'on emploie annuellement 700 mètres cubes de pierres cassées à l'entretien d'une route dont la longueur est $\frac{3}{4}$ de kilomètre? On aura égard à ce que le mètre cube de pierres cassées ne contient, à cause des vides, que $\frac{6}{11}$ de mètre cube de pierre.

XV. Le mètre cube de houille en morceaux ne représente que $\frac{6}{11}$ de mètre cube de houille en roche; la houille en morceaux pesant 81 kilogrammes l'hectolitre (dixième du mètre cube), quel est le volume d'un morceau de houille qui pèse $655^{kil}\frac{3}{4}$?

XVI. Le chemin de fer du Midi a consommé, en 1861, 113 418 000 kilogrammes de coke. Quel était le volume occupé dans la mine par la houille qui a produit ce coke, en admettant que le poids du coke est les $\frac{2}{3}$ du poids de la houille qui sert à le fabriquer? (On se servira des données de la question précédente.)

XVII. La longueur du chemin de fer de Paris à Marseille est de 862 kilomètres; sachant que le fer s'allonge de $\frac{1}{81900}$ de sa longueur primitive pour chaque degré du thermomètre centigrade, calculer l'allongement des rails de l'hiver à l'été, en admettant la température la plus basse à $10°$ au-dessous et la plus haute à $32°$ au-dessus de zéro. — Rép. $442^m\frac{42}{819}$.

XVIII. Si l'on désigne, en général, par Ea la partie entière d'un nombre a, on aura, quel que soit le nombre désigné par x,

$$Ex + E\left(x+\frac{1}{n}\right) + E\left(x+\frac{2}{n}\right) + \ldots E\left(x+\frac{n-1}{n}\right) = E.nx,$$

n désignant un nombre entier quelconque.

CHAPITRE IX.

THÉORIE DES FRACTIONS DÉCIMALES.

Définitions.

170. La simplicité des calculs relatifs aux nombres entiers résulte de la loi de décroissement que suivent les unités représentées par leurs différents chiffres. Mais rien ne force à s'arrêter, dans cette loi, au chiffre des unités simples; on peut, à sa droite, en placer de nouveaux, dont le premier exprimera des dixièmes, le second des centièmes, le troisième des millièmes, etc., de telle sorte que chaque unité soit dix fois moindre que la précédente. Les nombres écrits de cette manière se nomment nombres décimaux ou fractions décimales; en les écrivant, il faut avoir soin de placer une virgule après le chiffre des unités simples, pour indiquer où commencent ceux qui expriment des fractions d'unités.

EXEMPLE. 375,483 signifie 375 unités, 4 dixièmes, 8 centièmes, 3 millièmes.

Manière d'énoncer un nombre décimal.

171. D'après la loi de décroissement adoptée, les unités exprimées par un chiffre de rang quelconque peuvent facilement se transformer en unités des ordres suivants. Par exemple, dans le nombre 375,483, le chiffre 4 exprime indifféremment 4 dixièmes, 40 centièmes ou 400 millièmes; le chiffre 8 exprime 8 centièmes ou 80 millièmes, et enfin, 3 exprime 3 millièmes. On peut donc énoncer ce nombre de la manière suivante : 375 unités, 483 millièmes. Les 375 unités représentant 375 000 millièmes, on peut aussi lire : 375 483 millièmes.

Ordinairement, pour énoncer un nombre décimal, on énonce

sa partie entière, puis on convertit les trois premiers chiffres décimaux en millièmes, les trois suivants en millionièmes, etc.

EXEMPLE. 1783,213517823 se lit : 1783 unités, 213 millièmes, 517 millionièmes, 823 billionièmes.

Lorsque le nombre des chiffres décimaux n'est pas un multiple de 3, on termine en énonçant les unités décimales représentées par le dernier ou l'ensemble des deux derniers chiffres.

EXEMPLE. 37,51421783 se lit : 37 unités, 514 millièmes, 217 millionièmes, 83 cent-millionièmes.

172. REMARQUE I. L'ordre des unités exprimées par un chiffre dépendant seulement de son rang à partir de la virgule, on peut, sans changer la valeur d'un nombre décimal, écrire des zéros à sa droite. On pourra ainsi rendre le nombre de ses chiffres décimaux divisible par 3, et le décomposer, dans tous les cas, en unités, millièmes, millionièmes, etc.

173. REMARQUE II. Pour rendre un nombre décimal dix, cent, mille, ... fois plus grand ou plus petit, il suffit de déplacer la virgule d'un, deux, trois rangs vers la droite ou vers la gauche; car chaque chiffre exprimera ainsi une valeur dix, cent, mille fois plus grande ou plus petite. Si le nombre des chiffres ne permettait pas ce transport de la virgule, on le rendrait possible en écrivant des zéros à la droite des chiffres décimaux ou la gauche de la partie entière.

EXEMPLE. Soit 75,342 à diviser par 1000000. On reculera la virgule de six rangs vers la gauche, après avoir écrit le nombre de la manière suivante :

$$0000075,342;$$

on obtiendra ainsi :

$$0,000075342.$$

Pour multiplier le même nombre par un million, on avancera la virgule de six rangs vers la droite, après l'avoir écrit de la manière suivante :

$$75,342000;$$

on obtiendra ainsi :

$$75342000.$$

174. THÉORÈME. *Une unité décimale d'un certain ordre est toujours plus grande que la somme des nombres exprimés par les chiffres qui la suivent.*

Si l'on écrit, par exemple,

$$0,3478....,$$

quel que soit le nombre des chiffres qui suivent 8, leur ensemble n'exprimera pas un dix-millième. Supposons, en effet, pour avoir la plus grande somme possible, que tous ces chiffres soient des 9. Le premier exprimera 9 cent-millièmes, c'est-à-dire les $\frac{9}{10}$ seulement d'un dix-millième, et il s'en faudra, par conséquent, d'un dixième de dix-millième, c'est-à-dire d'un cent-millième, que ce chiffre ne représente un dix-millième ; le suivant exprimera 9 millionièmes, c'est-à-dire les $\frac{9}{10}$ seulement d'un cent-millième. Il s'en faut donc d'un dixième de cent-millième, ou d'un millionième, que ce chiffre réuni au précédent ne représente un dix-millième. On verra de même que le chiffre suivant ne représente que $\frac{9}{10}$ de millionième. En général, chaque chiffre n'exprime que les neuf dixièmes de ce qu'il faudrait pour compléter un dix-millième, et, par conséquent, cette somme ne sera jamais complétée.

La remarque précédente est importante ; on en conclut qu'un même nombre ne peut pas s'exprimer de deux manières différentes en fractions décimales. Si, en effet, deux chiffres décimaux sont différents, leur différence exprimera au moins une unité décimale de l'ordre qui leur correspond, et ne pourra pas être compensée par une différence en sens inverse entre les chiffres suivants.

Transformation d'un nombre décimal en fraction ordinaire.

175. Soit, par exemple, le nombre décimal 75,32178, dont le dernier chiffre exprime des cent-millièmes ; on peut le lire : 7 532 178 cent millièmes : il est donc égal à

$$\frac{7532178}{100000}.$$

En général, *pour transformer un nombre décimal en fraction ordinaire, il faut supprimer la virgule et diviser le nombre entier ainsi obtenu par l'unité suivie d'autant de zéros qu'il y a de chiffres après la virgule.*

EXEMPLE.   7,454 est égal à $\frac{7454}{1000}$.

Réciproquement, pour écrire sous forme de nombre décimal une fraction dont le dénominateur est l'unité suivie d'un certain nombre de zéros, *il suffit de séparer par une virgule, à la droite de son numérateur, autant de chiffres qu'il y a de zéros au dénominateur.* Si le numérateur n'avait pas assez de chiffres, on placerait à sa gauche plusieurs zéros qui, sans changer sa valeur, rendraient l'opération possible.

EXEMPLES. $\frac{275}{1000}$ est égal à   0,275 ;

$\frac{275}{100000}$ est égal à   0,00275.

Lorsqu'on supprime dans une fraction décimale tous les chiffres décimaux placés à la droite d'un chiffre quelconque, l'erreur commise est moindre qu'une unité du dernier chiffre conservé.

Soit donné, par exemple, le nombre $e = 2,718281828459....$ En conservant les 5 premières figures de la fraction décimale, nous aurons :

$$e = 2,71828.$$

L'erreur commise est égale à 0,000001828..., et par conséquent moindre qu'un cent-millième ; on peut même dire qu'elle est moindre qu'une demi-unité du dernier chiffre conservé.

Si dans ce même nombre e nous ne conservons que les 4 premiers chiffres de la fraction, nous aurons :

$$e = 2,7182.$$

L'erreur commise étant égale à 0,0000818..., est par conséquent moindre qu'un dix-millième ; mais elle n'est pas moindre qu'une demi-unité du dernier chiffre conservé, dont la valeur serait $= 0,00005$.

Mais si nous augmentons d'une unité le dernier chiffre conservé, nous aurons :

$$e = 2,7183,$$

et l'erreur sera *en plus*, mais moindre qu'un demi-dix-mil-
lième.

Comme on doit toujours atténuer autant que possible l'erreur
commise, il faut, si cela est possible, prendre les nombres dont
on dispose, de manière à ce que l'erreur soit moindre qu'une
demi-unité de la dernière décimale conservée. Cette condition
sera remplie si le premier chiffre supprimé est moindre que 5,
ou si, dans le cas contraire, on a soin de *forcer* le dernier chiffre
conservé.

Ainsi, dans l'exemple précédent, 2,71828 est la valeur du
nombre *e* à moins d'un demi-cent-millième près *par défaut*, et
2,7183 est la valeur de ce nombre à moins d'un demi-dix-
millième près *par excès*.

La différence entre le nombre exact et sa valeur approchée
s'appelle l'*erreur absolue*, par opposition à l'*erreur relative*, qui
indique le rapport de l'erreur commise au résultat exact.

Ainsi, par exemple, si l'on remplace le nombre décimal
879,24 par 879,2, l'*erreur absolue* est 0,04 ou $\frac{1}{25}$, tandis que
l'*erreur relative* est $\frac{4}{87924}$ ou $\frac{1}{21981}$.

Addition et soustraction des nombres décimaux.

176. Pour ajouter ou soustraire l'un de l'autre deux nombres décimaux, on fait en sorte qu'ils aient le même nombre
de chiffres après la virgule, en écrivant, s'il le faut, un ou plusieurs zéros à la droite de l'un d'eux. On les place ensuite l'un
au-dessous de l'autre, de manière à ce que les virgules se correspondent. On opère alors comme si les nombres étaient entiers, sans qu'il y ait aucune différence, soit dans la pratique,
soit dans la théorie de l'opération. On peut remarquer seulement que, dans l'addition, les zéros placés à la droite de l'un
des nombres décimaux ne jouent aucun rôle, et qu'on peut se
dispenser de les écrire ; ces zéros sont également inutiles dans

la soustraction, toutes les fois que c'est au plus petit des deux
nombres qu'on doit les ajouter.

EXEMPLE I. Soit à ajouter les trois nombres 2,783; 5,42;
0,7842; on les écrira comme il suit :

$$
\begin{array}{r}
2,783 \\
5,42 \\
0,7842 \\
\hline
8,9872
\end{array}
$$

Pour rendre l'opération identique à celle des nombres entiers,
il faudrait écrire un 0 à la droite du premier de ces nombres,
et deux à la droite du second, afin qu'ils eussent tous trois
quatre chiffres après la virgule. Mais ces zéros ne jouant évidemment aucun rôle dans l'opération, on peut se dispenser
de les écrire, et additionner immédiatement les chiffres qui
représentent des unités de même espèce. Il n'y a qu'un chiffre des dix-millièmes qui est 2; nous l'écrirons donc immédiatement comme chiffre des dix-millièmes de la somme. Il y a
deux chiffres des millièmes, 3 et 4, dont la somme 7 est le
chiffre des millièmes de la somme. Les chiffres des centièmes
8, 2 et 8 donnant pour somme 18, on écrira 8 comme chiffre
des centièmes de la somme, et on retiendra 10 centièmes ou
1 dixième. Les chiffres des dixièmes 7, 4 et 7 donnant pour
somme 18, et 1 de retenue 19, on pose 9 et l'on retient 10 dixièmes ou une unité. Les chiffres des unités 2 et 5 donnent pour
somme 7, et 1 de retenue font 8, que l'on écrit pour chiffre des
unités de la somme.

EXEMPLE II. Soit à retrancher 12,738 de 15,3 ; on écrira ces
nombres comme il suit :

$$
\begin{array}{r}
15,300 \\
12,738 \\
\hline
2,562
\end{array}
$$

et on fera la soustraction comme s'il s'agissait de nombres entiers.

Multiplication des nombres décimaux.

177. *Pour multiplier l'un par l'autre deux nombres décimaux, on fait le produit comme s'il n'y avait pas de virgules, et on sépare à sa droite autant de chiffres décimaux qu'il y en a dans les deux nombres réunis.*

On peut, en effet (**175**), considérer les deux nombres décimaux comme deux fractions ayant pour dénominateurs des puissances de 10, et leur appliquer la règle de multiplication des fractions. Le produit des numérateurs est le produit des nombres entiers obtenus par la suppression des virgules. Pour le diviser par le produit des dénominateurs, il suffit (**175**) de séparer à sa droite autant de chiffres qu'il y a de zéros dans les deux dénominateurs, c'est-à-dire autant qu'il y a de chiffres décimaux dans le multiplicateur et le multiplicande réunis, ce qui est précisément la règle énoncée.

EXEMPLE I. Si l'on doit multiplier 6,7 par 0,45, on a (**162**) :

$$\tfrac{67}{10} \times \tfrac{45}{100} = \tfrac{3015}{1000} = 3,015.$$

EXEMPLE II. Soit à multiplier 3,31662 par 4,12311.

On dispose l'opération de la manière suivante :

```
        3,3 1 6 6 2
        4,1 2 3 1 1
        ───────────
          3 3 1 6 6 2
        3 3 1 6 6 2
      9 9 4 9 8 6
    6 6 3 3 2 4
  3 3 1 6 6 2
1 3 2 6 6 4 8
───────────────
1 3,6 7 4 7 8 9 0 8 8 2
```

EXEMPLE III. On demande le produit de 2,30258509 par 2,26717173.

```
              2,3 0 2 5 8 5 0 9
              2,2 6 7 1 7 1 7 3
              ─────────────────
                6 9 0 7 7 5 5 2 7
            1 6 1 1 8 0 9 5 6 3
            2 3 0 2 5 8 5 0 9
          1 6 1 1 8 0 9 5 6 3
          2 3 0 2 5 8 5 0 9
        1 6 1 1 8 0 9 5 6 3
      1 3 8 1 5 5 1 0 5 4
      4 6 0 5 1 7 0 1 8
    4 6 0 5 1 7 0 1 8
    ───────────────────────────
    5,2 2 0 3 5 5 8 2 1 9 6 7 5 0 5 7
```

Dans les calculs pratiques, on regarde souvent comme inutile d'obtenir pour résultat un nombre rigoureusement exact; il suffit ordinairement d'obtenir le nombre demandé à moins d'une unité d'un ordre donné.

Plus souvent encore, un résultat parfaitement exact est non-seulement inutile, mais complétement impossible, faute d'une précision suffisante dans les données; alors on emploie des méthodes plus expéditives pour abréger le calcul des nombres décimaux, en supprimant les chiffres qui seraient ou superflus ou inexacts.

Ces méthodes du calcul des nombres approchés rendent beaucoup de services dans la multiplication, la division et l'extraction des racines.

Multiplication abrégée.

178. Le but que nous nous proposons est le suivant :

1° Trouver, au moyen de *facteurs approchés*, le produit avec la plus grande exactitude possible;

2° Trouver, au moyen de *facteurs exacts*, le produit avec une approximation indiquée d'avance, et en faisant le moins de calculs possible.

Un seul exemple fera comprendre l'avantage et le mécanisme de ce procédé.

Soient donnés les deux nombres 3,73951192 et 2,44418053 ; on demande le produit avec 5 chiffres exacts.

Comme la partie entière du produit aura évidemment un seul chiffre, c'est aux dix-millièmes qu'on s'arrêtera finalement; mais pour pouvoir répondre du chiffre des dix-millièmes, il faudra connaître les cent-millièmes contenus dans chaque produit partiel, à cause des retenues que les cent-millièmes peuvent fournir.

On multipliera donc

3,73951 par 2,44418 ;

on écrit au-dessous du multiplicande le multiplicateur renversé, en plaçant le chiffre 2 des unités sous les cent-millièmes du multiplicande. Cette inversion des chiffres du multiplicateur ne peut en rien changer le produit final qui dépend seulement de la valeur des produits partiels que l'on additionne et non pas de l'ordre dans lequel ils sont écrits; mais il résulte de cette inversion que le chiffre des unités du multiplicateur est placé sous le chiffre des cent-millièmes du multiplicande, et que, par conséquent, leur produit donne des cent-millièmes où s'arrête le calcul; ensuite en avançant d'un rang, de deux, de trois rangs vers la gauche du multiplicateur, on rencontre des unités 10, 100, 1000 fois plus faibles, tandis que les unités correspondantes du multiplicande sont 10, 100, 1000 fois plus grandes; par conséquent, le produit de deux chiffres quelconques qui se correspondent dans les deux facteurs, représente toujours des unités de même espèce, c'est-à-dire des cent-millièmes.

On multiplie ensuite le multiplicande par chaque chiffre significatif du multiplicateur, en commençant chaque multiplication par le chiffre du multiplicande qui est au-dessus du facteur employé, et en tenant compte toutefois des retenues, qui auraient été fournies par les chiffres négligés.

En tenant compte des retenues, non-seulement les produits partiels sont plus approchés de leur valeur exacte, mais encore lorsqu'un chiffre se répète une ou plusieurs fois dans le multiplicateur, on n'a qu'à copier le produit déjà obtenu, en y supprimant autant de chiffres à la fin, que le chiffre est avancé de rangs, et en forçant lorsque la partie supprimée est plus grande qu'une demi-unité.

Les produits partiels ainsi obtenus représentent tous des

cent-millièmes et se placent les uns au-dessous des autres, de manière que les derniers chiffres à droite se correspondent; puis on additionne.

Ainsi dans l'exemple qui nous occupe, le *premier produit* sera 2 fois 373951 ou 747902.

Pour le *second produit* on n'emploie que la partie 37395 qu'on multiplie par 4, ce qui donne 149580.

Pour le *troisième produit* on multiplie 3739 par 4, et comme ce chiffre multiplicateur est égal au précédent, on n'a qu'à copier le *deuxième produit* en y supprimant le dernier chiffre.

Le *quatrième produit* est égal à 373 multiplié par 4, nous avons donc encore une fois le facteur 4; on se borne donc à supprimer le dernier chiffre du troisième produit en forçant le chiffre 5 à cause du 8 qui le suit.

L'ensemble du calcul sera :

$$
\begin{array}{r}
373951 \\
814442 \\
\hline
747902 \\
149580 \\
14958 \\
1496 \\
37 \\
30 \\
\hline
914003
\end{array}
$$

et le résultat est 9,1400 dont les 5 chiffres sont exacts.

Si l'on changeait l'ordre des facteurs, le résultat serait évidemment le même.

Ainsi on aurait :

$$
\begin{array}{r}
244418 \\
159373 \\
\hline
733254 \\
171093 \\
7333 \\
2200 \\
122 \\
2 \\
\hline
914004
\end{array}
$$

donc le résultat avec 5 chiffres exacts est 9,1400 comme ci-dessus. Les derniers chiffres que nous venons d'obtenir dans ces deux multiplications ne sont pas les mêmes, il est vrai ; mais cette différence qui provient des chiffres supprimés ou forcés différemment dans les deux exemples, ne se rapporte qu'à des unités qui ne doivent pas être conservées.

Enfin, pour apprécier l'erreur commise, remarquons qu'à l'exception du premier produit partiel, tous les autres sont exacts à une demi-unité du dernier ordre près ; quant au premier produit partiel, il pourra être en défaut d'une demi-unité multipliée par le premier chiffre du multiplicateur ; de plus, ces erreurs partielles peuvent être en sens inverse et faire compensation.

Ainsi, dans le dernier exemple, le premier chiffre du multiplicateur est 2 ; le nombre des autres chiffres est 5 ; par conséquent, l'erreur du résultat obtenu est moindre que $(2+5)$ demi-unités du dernier ordre, ou moindre que $3\frac{1}{2}$.

EXEMPLE. On demande le produit de 0,4342944819 par 2,3978952728, à 1 millionième près.

```
    4 3 4 2 9 4 5
    5 9 8 7 9 3 2
  ─────────────────
    8 6 8 5 8 9 0
  1 3 0 2 8 8 4
      3 9 0 8 6 5
        3 0 4 0 1
          3 4 7 4
            3 9 1
              2 2
  ─────────────────
  1,0 4 1 3 9 2 7
```

Le produit demandé est 1,041393.

Division des nombres décimaux.

179. Nous distinguons deux cas dans la division des nombres décimaux.

1° *Le diviseur est entier.* La division se fait absolument comme la division des nombres entiers.

Soit 78,314 à diviser par 57. Le dividende se compose de 78314 *millièmes;* il faut donc diviser le nombre entier 78314 par 57; le résultat représentera des millièmes.

$$
\begin{array}{r|l}
78314 & 57 \\
213 & \overline{1373} \\
421 & \\
224 & \\
53 & \\
\end{array}
$$

Le quotient exact de la division de 78314 par 57, est égal (**150**) à $1373 + \frac{53}{57}$. Donc le quotient de la division proposée est 1373 millièmes plus $\frac{53}{57}$ de millièmes, c'est-à-dire $1,373 + \frac{53}{57000}$.

En général, *pour diviser un nombre décimal par un nombre entier, on effectue la division comme si le dividende était entier; et l'on sépare, à la droite du quotient, autant de chiffres décimaux qu'il y en avait dans le dividende. Pour avoir le quotient exact, il faut ajouter au nombre décimal ainsi obtenu, une fraction ayant pour numérateur le reste de la division que l'on a effectuée, et pour dénominateur le diviseur suivi d'autant de zéros qu'il y avait de chiffres décimaux au dividende.*

La fraction qui, d'après la règle précédente, complète le quotient, pourra être convertie en décimales par le procédé général qui sera exposé plus loin.

2° *Le diviseur est une fraction décimale.* On multipliera le dividende et le diviseur par une puissance de 10 telle que le diviseur devienne entier. Cette multiplication ne changera pas évidemment le quotient, et l'on rentrera dans le cas précédent.

EXEMPLE. Soit à diviser 2,2357 par 0,059; en multipliant le dividende et le diviseur par 1000, ces nombres deviennent 2235,7 et 59, qu'il faudra diviser l'un par l'autre. Pour cela (**179**) on divisera 22357 par 59, et le quotient sera considéré comme représentant des dixièmes :

$$
\begin{array}{r|l}
22357 & 59 \\
4657 & \overline{378} \\
527 & \\
55 & \\
\end{array}
$$

Le quotient exact est 37,8 plus $\frac{55}{59}$ de dixième, c'est-à-dire $37,8 + \frac{55}{590}$. La fraction $\frac{55}{590}$ pourra être convertie en décimales, comme il sera exposé plus loin.

REMARQUE. Dans les divisions des nombres décimaux, il est plus commode de faire abstraction des virgules décimales, dont il est facile de tenir compte à la fin du calcul.

EXEMPLE. Soit 1 à diviser par 3,14159265.

$$
\begin{array}{r|l}
1000000000 & 314159265 \\ \cline{2-2}
575222050 & 318309886 \\
2610627850 & \\
973537300 & \\
3105950500 & \\
2785171150 & \\
2718970300 & \\
2056961800 & \\
1720062100 & \\
\end{array}
$$

Le quotient demandé est 0,318309 886....

Lorsque le dividende et le diviseur (ou du moins l'un d'entre eux) sont composés d'un grand nombre de chiffres, il n'est pas nécessaire, pour obtenir l'approximation demandée du quotient, de les conserver jusqu'à la fin de l'opération. On peut alors employer avec avantage le procédé de la division abrégée que nous allons exposer.

Division abrégée.

180. Le but que nous nous proposons, est le suivant :

1° Le dividende et le diviseur étant donnés avec une certaine approximation, trouver le quotient avec la plus grande exactitude possible.

2° Le dividende et le diviseur étant exacts, trouver le quotient avec une approximation indiquée d'avance et avec le moins de calcul possible.

Avant d'exposer la méthode de la division abrégée, nous allons déterminer l'erreur produite par la suppression d'un certain nombre de chiffres à la droite du dividende ou du diviseur. Pour cela, nous allons démontrer les deux théorèmes suivants :

I. *Lorsqu'on supprime un nombre quelconque de chiffres décimaux sur la droite du dividende, le quotient est approché par défaut ; et l'erreur est moindre que le quotient obtenu, divisé par le dividende restreint, écrit sans virgule.*

Par exemple, soit à diviser 24,328915 par un diviseur donné quelconque ; si l'on prend seulement les 4 premiers chiffres du dividende 24,32, le quotient qu'on obtient est trop petit, et l'erreur sera moindre que le quotient divisé par 2432.

En effet, plaçons d'abord la virgule décimale du dividende entre les chiffres conservés et les chiffres supprimés du dividende, et avançons la virgule décimale du diviseur d'autant de rangs et dans le même sens ; on sait que cette modification ne change en rien le quotient (66).

Si l'on représente par D le diviseur ainsi modifié, le quotient obtenu sera égal à

$$\frac{2432}{D} ;$$

le quotient exact est égal à

$$\frac{2432,8915}{D} = \frac{2432}{D} + \frac{0,8915}{D} ;$$

donc l'erreur commise sur le quotient est égale à $\frac{0,8915}{D}$ ou moindre que $\frac{1}{D}$; donc elle est moindre que $\frac{1}{2432}$ du quotient obtenu.

EXEMPLE. Soit à diviser 468,15515 par 21,48. Si l'on ne prend que les 4 premiers chiffres du dividende, le quotient est 21,7924 avec une erreur moindre que $\frac{21,79}{4681}$ ou que 0,004 ; donc le quotient obtenu est exact à moins de 4 unités du cinquième chiffre significatif.

Nous avons démontré ci-dessus que, lorsqu'on supprime dans le dividende *moins d'une unité* du dernier chiffre conservé, l'erreur sur le quotient est moindre que le quotient obtenu divisé par le dividende écrit sans virgule ; par conséquent, lorsque la somme des chiffres supprimés dans le dividende est *moindre qu'une demi-unité* du dernier chiffre conservé, l'erreur sur le quotient est moindre que la moitié du quotient obtenu divisée par le dividende écrit sans virgule ; enfin si l'on prend le dividende par excès à moins d'une demi-unité près, le quotient sera trop grand ; l'erreur sera en plus, et moindre que la moitié du quotient obtenu divisé par le dividende restreint.

EXEMPLE. Soit à diviser 3,8832456 par 0,6224 ; si l'on ne prend que les 4 premiers chiffres du dividende 3,883, l'erreur commise sur le dividende est moindre qu'une demi-unité du dernier ordre ; le quotient obtenu est 6,2388 et l'erreur est moindre que $\dfrac{6,2}{2 \times 3883}$ ou que 0,0009 ; donc le quotient est approché à moins de 9 unités du cinquième chiffre significatif.

II. *Lorsqu'on supprime un nombre quelconque de chiffres décimaux sur la droite du diviseur, le quotient est approché par excès, et l'erreur est moindre que le quotient obtenu divisé par le diviseur restreint écrit sans virgule.*

Par exemple, soit à diviser un nombre donné par 22,667121 ; si l'on prend seulement les 4 premiers chiffres du diviseur 22,66, on commet sur le quotient une erreur *en plus* moindre que le quotient obtenu divisé par 2266.

En effet, plaçons d'abord la virgule décimale du diviseur entre les chiffres conservés et les chiffres supprimés du diviseur, et avançons la virgule décimale du dividende d'autant de rangs et dans le même sens ; on sait que cette modification ne change en rien le quotient.

Désignons, pour abréger, par q le quotient exact de la division par 2266,7121 ; nous aurons :

$$\text{Dividende} = 2266,7121 \times q$$

ou
$$= 2266q + 0{,}7121 \times q;$$

donc, en divisant tous les termes de cette équation par 2266, on obtient :

$$\frac{\text{Dividende}}{2266} = q + \frac{0,7121}{2266} \times q.$$

Mais q est le quotient exact ; par conséquent, en divisant par le diviseur restreint 2266, on obtient un quotient approché qui excède le quotient exact de $\frac{0,7121}{2266} \times q$; et cette erreur est moindre que $\frac{q}{2266}$.

Si le dividende est approché à moins d'une *demi-unité près*, l'erreur est moindre que la moitié du quotient obtenu divisé par le diviseur écrit sans virgule.

EXEMPLE. Soit à diviser 193,75 par 22,6671234.... Si l'on réduit le diviseur à ses quatre premiers chiffres 22,66, le quotient est 8,5503, et l'erreur est moindre que $\frac{8,5}{2266}$ ou 0,0038 ; donc le résultat est exact à moins de 4 unités du quatrième chiffre significatif.

A l'aide des deux théorèmes précédents, il est toujours très-facile de résoudre les deux questions qui se présentent dans la division abrégée :

1° Connaissant le dividende et le diviseur avec une certaine approximation, déterminer avec quelle approximation on peut obtenir le quotient.

2° Le quotient étant demandé avec une certaine approximation, déterminer le nombre de chiffres qu'il faut prendre au dividende et au diviseur.

EXEMPLE. Étant donnés deux nombres 9,012 et 2,187, approchés l'un et l'autre à un millième près, déterminer le degré d'approximation du quotient.

Le quotient obtenu est 4,120 ; par conséquent, l'erreur pro-

venant de l'inexactitude du dividende est moindre que $\frac{4,1}{9012}$;
l'erreur provenant de l'inexactitude du diviseur est moindre
que $\frac{4,1}{2187}$; donc l'erreur totale commise sur le quotient est
moindre que $\frac{4,1}{9012} + \frac{4,1}{2187}$ ou que 0,0023, et le quotient obtenu
est exact à moins de 2 unités du quatrième chiffre significatif.

Il est évident que cette erreur serait dix fois plus grande, si
l'on avait pris trois chiffres au dividende et au diviseur, et qu'elle
serait dix fois plus petite, si l'on avait pris 5 chiffres au dividende et au diviseur.

Méthode de la division abrégée.

Supposons qu'on demande le quotient de 91,4004 par 37,3951;
ces deux nombres étant approchés l'un et l'autre à moins d'un
cent-millième près.

On appelle 91,4004 le premier dividende et 37,3951 le premier
diviseur.

On cherche d'abord le premier chiffre du quotient qui est 2;
le reste obtenu est le second dividende.

Comme le quotient de la seconde division représente des
unités dix fois moindres que celles du premier chiffre du quotient, on n'a besoin, pour avoir le même degré d'exactitude, que
de 6 chiffres au dividende; par conséquent on peut supprimer
le dernier chiffre du diviseur.

Donc ce second diviseur est 37395, et en divisant par ce nombre
le second dividende qui est 166102, on obtient le second chiffre
du quotient qui est 4; le reste 16522 est le troisième dividende.

En supprimant le dernier chiffre du second diviseur, on a le
troisième diviseur 3739, qui donne le troisième chiffre du quotient et laisse pour reste 1564 quatrième dividende; dans la dernière multiplication, on a ajouté 2 unités au produit de 3739
par 4; ces deux unités proviennent de la retenue fournie par le
chiffre 5 supprimé au troisième diviseur, mais dont on tient
compte pour atténuer, autant que possible, les erreurs com-
mises.

On continue l'opération toujours de la même manière, jusqu'à ce qu'on ait obtenu tous les chiffres du quotient.

L'ensemble du calcul sera :

	. . . . .
914004	373951
166102	244418
16522	
1564	
68	
31	

Le quotient obtenu est 2,44418.

Déterminons maintenant le degré d'exactitude du quotient obtenu.

L'erreur commise sur le quotient provient de deux causes; d'abord de l'inexactitude du premier dividende et du premier diviseur, puis des réductions successives opérées sur le diviseur.

La première erreur, celle qui provient de la suppression des derniers chiffres du dividende et du diviseur, est moindre que le quotient obtenu divisé par le dividende écrit sans virgule, plus ce même quotient divisé par le diviseur écrit sans virgule; l'erreur peut être beaucoup moindre et peut même être nulle; mais, dans tous les cas, elle est inférieure à la somme des deux fractions en question.

Le quotient obtenu ci-dessus étant 2,44418, l'erreur est moindre que $\dfrac{2,4}{914004} + \dfrac{2,4}{373951}$.

Observons que la première de ces deux fractions a pour numérateur le quotient de la division et pour dénominateur le dividende; donc en divisant les deux termes de cette fraction par le quotient, elle devient $\dfrac{1}{373951}$, et l'erreur sur le quotient est moindre que $\dfrac{3,4}{370000}$ ou que 0,00001.

Il nous reste encore à évaluer la seconde erreur, celle qui provient des réductions successives du diviseur.

Pour obtenir les 6 chiffres du quotient, nous avons fait 6 divisions partielles dont chacune a fourni le chiffre correspondant du quotient.

Le produit du premier diviseur par le premier chiffre du quotient étant rigoureusement exact, le premier reste 166102 est également exact.

En faisant la seconde division partielle, on a soustrait du premier reste le produit du second chiffre du quotient par le premier diviseur dont on a supprimé le dernier chiffre ; comme nous tenons compte des retenues qui auraient été fournies par les chiffres négligés, ce produit est approché à moins d'une demi-unité près, et en le retranchant du premier reste, nous transportons l'erreur commise au second reste ; par conséquent le second reste 16522 est en défaut de moins d'une demi-unité.

En faisant la troisième division partielle, on a soustrait du second reste un produit approché à une demi-unité près ; cette erreur d'une demi-unité se transporte par soustraction au troisième reste et s'ajoute nécessairement à celle du second reste ; dont le troisième reste 1564 sera en défaut de moins de deux demi-unités.

En continuant le même raisonnement, on voit que nous transportons au dernier reste autant d'erreurs que nous formons de produits particls, dont chacun ajoute aux erreurs précédentes une nouvelle erreur d'une demi-unité.

Par conséquent :

Le 4e reste est en défaut de moins de 3 demi-unités,
Le 5e — — 4 —
Et le 6e — — 5 —

On voit que toutes les erreurs des divisions partielles se trouvent transportées au dernier reste.

Or chaque division partielle, à l'exception de la première qui est rigoureusement exacte, ne transporte au dernier dividende qu'une erreur moindre qu'une demi-unité. Ces erreurs successives peuvent se compenser ; mais, dans le cas le plus défavorable, elles sont toujours moindres chacune qu'une demi-unité du dernier ordre.

Par conséquent, la somme de toutes les erreurs sur le dernier dividende sera moindre que cinq demi-unités, et cette erreur, divisée par le premier chiffre du diviseur donnera pour résultat final une erreur qui, dans le cas actuel, est moindre qu'une unité du sixième chiffre du quotient.

En résumé, l'erreur totale du quotient, provenant de toutes les réductions du dividende et du diviseur, est moindre que deux unités du dernier chiffre du quotient, et le quotient demandé est égal à 2,4442 exact à 5 chiffres.

EXEMPLE. On demande le quotient de 3851,265134 par 12,34567123..., à 0,001 près :

$$
\begin{array}{r|l}
3851265 & 1234567 \\
147564 & \overline{3119527} \\
24107 & \\
11761 & \\
650 & \\
33 & \\
9 & \\
\end{array}
$$

Le quotient demandé est 311,953.

Réduction des fractions ordinaires en décimales.

181. THÉORÈME I. *Pour qu'une fraction ordinaire irréductible puisse s'exprimer exactement sous forme de fraction décimale, il faut et il suffit que son dénominateur n'admette pas d'autres facteurs premiers que 2 et 5.*

Tout nombre décimal étant égal à une fraction dont le dénominateur est une puissance de 10 (**175**), lorsque, pour rendre cette fraction irréductible, on divisera ses deux termes par leur plus grand commun diviseur, le dénominateur de la fraction ainsi obtenue sera un diviseur d'une puissance de 10, et ne pourra, par conséquent, avoir d'autres facteurs premiers que 2 et 5.

Réciproquement, si le dénominateur d'une fraction n'admet pas de facteurs premiers autres que 2 et 5, en multipliant les deux termes de cette fraction par une puissance convenable de l'un de ses facteurs, on pourra rendre leurs exposants égaux; et alors le dénominateur étant une puissance de 10, la fraction pourra (**175**) s'écrire sous la forme de nombre décimal.

EXEMPLE. $\frac{3}{40} = \frac{3}{2^3 \times 5}$: en multipliant ses deux termes par 5^2 ou 25, cette fraction devient $\frac{75}{2^3 \times 5^3} = \frac{75}{10^3}$ ou 0,075.

$\frac{4}{125} = \frac{4}{5^3}$. En multipliant ses deux termes par 2^3 ou 8, cette fraction devient $\frac{32}{5^3 \times 2^3} = \frac{32}{10^3} = 0,032$.

Remarque. Toute fraction pouvant être rendue irréductible,
le théorème précédent permet toujours de décider si une fraction donnée est égale à un nombre décimal ; dans le plus grand
nombre des cas, une pareille transformation n'est pas possible;
il faut définir ce qu'on entend alors par : *réduire une fraction
ordinaire en décimale.*

182. D'après ce qui précède, une fraction ordinaire ne pourra
pas, en général, se mettre sous la forme d'un nombre décimal.
A plus forte raison, une grandeur quelconque étant donnée,
sa mesure exacte ne sera pas, en général, une fraction décimale.
Heureusement que dans la plupart des cas, il n'y a aucun in-
convénient à substituer à un nombre sa valeur suffisamment
approchée; or nous allons montrer qu'on peut toujours représenter un nombre par une fraction décimale *avec telle approximation qu'on le voudra.*

Considérons en effet un nombre quelconque; si nous le comparons à la série des nombres entiers 0, 1, 2, 3, 4..., nous
trouverons toujours deux termes consécutifs de cette série qui
le comprennent entre eux. Le plus petit de ces deux termes se
nomme la *partie entière du nombre*, ou encore, sa valeur *à une
unité près.* Il est évident qu'elle en diffère de moins d'une
unité.

Supposons, par exemple, que le nombre considéré soit compris entre 24 et 25, sa partie entière, ou sa valeur, à une unité
près, est 24.

Pour avoir une unité plus approchée, considérons la suite

24   24,1   24,2   24,3   24,4,   24,5   24,6   24,7   24,8   24,9   25

qui contient les nombres exacts de dixièmes compris entre
24 et 25.

Le nombre proposé, s'il n'est pas égal à l'un des termes de
cette suite, tombera entre deux d'entre eux. Le plus petit de
ces deux se nomme sa valeur *à un dixième près.* Il est évident
qu'elle diffère de la valeur exacte de moins d'un dixième.

Si nous supposons, par exemple, que le nombre considéré
soit compris entre 24,7 et 24,8, sa valeur, à un dixième près, est
24,7 ; on dit aussi que 7 est *le chiffre exact de ses dixièmes.*

Pour avoir une valeur plus approchée encore, considérons la suite

$$24,7 \quad 24,71 \quad 24,72 \quad 24,73 \quad 24,74 \quad 24,75 \quad 24,76 \quad 24,77$$

$$24,78 \quad 24,79 \quad 24,80$$

qui contient les nombres exacts de centièmes compris entre 24,7 et 24,8; le nombre proposé, s'il n'est pas égal à l'un des termes de cette suite, tombera entre deux termes consécutifs. Le plus petit de ces deux se nomme sa valeur à un centième près. Si nous supposons, par exemple, que le nombre considéré soit compris entre 24,75 et 24,76, sa valeur, à un centième près, est 24,75. On dit aussi que 5 est le chiffre exact de ses centièmes.

En continuant de la même manière, on obtiendrait la valeur à un millième près, à un dix-millième près, etc., et en même temps le chiffre exact des millièmes, le chiffre exact des dix-millièmes, etc.

Ces définitions peuvent se formuler de la manière suivante :

La valeur d'un nombre, à une unité près, est le plus grand nombre entier qui y soit contenu.

La valeur d'un nombre, à un dixième près, est le plus grand nombre entier de dixièmes qui y soit contenu.

La valeur d'un nombre, à un centième près, est le plus grand nombre entier de centièmes qui y soit contenu.

La valeur d'un nombre, à un millionième près, est le plus grand nombre entier de millionièmes qui y soit contenu, etc.

Réduire une fraction en décimales, c'est l'évaluer successivement à un dixième, à un centième, à un millième.... près, et former le tableau de ces valeurs de plus en plus approchées.

REMARQUE. Lorsque la fraction proposée est exprimable exactement en décimales, et égale, par exemple, à un nombre exact de millionièmes, il est évident qu'en l'évaluant à un millionième près, on aura sa valeur exacte, et que les évaluations suivantes, si on les formait, donneraient toujours le même résultat. La définition précédente convient donc au cas même où la réduction peut se faire exactement.

183. Soit $\frac{5}{7}$ à réduire en décimales. $\frac{5}{7}$ est compris entre 0 et 1; sa partie entière, c'est-à-dire sa valeur, à une unité près, est donc 0. Pour continuer l'opération, plaçons les deux nombres 5 et 7, comme s'il s'agissait de les diviser l'un par l'autre.

$$
\begin{array}{r|l}
50 & 7 \\
10 & \overline{0,714} \\
30 & \\
2 & \\
\end{array}
$$

et écrivons au quotient 0, partie entière de la fraction décimale que nous voulons former.

$\frac{5}{7}$ d'unité valent $\frac{5}{7}$ de dix *dixièmes*, c'est-à-dire $\frac{50}{7}$ de *dixième*. Or en divisant 50 par 7, on voit que $\frac{50}{7}$ est égal à $7 + \frac{1}{7}$. Donc $\frac{50}{7}$ de *dixième* valent 7 dixièmes plus $\frac{1}{7}$ de dixième. Nous pouvons donc écrire 7 comme chiffre de dixième, et il reste $\frac{1}{7}$ de *dixième*.

$\frac{1}{7}$ de dixième vaut $\frac{1}{7}$ de dix centièmes ou $\frac{10}{7}$ de centième. En divisant 10 par 7, on voit que $\frac{10}{7}$ est égal à $1 + \frac{3}{7}$. $\frac{10}{7}$ de centième valent donc 1 centième plus $\frac{3}{7}$ de centième. Nous pouvons donc écrire 1 pour chiffre des centièmes, et il reste $\frac{3}{7}$ de centième.

$\frac{3}{7}$ de centième valent $\frac{3}{7}$ de dix *millièmes* ou $\frac{30}{7}$ de millième. En divisant 30 par 7, on voit que $\frac{30}{7}$ vaut $4 + \frac{2}{7}$. $\frac{30}{7}$ de millième valent donc 4 millièmes plus $\frac{2}{7}$ de millième. On peut donc inscrire 4 comme chiffre des millièmes, et il reste $\frac{2}{7}$ de millième.

Cette méthode est évidemment générale, et nous pouvons énoncer la règle suivante :

Pour réduire une fraction en décimales, on écrit un zéro à la droite du numérateur, et on divise par le dénominateur. On sépare par une virgule un chiffre à la droite du quotient. On écrit 0 à la droite du reste, et on le divise par le dénominateur, le quotient est le second chiffre décimal; on écrit un zéro à la droite du nouveau reste et on le divise par le dénominateur, le quotient est le troisième chiffre

*écimal, et ainsi de suite indéfiniment. Si une des divisions se fait
exactement, la fraction proposée peut s'exprimer sous forme de nombre décimal ; sinon, la méthode fournit seulement des évaluations de
plus en plus approchées.*

Fractions décimales périodiques.

184. Lorsque les chiffres d'une fraction décimale se reproduisent toujours les mêmes et dans le même ordre, on dit que
la fraction est périodique. L'ensemble des chiffres qui se reproduisent ainsi se nomme une période. Quand la période commence immédiatement après la virgule, la fraction est *périodique
simple*; dans le cas contraire, elle est *périodique mixte.*

Exemple.   0,345 345 345 345...

est une fraction périodique simple ;

$$0,73\,318\,318\,318\,318...$$

est une fraction périodique mixte.

185. Théorème. *Toute fraction ordinaire, réduite en décimales,
donne naissance à une fraction terminée ou à une fraction périodique.*

Soit une fraction ordinaire $\frac{A}{B}$. D'après la règle donnée plus
haut pour la réduire en décimales, on procédera de la manière
suivante :

$$\begin{array}{c|l} A & B \\ R_0 & \overline{Q,Q_1Q_2Q_3Q_4Q_5Q_6} \\ R_1 0 & \\ R_2 0 & \\ R_3 0 & \\ R_4 0 & \\ R_5 0 & \end{array}$$

On divise A par B; soit Q le quotient, il est la partie entière de
la fraction décimale. Le reste R est multiplié par 10, et le pro-

duit R_0 divisé par B donne le chiffre Q_1 des dixièmes. On multiplie ensuite par 10 le reste R_1 de cette seconde division, et on divise $R_1 0$ par B, ce qui donne un quotient Q_2, chiffre des centièmes, et un reste R_2. On multiplie R_2 par 10, et on divise le produit $R_2 0$ par B, ce qui donne un quotient Q_3, chiffre des millièmes, et un reste R_3. On multiplie R_3 par 10, etc.

Si l'un des restes R_1, R_2, R_3... est nul, $\dfrac{A}{B}$ est exactement réductible en décimales ; sinon l'opération se continue indéfiniment. Dans ce cas, les restes R_1, R_2, R_3... étant tous plus petits que B, après un nombre de divisions au plus égal à $B-1$, on retombera sur un reste déjà obtenu; car il n'y a que $B-1$ nombres entiers différents, inférieurs à B. La régularité du procédé qui fournit les différents chiffres fera alors qu'à partir de ces restes égaux, les quotients et les restes successifs seront les mêmes et se présenteront dans le même ordre; la fraction décimale sera donc périodique. Si, par exemple, on avait $R_1 = R_3$, on en conclurait $Q_2 = Q_4$, $R_2 = R_4$, $Q_3 = Q_5$, $R_3 = R_5$, etc., et, par conséquent, la fraction prolongée à l'infini serait :

$$Q, Q_1 Q_2 Q_3 Q_2 Q_3 Q_2 Q_3 Q_2 \ldots$$

REMARQUE I. *Quand une fraction* $\dfrac{A}{B}$, *réduite en décimale, donne lieu à une fraction périodique, le nombre de chiffres de la période est moindre que le dénominateur* B;

Car les restes étant tous moindres que B, après avoir calculé B chiffres, on sera retombé deux fois sur le même reste, et par suite la période aura commencé.

Le nombre des chiffres de la période est toujours égal au dénominateur B diminué d'une unité, ou à l'un des diviseurs de ce reste.

Ainsi, par exemple :

$$\tfrac{3}{7} = 0,428571.\,428571\ldots \quad \text{(périodes de 6 chiffres.)}$$

$$\tfrac{10}{13} = 0,769230.\,769230\ldots \quad \text{(périodes de 6 chiffres.)}$$

$\frac{8}{41} = 0,19512.19512\ldots\ldots$ (périodes de 5 chiffres.)

$\frac{50}{73} = 0,68493150.6849\ldots$ (périodes de 8 chiffres.)

186. Remarque II. Lorsque le dénominateur d'une fraction est un peu considérable, et que le numérateur est l'unité, on peut abréger les opérations par un procédé dont nous nous bornerons à donner un exemple.

Soit $\frac{1}{29}$ à réduire en décimales; on trouve, en commençant l'opération conformément à la méthode précédente,

$$
\begin{array}{r|l}
1 & 29 \\
100 & \overline{0,03448} \\
130 & \\
140 & \\
240 & \\
8 &
\end{array}
$$

Et par conséquent

[1] $\qquad \frac{1}{29} = 0,03448 + \frac{8}{29}$ de cent-millième.

Si on multiplie les deux termes de cette égalité par 8, les produits seront égaux, et l'on aura :

[2] $\qquad \frac{8}{29} = 0,27584 + \frac{64}{29}$ de cent-millième,

ou, en remarquant que $\frac{64}{29} = 2 + \frac{6}{29}$,

[3] $\qquad \frac{8}{29} = 0,27586 + \frac{6}{29}$ de cent-millième;

on conclut de là, en divisant les deux nombres par 100000,

[4] $\frac{8}{29}$ de cent-millième $= 0,0000027586 + \frac{6}{29}$ de dix-billionième, et par conséquent la valeur [1] de $\frac{1}{29}$ devient

[5] $\qquad \frac{1}{29} = 0,0344827586 + \frac{6}{29}$ de dix-billionième;

on trouvera de même en multipliant par 6 les deux membres de cette égalité,

[6] $\qquad \frac{6}{29} = 0,2068965516 + \frac{36}{29}$ de dix-billionième,

ou, puisque $\frac{36}{29} = 1 + \frac{7}{29}$ de dix-billionième,

[7] $\qquad \frac{6}{29} = 0,2068965517 + \frac{7}{29}$ de dix-billionième;

on conclut de là

$\frac{6}{29}$ de dix-billionième $= 0,0000000002068965517 + \frac{7}{29}$ de $\left(\dfrac{1}{10^{20}}\right)$, et par suite la valeur de $\frac{1}{29}$ [5] devient

[8] $\frac{1}{29} = 0,03448275862068965517 + \frac{7}{29}$ de $\dfrac{1}{10^{20}}$.

En multipliant par 7 les deux membres de cette égalité, on trouve

$$\frac{7}{29} = 0,24137931034482758619 + \frac{49}{29} \text{ de } \frac{1}{10^{20}},$$

ou

$$\frac{7}{29} = 0,24137931034482758620 + \frac{20}{29} \text{ de } \frac{1}{10^{20}} ;$$

donc

$$\frac{7}{29}\text{de}\frac{1}{10^{20}} = 0,0000000\ldots 024137931034482758620 + \frac{20}{29} \text{ de } \frac{1}{10^{40}} ;$$

ce qui, substitué dans la valeur [8] de $\frac{1}{29}$, donne

$$\frac{1}{29} = 0,0344827586206896551724137931\ 034482758620$$
$$+ \frac{20}{29}\text{de } \frac{1}{10^{40}} ;$$

et comme nous avons plus de 28 chiffres, nous sommes certains que la période doit être complète; on reconnaît, en effet, que les chiffres décimaux, à partir du 29ᵉ, sont les mêmes qu'à par-tir du 1ᵉʳ; la période est donc de 28 chiffres.

Fraction ordinaire génératrice d'une fraction périodique donnée.

187. Pour chercher la fraction ordinaire, qui, réduite en dé-cimales, donne naissance à une fraction périodique donnée, nous remarquerons que cette fraction est la *limite* vers laquelle tend la valeur de la fraction décimale, lorsqu'on y considère un nombre de chiffres de plus en plus grand.

Considérons d'abord une fraction périodique simple.
Soit la fraction

$$0,342342342\ldots 342\ldots$$

Nommons a la valeur exprimée par l'ensemble des n premières périodes; nous aurons

$$a = 0,342342342\ldots 342.$$

On en déduit, en multipliant par 1000 ces deux quantités égales,

$$1000\ a = 342,342342.\dots342.$$

Cette valeur de $1000\ a$ contient trois chiffres décimaux de moins que celle de a; si on lui ajoutait ces trois chiffres, les deux expressions auraient la même partie décimale, et leur différence serait 342. On a donc

$$1000\ a + 0,000000\dots342 - a = 342,$$

c'est-à-dire

$$999\ a + 0,000000.\dots342 = 342.$$

Si le nombre n des périodes augmente indéfiniment, $0,000000\dots342$ deviendra aussi petit que l'on voudra, et en nommant x la limite de a, on aura

$$999\ x = 342,$$

et par conséquent

$$x = \tfrac{342}{999}.$$

Le raisonnement étant général, nous pouvons énoncer le théorème suivant :

La fraction ordinaire génératrice d'une fraction périodique simple a pour numérateur la période, et pour dénominateur un nombre exprimé par autant de 9 qu'il y a de chiffres dans la période.

Le théorème que nous venons d'énoncer sert à déterminer *a priori* tous les dénominateurs de fractions irréductibles qui donnent naissance à des périodes d'un nombre donné de chiffres.

Supposons qu'il s'agisse de trouver tous les dénominateurs correspondants à des fractions périodiques dont chaque période ait 6 chiffres.

Il suffira de prendre pour dénominateur le nombre 999999 ou l'un quelconque de ses diviseurs, à l'exception de ceux qui correspondent à des périodes de 1, 2 et 3 chiffres.

On a $\qquad 999999 = 3^3.7.11.13.37;$

donc les dénominateurs en question sont : 7, 13, 21, 37, 39, 63, 77, 91, 111, 117, 143, 231, 259, 273, etc.

188. REMARQUE. On peut en général simplifier la fraction fournie par la règle précédente, et faire perdre à son dénominateur la forme particulière qu'il présente. Ainsi, dans l'exemple précédent, les deux termes de $\frac{342}{999}$ sont divisibles par 3, et cette fraction est égale à $\frac{114}{333}$. On peut remarquer seulement que le dénominateur dont tous les chiffres sont des 9, n'étant divisible ni par 2 ni par 5, il en sera de même du dénominateur de la fraction irréductible équivalente; car, en réduisant une fraction à sa plus simple expression, on supprime des facteurs sans en introduire de nouveaux. Nous pouvons donc énoncer le théorème suivant :

Le dénominateur d'une fraction irréductible, génératrice d'une fraction périodique simple, n'est divisible ni par 2 ni par 5.

189. Considérons maintenant une fraction périodique mixte. Soit la fraction

$$0,34572572572.\ldots.572.$$

Représentons par a la valeur exprimée par cette fraction, quand on la termine à la n^e période;
nous aurons

$$a = 0,34572572.\ldots.572.$$

Multiplions les deux termes de cette égalité par 100, pour faire en sorte que la période commence immédiatement après la virgule; nous aurons

$$100\,a = 34,572572.\ldots.572.$$

En multipliant les deux membres de cette égalité par 1000, nous avons

$$100000\,a = 34572,572572.\ldots.\ 572.$$

Cette valeur de $100000\,a$ contient trois chiffres décimaux de moins que celle de $100\,a$. Si on les lui ajoutait, les deux expressions auraient la même partie décimale, et leur différence serait celle de leurs parties entières. On a donc

$$100000\,a + 0,0000000.\ldots.\ 572 - 100\,a = 34572 - 34,$$

c'est-à-dire

$$99900\,a + 0,0000000.\ldots\ldots.\ 572 = 34572 - 34.$$

Si le nombre des périodes considérées augmente indéfiniment

$$0,000. \ldots 572$$

deviendra aussi petit que l'on voudra; et l'on a, en désignant par x la limite de a :

$$99900\,x = 34572 - 34,$$

d'où l'on tire

$$x = \frac{34572 - 34}{99900}.$$

Le raisonnement étant général, nous pouvons énoncer le théorème suivant :

La fraction ordinaire génératrice d'une fraction périodique mixte a pour numérateur le nombre formé par la partie non périodique suivie d'une période, moins le nombre formé par la période, et pour dénominateur le nombre exprimé par autant de 9 qu'il y a de chiffres dans la période, suivis d'autant de zéros qu'il y a de chiffres avant la période.

190. REMARQUE. En général, la fraction fournie par la règle précédente ne sera pas irréductible; on pourra alors supprimer les facteurs communs à ses deux termes, et faire perdre à son dénominateur la forme particulière qu'il présente. Ainsi, dans le cas précédent, les deux termes de $\frac{34572-34}{99900}$ sont divisibles par 2, et la fraction est égale à $\frac{17269}{49950}$. On peut démontrer cependant qu'après avoir été réduit à sa plus simple expression, son dénominateur contiendra l'un ou l'autre des facteurs 2 et 5 précisément autant de fois que sous la forme primitive, c'est-à-dire autant de fois qu'il y a primitivement de zéros à sa droite. Les facteurs 2 et 5 ne peuvent en effet disparaître que s'ils divisent en même temps le numérateur; mais, pour être divisible par 2 et par 5, celui-ci devrait être terminé par un zéro, et comme il est le résultat d'une soustraction, il faudrait pour cela que les derniers chiffres des nombres soustraits fussent les mêmes, c'est-à-dire que la période se terminât par le même chiffre que la partie non périodique. Supposons qu'il en soit ainsi, et que le chiffre 2 qui termine la période soit remplacé par un 4, la fraction périodique mixte deviendrait

$$0,3453453453. \ldots$$

mais alors la période, au lieu d'être 534, serait 453, et ne serait précédée que du seul chiffre 3. Si donc on a fait commencer la période où elle commence réellement, le numérateur ne peut pas être terminé par un zéro ; et lorsqu'on réduira la fraction à sa plus simple expression, le dénominateur conservera l'un ou l'autre des facteurs 2 ou 5 autant de fois qu'il y a de zéros à sa droite, c'est-à-dire autant de fois qu'il y a de chiffres avant la période dans la fraction périodique mixte donnée.

Nous pouvons donc énoncer le théorème suivant :

Le dénominateur de la fraction irréductible, génératrice d'une fraction décimale périodique mixte, est divisible par l'un ou l'autre des facteurs 2 *et* 5 *pris avec un exposant égal au nombre des chiffres décimaux qui, dans la fraction decimale, précèdent la période.*

191. En rapprochant ce théorème de ceux qui ont été démontrés (**181**, **188**), on peut prévoir la nature de la fraction décimale qui proviendra d'une fraction ordinaire irréductible quelconque.

Transcrivons d'abord les trois théorèmes.

1° *Pour qu'une fraction irréductible puisse s'exprimer exactement sous forme de nombre décimal, il faut et il suffit que son dénominateur n'admette pas d'autres facteurs premiers que* 2 *et* 5 (**181**).

2° *Le dénominateur d'une fraction irréductible, génératrice d'une fraction périodique simple, n'est divisible ni par* 2 *ni par* 5 (**188**) ;

3° *Le dénominateur d'une fraction irréductible, génératrice d'une fraction périodique mixte, est divisible par l'un ou l'autre des facteurs* 2 *et* 5, *pris avec un exposant égal au nombre des chiffres qui, dans la fraction décimale, précèdent la période* (**189**).

Ces propositions réunies entraînent les deux suivantes :

1° *Pour qu'une fraction irréductible, réduite en décimales, donne naissance à une fraction périodique simple, il faut et il suffit que son dénominateur ne soit divisible ni par* 2 *ni par* 5.

Cette condition est, en effet, nécessaire, en vertu du second des théorèmes que nous venons d'énoncer, et elle est suffisante ; car, en la supposant remplie, le Ier et le IIIe de ces théorèmes prouvent que la fraction décimale, correspondant à la fraction donnée, ne peut être ni terminée ni périodique mixte; et, par exclusion, il faut alors qu'elle soit périodique simple.

2° *Pour qu'une fraction irréductible, réduite en décimales, donne naissance à une fraction périodique mixte, il faut et il suffit que son dénominateur admette l'un au moins des facteurs* 2 *ou* 5, *et, en outre, d'autres facteurs premiers.*

Il faut, en effet, en vertu du III° des théorèmes transcrits plus haut, que ce dénominateur admette l'un au moins des facteurs 2 et 5, et en vertu du premier il faut qu'il en admette d'autres; car sans cela la fraction décimale serait terminée. Ces deux conditions réunies sont aussi suffisantes; car en les supposant remplies, les théorèmes I et II prouvent que la fraction décimale ne peut être ni terminée ni périodique simple; et, par exclusion, il faut alors qu'elle soit périodique mixte.

EXEMPLE. Si l'on réduisait en décimales les fractions $\frac{3}{8}$, $\frac{4}{11}$, $\frac{17}{28}$, la première donnerait naissance à une fraction terminée, la seconde à une fraction périodique simple, et la troisième à une fraction périodique mixte ayant deux chiffres avant la période, puisque 28 contient 2 fois le facteur 2.

RÉSUMÉ.

170. Définition des nombres décimaux. — **171.** Différentes manières dont peut s'énoncer la valeur d'un chiffre décimal; lecture d'un nombre décimal. — **172.** On peut ajouter des zéros à la droite d'un nombre décimal. — **173.** Moyen de multiplier ou de diviser un nombre décimal par une puissance de 10. — **174.** Une unité décimale d'un certain ordre est toujours plus grande que la somme des nombres exprimés par les chiffres qui la suivent. On en conclut qu'un même nombre ne peut pas s'exprimer de deux manières en fraction décimale. — **175.** Transformation d'un nombre décimal en fraction ordinaire. Transformation en nombre décimal d'une fraction qui a pour dénominateur une puissance de 10. — **176.** Addition et soustraction des nombres décimaux. — **177.** Multiplication des nombres décimaux. — **178.** Multiplication abrégée. — **179.** Division des nombres décimaux. Cas où le diviseur est entier. Cas où le diviseur est une fraction décimale. — **180.** Division abrégée. — **181.** Réduction des fractions ordinaires en décimales. Conditions pour qu'elle soit possible. — 182. Évaluation d'une fraction à moins d'une unité décimale d'un certain ordre. — 183. Réduction des fractions ordinaires en décimales. — 184. Définition des fractions décimales périodiques. — 185. Toute fraction ordinaire réduite en décimales donne naissance à une fraction terminée ou à une fraction périodique. — 186. Moyen d'abréger les opérations, lorsque le numérateur de la fraction réduite est l'unité. — 187. Fraction ordinaire génératrice d'une fraction périodique simple. — 188. Le dénominateur d'une fraction irréductible, génératrice d'une fraction périodique simple, n'est divisible ni par 2 ni par 5. — 189. Fraction ordinaire génératrice d'une fraction périodique mixte. — 190. Le dénominateur de la fraction irréductible, génératrice d'une fraction décimale périodique mixte, est divisible par l'un ou l'autre des facteurs 2 ou 5 pris avec un exposant égal au nombre des chiffres qui, dans la fraction décimale, précèdent la période. — 191. Moyen de reconnaître, à l'inspection du dénominateur d'une fraction irréductible, la nature de la fraction décimale à laquelle elle donnera naissance.

EXERCICES.

I. Si on considère une fraction périodique 0,375 375 375..., la limite est $\frac{375}{999}$; en considérant la période comme égale à 375375, on verrait de même que la limite est $\frac{375375}{999999}$. Prouver *a priori* l'égalité de ces fractions.

II. La fraction périodique mixte 0,57832832832 peut être considérée comme ayant 283 pour période et 5783 pour partie non périodique ; la limite est alors $\frac{5783283-5783}{9900000}$. Prouver la coïncidence de ce résultat avec celui que l'on obtient en considérant la partie non périodique comme réduite à 57 et la période à 832.

III. Si une fraction irréductible a pour dénominateur un nombre premier, et que la période de la fraction décimale à laquelle elle donne naissance ait un nombre pair de chiffres, la somme des chiffres occupant le même rang dans chaque demi-période sera toujours égale à 9.

IV. Si deux fractions irréductibles ont le même dénominateur, et qu'on les réduise l'une et l'autre en décimales, les périodes auront le même nombre de chiffres.

V. Si l'on réduit en décimales une fraction ordinaire $\frac{m}{p}$, et que la période ait $p - 1$ chiffres, que l'on range ces chiffres en cercle de telle manière qu'il n'y ait plus ni premier ni dernier, le cercle ainsi obtenu sera indépendant du numérateur m.

EXEMPLE. $\frac{1}{7} = 0,142857142857$

$\frac{4}{7} = 0,571428571428.$

Ces deux périodes rangées en cercle donnent l'une et l'autre

$$
\begin{array}{ccc}
 & 1 & \\
7 & & 4 \\
5 & & 2 \\
 & 8 &
\end{array}
$$

Pour obtenir la première, il faut lire les chiffres à partir de 1, et la seconde à partir de 5.

VI. Si l'on réduit en décimales toutes les fractions irréductibles, dont le dénominateur est un nombre premier p ; si l'on range en cercle les restes obtenus dans l'opération, le nombre des cercles distincts que l'on pourra former de cette manière, est un diviseur de $p - 1$. En conclure que le nombre des restes qui forment un de ces cercles, et, par suite, le nombre des chiffres d'une période, est aussi un diviseur de $p - 1$.

VII. En mesurant la circonférence d'un cylindre, on a obtenu 4,5183 mètres à une unité du dernier chiffre près; trouver son diamètre aussi approximativement que possible, le rapport du diamètre à la circonférence étant égal à 1 : 3,14159265.

VIII. On voudrait décrire un cercle de 20 mètres de circonférence; calculer son rayon à moins d'un millimètre.

IX. Une certaine quantité de mercure pèse 3,71085 kilogrammes ; trouver son volume avec la plus grande approximation possible, la densité du mercure étant de 13,596.

X. On demande le volume d'un corps pesant 8920 kilogrammes dans l'air et 5373 kilogrammes dans l'eau à 4 degrés de température.

XI. Un corps pèse dans l'air 2130 kilogrammes et dans l'eau 1594 kilogrammes; on demande ce qu'il pèserait dans l'alcool, la densité de celui-ci étant 0,792.

XII. On a une plaque de fer de 2125 mètres de longueur et de 0,845 mètres de hauteur; on élève sa température de 37 degrés. Calculer ce que devient sa surface, en sachant que le coefficient de dilatation linéaire du fer est de 0,0000118.

XIII. Si deux fractions irréductibles $\dfrac{N}{D}$, $\dfrac{n}{d}$, converties en décimales, donnent lieu à des périodes composées respectivement de M, m chiffres, dans le cas où D est divisible par d, le nombre M est également divisible par m.

XIV. Si plusieurs fractions irréductibles, dont les dénominateurs sont premiers entre eux, ou n'ont pas d'autres facteurs communs que les puissances de 2 ou 5, donnent lieu à des périodes de m, m', m''.... chiffres, toute fraction irréductible, ayant pour dénominateur le produit des dénominateurs des premières, conduit à une période dont le nombre des chiffres est le plus petit multiple de m, m', m''..., etc.

XV. p étant un nombre premier, si $\dfrac{1}{p^{b}}$ conduit à une période de m chiffres, $\dfrac{1}{p^{b+1}}$ conduira à une période dont le nombre de chiffres sera m ou mp. Si ce dernier cas a lieu, $\dfrac{1}{p^{b+\alpha}}$ conduira à une période de mp^{α} chiffres.

CHAPITRE X.

SYSTÈME MÉTRIQUE.

NOUVELLES MESURES.

Définitions des diverses unités.

192. L'unité peut être choisie arbitrairement pour chaque sorte de grandeur. Il suffit qu'elle soit bien connue de ceux qui l'emploient. Pour qu'il en fût toujours ainsi, il serait à désirer qu'on adoptât universellement un système d'unités susceptibles d'être retrouvées à toutes les époques ; car la tradition ne suffit pas pour les transmettre sans altération pendant un temps considérable.

Notre système actuel de poids et mesures remplit parfaitement cette condition.

Parmi les grandeurs dont l'étude constitue les mathématiques, les principales sont les *longueurs*, les *surfaces*, les *volumes* et les *poids*.

Unité de longueur.

193. L'unité de longueur est le mètre ; c'est (à peu près) la dix-millionième partie du quart du méridien terrestre.

Le mètre est l'unité fondamentale dont dérivent toutes les autres.

Division du mètre.

194. Le mètre est divisé en dix parties égales ou *décimètres*, c'est-à-dire dixièmes de mètre.

Le décimètre est divisé en dix parties égales ou *centimètres*, c'est-à-dire centièmes de mètre.

Le centimètre se divise en dix parties égales ou *millimètres*, c'est-à-dire millièmes de mètre.

Le millimètre pourrait encore se diviser en dix parties égales ou *dix-millimètres;* mais ces parties sont trop petites pour être tracées avec netteté sur les mètres dont on fait habituellement usage.

Multiples du mètre.

195. De même que les divisions du mètre sont de dix en dix fois plus petites, les multiples dont on se sert pour former des grandeurs sont de dix en dix fois plus grands.

La réunion de dix mètres se nomme un *décamètre*.

La réunion de dix décamètres forme un *hectomètre* ou cent mètres.

La réunion de dix hectomètres forme un *kilomètre* ou mille mètres.

La réunion de dix kilomètres forme un *myriamètre* ou dix mille mètres.

Le myriamètre est la plus grande des mesures légales destinées à mesurer les distances. Il est évidemment contenu mille fois dans la distance du pôle à l'équateur.

On n'emploie pas de mesures *effectives* plus grandes que le décamètre (la chaîne d'arpenteur est un décamètre); mais nos grandes routes sont divisées en kilomètres au moyen de bornes placées de mille en mille mètres.

Mesures de superficie.

196. Un carré qui a dix mètres de côté se nomme un *are;* c'est un décamètre carré.

Il est facile de voir que le décamètre carré ou *are* vaut cent fois un mètre carré.

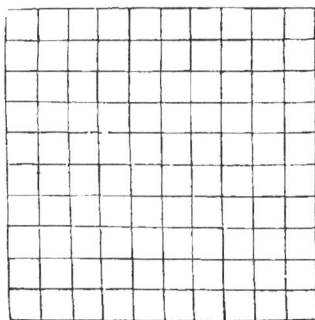

Si l'on représente, en effet, un carré dont les côtés sont divisés en dix mètres, et que par chaque point de division on mène des parallèles aux côtés, ce carré sera évidemment divisé en cent autres petits carrés qui seront des mètres carrés.

Par la même raison, le décamètre carré est contenu cent fois dans l'hectomètre carré, que l'on nomme, pour cette raison, *hectare*, c'est-à-dire cent ares.

Le mètre carré, étant le centième de l'are, se nomme quelquefois centiare.

L'are, l'hectare et le centiare sont les seules mesures agraires actuellement employées. Pour mesurer les surfaces en général, on se sert quelquefois du *décimètre carré* ou centième de mètre carré, ou du centimètre carré, centième partie du décimètre carré et, par suite, dix-millième partie du mètre carré. On évalue même les très-petites surfaces en millimètres carrés ou centièmes de centimètre carré. Les décimètres carrés, centimètres carrés, millimètres carrés n'ont pas reçu de noms particuliers.

Mesures de capacité.

197. Le décimètre cube se nomme *litre* ; c'est l'unité des mesures de capacité. Le litre sert à la mesure des liquides et des grains.

La géométrie enseigne, ce dont on s'assure d'ailleurs bien facilement, que le litre ou décimètre cube est la millième partie du mètre cube.

Le dixième du litre se nomme décilitre.

Le centième du litre se nomme centilitre.

Pour les mesures plus grandes, on se sert du décalitre qui vaut dix litres, et de l'hectolitre qui en vaut cent.

La loi reconnaît, en outre, des mesures intermédiaires qui sont moitié ou double des précédentes. Ce sont :

Le demi-litre,   qui vaut cinq décilitres.

Le double décilitre   ou   deux décilitres.

Le demi-décilitre   ou   cinq centilitres.

Le double centilitre   ou   deux centilitres.

Nous mentionnerons encore, comme mesure de volume, le

stère ou mètre cube. Le mètre cube ne prend ordinairement ce nom, que quand il sert à mesurer le bois de chauffage ou de charpente.

Mesures de poids.

198. L'unité de poids est le *gramme*, poids d'un centimètre cube d'eau distillée à son maximum de densité, c'est-à-dire à quatre degrés centigrades.

Le dixième du gramme se nomme décigramme.

Le centième du gramme se nomme centigramme.

Le millième du gramme se nomme milligramme.

Le milligramme faisant à peine dévier les balances les plus sensibles, on ne pousse pas la division au delà.

Les multiples du gramme sont :

Le poids de dix grammes ou décagramme.

Le poids de cent grammes ou hectogramme.

Le poids de mille grammes ou kilogramme.

Cent kilogrammes font un quintal métrique.

Mille kilogrammes font un tonneau ou une tonne.

Rien de plus facile que de convertir en grammes un poids quelconque exprimé au moyen de ces diverses unités.

EXEMPLE. 613 tonnes, 8 quintaux, 55 kilogrammes, 815 grammes peuvent se représenter par

$$613855^{kil},815.$$

Unité monétaire.

199. Le franc est l'unité monétaire du système métrique. C'est une pièce d'argent qui pèse cinq grammes, sur lesquels il y a dix pour cent de cuivre; le franc contient donc $4^{g},50$ d'argent pur et $0^{g},50$ de cuivre.

Le franc se divise en dix décimes, le décime en dix centimes, et le centime en dix millimes. Le mot millime est peu employé; il ne désigne pas une monnaie réelle, mais seulement un résultat de calcul.

Les multiples du franc n'ont pas reçu de noms particuliers; ainsi dix francs ne se désignent pas sous le nom de décafranc.

La valeur légale de la monnaie d'or est quinze fois et demi celle de la monnaie d'argent sous le même poids.

Deux lois, l'une de 1864, l'autre de 1866, ont réduit de 0,900 à 0,835 le titre des monnaies d'argent de 2 fr., 1 fr., 50 cent. et 20 cent.

Les monnaies françaises effectives sont :

OR.

Pièces.	Poids.	Titre.	Diamètre.
100 francs.	32,25806 grammes.	0,900	35 millimètres.
50 —	16,12903 —	0,900	28 —
20 —	6,45161 —	0,900	21 —
10 —	3,22580 —	0,900	19 —
5 —	1,61290 —	0,900	17 —

ARGENT.

Pièces.	Poids.	Titre.	Diamètre.
5 francs.	25,00 grammes.	0,900	37 millimètres.
2 —	10,00 —	0,835	27 —
1 —	5,00 —	0,835	23 —
50 centimes.	2,50 —	0,835	18 —
20 —	1,00 —	0,835	16 —

BRONZE.

Pièces.	Poids.	Diamètre.
10 centimes.	10 grammes.	30 millimètres.
5 —	5 —	25 —
2 —	2 —	20 —
1 —	1 —	15 —

Calcul des nouvelles mesures.

200. Les unités de dix en dix fois plus grandes et de dix en dix fois plus petites du système des nouvelles mesures sont la réalisation des unités des différents ordres employés dans la numération décimale. Il en résulte que les calculs sont aussi simples que si l'on se bornait à l'emploi exclusif d'une seule unité;

rien de plus facile, en effet, que de rapporter à l'unité principale une grandeur exprimée au moyen de ses multiples et de ses sous-multiples décimaux.

EXEMPLE. 8 myriamètres, 9 kilomètres, 7 hectomètres, 3 décamètres, 1 mètre, 3 centimètres, peuvent se représenter par

$$89731^m, 03.$$

Réciproquement, un nombre entier suivi d'une fraction décimale représentant une grandeur rapportée à l'une des unités, peut se décomposer, sans aucun calcul, en un petit nombre d'unités simples de chaque ordre.

EXEMPLE. $522^{kil}, 827925$ peuvent se lire 522 kilogrammes, 827 grammes, 925 milligrammes ; il suffit de se rappeler que le kilogramme vaut mille grammes, et le gramme mille milligrammes.

On peut aussi changer l'unité à laquelle une grandeur est rapportée au moyen d'un simple déplacement de la virgule ; on doit la déplacer d'autant de rangs vers la droite ou vers la gauche qu'il y a d'unités dans l'exposant de la puissance de 10 qui indique combien de fois la première unité est contenue dans la seconde ou la seconde dans la première.

EXEMPLE. $8^{mc}, 35$ valent 8350 décimètres cubes et 0,00835 décamètres cubes.

201. L'évaluation des grandeurs au moyen des nouvelles mesures donnant toujours lieu à des nombres entiers suivis de fractions décimales, les calculs relatifs aux grandeurs exprimées de cette manière se feront toujours sur des nombres décimaux. C'est là un des principaux avantages du nouveau système.

EXEMPLES. 1° Ajouter 25 ares, 2 hectares 79 ares, et 3 hectares 2 ares 35 centiares.

$$\begin{array}{r} 25 \\ 279 \\ 302,35 \\ \hline 606,35 \end{array}$$

La somme est 6 hectares, 6 ares, 35 centiares.

2° Une caisse pleine pèse 78 kilogrammes 78 décagrammes, la même caisse vide pèse 5 kilogrammes 3 décagrammes 1 gramme. Quel est le poids de la marchandise qu'elle con-tenait?

$$78^{kil},78$$
$$5\ \ ,031$$
$$\overline{73^{kil},749}$$

En soustrayant de $78^{kil},78$, poids de la caisse pleine, $5^{kil},031$, poids de la caisse vide, on trouve $73^{kil},749$, c'est-à-dire 73 kilo-grammes, 74 décagrammes, 9 grammes.

3° Combien pèsent 3227 sacs de charbon dont chacun contient 1 hectolitre, 42 litres, le poids de l'hectolitre étant $82^{kil},7$?

Pour avoir le volume de charbon, il faut multiplier $1^{hect},42$ par 3227.

$$3227$$
$$1,42$$
$$\overline{4582,34}$$

On trouve pour produit 4582,34, c'est-à-dire 4582 hectolitres, 34 litres. Le poids d'un hectolitre étant $82^{kil},7$, pour avoir le poids d'un nombre donné d'hectolitres, il faut multiplier par ce nombre 82,7. Le poids demandé est donc le produit de 82,7 par 4582,34.

$$4582,34$$
$$82,7$$
$$\overline{378959,518}$$

Le poids demandé est donc $378959^{kil},518$, c'est-à-dire 378959 ki-logrammes, 518 grammes.

REMARQUE. Le problème précédent nous offre l'occasion d'ap-pliquer ce qui a été dit (**178**). Il est évident que le volume d'un sac de charbon et le poids d'un hectolitre sont choses trop varia-bles pour qu'on puisse compter sur une grande précision en les évaluant. Lors donc qu'on dit que chaque sac contient 1 hec-tolitre, 42 litres, il faut entendre que c'est là une évaluation approchée, et que si l'on ne met pas de décilitres, c'est tout simplement parce que la mesure ne comporte pas ce degré de précision. De même, en évaluant le poids de l'hectolitre, si l'on s'arrête aux hectogrammes, c'est qu'il est impossible d'assigner, à un décagramme près, la valeur précise de ce poids, qui, probablement, varie d'un sac à l'autre de plusieurs décagrammes.

D'après cela, pouvant craindre sur chaque sac une erreur d'un ou plusieurs décilitres, il peut y avoir *à la rigueur* (si toutes les erreurs étaient dans le même sens), 3227 fois cette erreur dans l'évaluation du volume total. 3227 décilitres font 322 litres, 7 décilitres, en sorte que nous ne pouvons pas même répondre du volume total, à un hectolitre près. Il est donc absurde de l'évaluer à un litre près, et les deux derniers chiffres du produit doivent être supprimés. Il faut dire que le volume est

4582 hectolitres,

en remarquant même qu'on n'est pas sûr du dernier chiffre.

De même, en multipliant 4582 par 82,7 pour avoir le poids du charbon, on remarque que le poids de l'hectolitre peut varier avec la qualité de charbon, et que l'absence du chiffre des décagrammes indique seulement que l'on ne peut atteindre ce degré de précision. Le produit peut donc être en erreur de plusieurs décagrammes par hectolitre, c'est-à-dire de plusieurs fois 4582 décagrammes. On ne peut donc répondre ni du chiffre des kilogrammes, ni de celui des dizaines de kilogrammes. A plus forte raison est-il absurde de conserver les fractions de kilogrammes. Il faut donc dire seulement que le poids est de

3878900 kilogrammes,

en remarquant même que l'on n'est pas sûr du dernier chiffre.

4° Un voiturier a conduit 753 stères de bois dans une voiture qui contient 2 stères 4 décistères. Combien a-t-il fait de voyages? Il est évident que pour avoir le nombre de voyages, il faut diviser 753 par 2,4, ou (**180**) 7530 par 24.

$$\begin{array}{c|c} 7530 & 24 \\ \hline 33 & 313 \\ 90 & \\ 18 & \end{array}$$

Le nombre de voyages est 313. Si les données étaient rigou-
reuses, il faudrait un dernier voyage dans lequel il porterait
18 décistères. Mais les éléments de la question ne comportent
pas une pareille précision dans la réponse.

COMPARAISON DES ANCIENNES MESURES FRANÇAISES AVEC LES NOUVELLES.

Mesures de longueur.

202. Les anciens poids et mesures de France étaient en usage
jusqu'au 1ᵉʳ janvier 1840.

L'unité de longueur était la *toise*.

La toise se divisait en 6 *pieds*, le pied en 12 *pouces*, le pouce
en 12 *lignes*, la ligne en 12 *points*.

La rapport entre la toise et le mètre est définitivement établi
par la loi du 10 décembre 1799, qui fixe la longueur du mètre
à 443,296 lignes, soit 3 pieds 0 pouce 11,296 lignes.

Il est bien facile de déterminer le rapport entre le mètre et la
toise ; en effet,

la toise contient exactement 864 lignes,

le mètre　—　　　—　　443,296 lignes ;

par conséquent,

864 mètres = 443,296 toises,

ou　　　　　27 mètres = 13,853 toises,

ou　　　　27000 mètres = 13 853 toises.

De là on déduit la longueur des anciennes mesures :

Toises.	Pieds.	Pouces.	Lignes.	Points.	Mesures nouvelles.
1	6	72	864	10368	= 1ᵐ,949ᵐᵐ,0363
	1	12	144	1728	= 0 ,324 ,83938
		1	12	144	= ... 27 ,069949
			1	12	= .... 2 ,255829
				1	= .... 0 ,187986

Réciproquement, pour convertir le mètre en mesures anciennes, on a

$$1 \text{ mètre} = 443,296 \text{ lignes},$$
$$- \quad = 36,9413333 \text{ pouces}.$$
$$- \quad = 3,0784444 \text{ pieds}.$$
$$- \quad = 0,513074074 \text{ toises}.$$

L'*aune* contenait 6322 points ou 526 $\frac{5}{6}$ lignes, soit $1^m,188446$.

Les anciennes mesures itinéraires étaient :

La lieue terrestre de 25 au degré moyen du méridien.............................. $= 4,444\ 825$ kil.

La lieue marine de 20 au degré moyen du méridien................................ $= 5,556\ 031$ kil.

La lieue de poste de 2000 toises ou 12000 pieds.......................... $= 3,898\ 073$ kil.

Mesures agraires.

La perche carrée des eaux et forêts contenait 484 pieds carrés ; elle avait 22 pieds de côté.

L'arpent des eaux et forêts était de 100 perches ; il contenait 48 400 pieds carrés.

La perche carrée de Paris avait 18 pieds de côté ; elle contenait 324 pieds carrés.

L'arpent de Paris était de 100 perches de Paris ; il contenait 32 400 pieds carrés.

Les valeurs de ces mesures comparées à l'are sont les suivantes :

Perche carrée des eaux et forêts.... $51^{m \cdot car},07 = 0^{ares},5107$

Perche carrée de Paris........... $34\quad,19 = 0\quad,3419$

Arpent des eaux et forêts.................... $0^{hect},5107$

Arpent de Paris............................ $0\quad,3419$

Par un calcul facile, on déduit des résultats précédents la valeur de l'hectare en arpents :

$$\text{Un hectare vaut} \begin{cases} \text{en arpent de Paris.} \dots \dots \dots & 2^{arp},9249 \\ \text{en arpent des eaux et forêts} \dots & 1 \quad,9580 \end{cases}$$

Mesures de capacité.

La toise cube $= 7,403\ 890\ 343$ mètres cubes.

Le pied cube $= \quad 34,277\ 273$ décimètres cubes.

Le pouce cube $= \qquad 19,836$ centimètres cubes.

Mesures de capacité pour substances sèches.

L'unité était le *boisseau* $= 13,0083$ litres, et divisé en 16 litrons; le boisseau de sel se divisait en 6 mesures ; le boisseau d'avoine en 4 picotins.

La principale mesure était le *setier*, dont la capacité variait suivant la substance que l'on mesurait :

1 setier de blé. $\dots \dots \dots$	$= 12$ boisseaux	$= 156,0996$ litres.
1 setier d'avoine. $\dots \dots \dots$	$= 24$ »	$= 312,1992$ »
1 setier de sel. $\dots \dots \dots$	$= 16$ »	$= 208,1328$ »
1 setier de charbon de bois	$= 32$ ɀ	$= 416,2655$ »

Chacune de ces quatre espèces de setiers se divisait en 2 mines ou en 4 minots.

La plus grande mesure de capacité était le muid :

1 muid de blé. $\dots$	$= 12$ setiers	$= 144$ boisseaux	$= 18,73195^{hect.}$
1 muid d'avoine	$= 12$ setiers	$= 288$ »	$= 37,46390$
1 muid de sel. $\dots$	$= 12$ setiers	$= 192$ »	$= 24,97593$
1 muid de charbon de bois. $\dots$	$= 10$ setiers	$= 320$ ɀ	$= 41,62655$

Mesures de capacité pour les liquides.

Le *muid* (poinçon) = 2 feuillettes   = 268,2195 litres.

La feuillette...... = 2 quartauts   = 134,1098   »

Le quartaut. . ... = 9 veltes (setiers) = 67,0549   »

Le setier........ = 8 pintes   =   7,45054   »

La pinte........ = 2 chopines   =   0,931318 »

Mesures de poids.

L'ancienne unité de poids était la livre ; la livre se divisait en 16 onces, l'once se divisait en 8 gros, et le gros en 72 grains.

Les valeurs de ces diverses unités, rapportées au gramme, sont les suivantes :

Une livre vaut......... 0^{kil},4895058

Une once vaut......... 30^{g},59

Un gros vaut.......... 3 ,82

Un grain vaut......... 0 ,053

On en déduit, par un calcul facile, que le kilogramme vaut 2 livres 5 gros 35 grains 37 centièmes ; voici le détail de ce calcul :

Une livre vaut........... 0^{kil},4895 = $1^{kil} \times (0,4895)$,

donc un kilogramme vaut...... $\frac{\text{une livre}}{0.4895} = \frac{10000 \text{ liv}}{4895}$.

$$\begin{array}{c|c} 10000 & 4895 \\ 210 & 9 \end{array}$$

Un kilogramme vaut   livres + $\frac{210}{4895}$ de livres ;

Chaque livre vaut 16 onces, donc 210 livres valent 210×16 ou 3360 onces ;

Un kilogramme vaut donc 2 livres + $\frac{3360}{4895}$ d'once.

Chaque once vaut 8 gros, 3360 onces valent donc 3360×8 ou 26 880 gros.

Un kilogramme vaut, par conséquent, 2 livres $+ \frac{26880}{4895}$ de gros :

$$\begin{array}{r|l} 26880 & 4895 \\ 2405 & 5 \end{array}$$

ou, en effectuant la division, un kilogramme vaut 2 livres 5 gros $\frac{2405}{4895}$ de gros.

Chaque gros valant 72 grains, 2405 gros valent 2405×72 ou 173 160 grains; donc enfin un kilogramme vaut

$$2 \text{ livres } 5 \text{ gros } \frac{173160}{4895} \text{ de grains.}$$

$$\begin{array}{r|l} 173160 & 4895 \\ 26310 & 35 \\ 1835 & \end{array}$$

Ou, en effectuant la division, un kilogramme vaut 2 livres 5 gros 35 grains $\frac{1835}{4895}$.

La fraction $\frac{1835}{4895}$, réduite en centièmes, donne 0,37.

La valeur du kilogramme est donc enfin

$$2 \text{ livres } 5 \text{ gros } 35 \text{ grains } 37 \text{ centièmes.}$$

MONNAIES.

L'ancienne unité de monnaie était, depuis Louis XIV, la livre tournois qui se divisait en vingt sous; le sou se partageait en quatre liards et le liard en trois deniers. La livre avait à peu près la valeur du franc; la loi du 13 vendémiaire an VIII décide que dans le payement des dettes antérieures, 81 livres vaudront 80 francs; un franc vaut 1 livre 3 deniers. La livre tournois pesait 83 grains, au titre de $\frac{11}{12}$.

Division de la circonférence.

203. On a souvent besoin de comparer différentes parties d'une circonférence, sans se préoccuper de leurs longueurs absolues. Pour cela, on divise la longueur entière du cercle en quatre parties égales que l'on nomme des quadrants, chaque quadrant en 90 degrés, les degrés en 60 minutes et les minutes en 60 secondes.

Les divisions de la circonférence s'indiquent abréviativement de la manière suivante :

$^{\circ}$ signifie degré. Exemple : 4°, quatre degrés.

$'$ signifie minute. Exemple : $7'$, sept minutes.

$''$ signifie seconde. Exemple : $18''$, dix-huit secondes.

Nous nous bornerons à donner quelques exemples relatifs au calcul de ces grandeurs.

EXEMPLE I. *Évaluer les cinq septièmes d'un quadrant en degrés, minutes et secondes.*

Les cinq septièmes d'un quadrant sont les $\frac{5}{7}$ de 90° ou $\frac{450^{\circ}}{7}$;

en effectuant la division, on trouve : $\frac{450^{\circ}}{7} = 64^{\circ}\frac{2^{\circ}}{7}$;

pour transformer $\frac{2}{7}$ de degré en minutes, on remarquera que $\frac{2}{7}$ de degré valent $\frac{2}{7}$ de $60'$ ou $17'\frac{1}{7}$ de minute.

Pour transformer en secondes $\frac{1}{7}$ de minute, on remarquera que $\frac{1'}{7}$ vaut $\frac{60''}{7}$ et par conséquent $8''\frac{4}{7}$.

L'arc de $\frac{5}{7}$ du quadrant est donc enfin égal à : $64^{\circ}\,17'\,8''\frac{4''}{7}$.

EXEMPLE II. *Quelle fraction de la circonférence est l'arc $27^{\circ}\,17'\,32''$?*

27° expriment $\frac{27}{360}$ de circonférence;

$17'$ expriment $\frac{17}{360\times60}$ de circonférence;

$32''$ expriment $\frac{32}{360\times60\times60}$ de circonférence;

la somme est donc $\frac{27}{360} + \frac{17}{360\times60} + \frac{32}{360\times60\times60}$, c'est-à-dire $\frac{98252}{1296000} = 0{,}0758117284$ de circonférence.

204. A l'époque où le système métrique fut établi, on chercha à subordonner au système décimal la division de la circonférence. Mais cette innovation n'a pas prévalu. On avait partagé chaque quadrant en 100 grades, chaque grade en 100 minutes, chaque minute en 100 secondes, etc.

Rien de plus facile que de convertir les anciennes divisions de la circonférence en nouvelles, et réciproquement.

EXEMPLE I. *Convertir* 48^{grades},2472 *en degrés, minutes et secondes.*

100^{grades} valant 90⁰, un grade est les $\frac{9}{10}$ d'un degré; on doit donc, pour convertir l'expression précédente en degrés, la multiplier par $\frac{9}{10}$. On trouve pour produit 43,42248. C'est-à-dire :

$$43^0 + 0,42248 \text{ de degré.}$$

Chaque degré valant 60', pour convertir la fraction précédente en minutes, il faut la multiplier par 60; elle devient ainsi 25,3488, et contient, par conséquent, 25', plus 0,3488 de minute.

Chaque minute valant 60'', pour convertir la fraction précédente en secondes, il faut la multiplier par 60; on trouve ainsi qu'elle vaut 20'',928. Par conséquent :

$$48^{\text{grades}},2472 \text{ valent } 43^0 \; 25'20'',928.$$

EXEMPLE II. *Convertir* 43⁰25'21'' *en grades et subdivisions du grade.*

43⁰25'21'' représentent :

$$43^0 + \frac{25^0}{60} + \frac{21^0}{3600};$$

c'est-à-dire

$$\tfrac{156321}{3600} \text{ de degré.}$$

Chaque degré valant $\frac{10}{9}$ de grade, pour évaluer l'expression précédente en grades, il faut la multiplier par $\frac{10}{9}$; on trouve ainsi qu'elle vaut

$$\tfrac{17369}{360} \text{ de grade,}$$

ou, en effectuant la division,

$$48^{\text{grades}},247222.$$

EXERCICES.

I. Le budget provisoire de la France évalue les dépenses de l'année 1863 à 1 952 935 662 fr.

Quelle serait la longueur de cette somme d'argent en pièces de 5 francs, placées les unes contre les autres en ligne droite?

Réponse : Le diamètre d'une pièce de 5^f en argent étant de 37 millimètres, la suite de pièces de 5 francs, équivalente aux dépenses présumées, aurait une longueur de 14451 kilomètres 724 mètres.

II. La longueur du mètre est de 443,296 lignes du pied de Paris; le pied de Prusse contient exactement 139,13 lignes de Paris; quelle est la longueur du pied de Prusse dans le système métrique?

III. Convertir 7 toises 3 pieds 11 pouces et 5 lignes de Paris en mètres et fraction de mètre.

IV. Combien coûte le carrelage d'un salon de 8^m,35 de long et 3^m,84 de large, à raison de 6^f,25 le mètre carré?

V. Combien y a-t-il d'or fin dans 5580 francs en pièces de 20 francs?

VI. Quel est le volume de 25000^f en monnaie d'or, sachant qu'un centimètre cube d'or au titre de 0,900 pèse 18,405 grammes ?

VII. Sous un égal volume, l'eau pèse 773 fois plus que l'air. On demande le poids de 825^{lit},371 d'air.

VIII. On demande le poids de l'air déplacé par 1563^{kilog} de cuivre, sachant que ce métal pèse 8,167 fois plus que l'eau sous le même volume.

IX. Combien y a-t-il de centimètres cubes dans une masse d'or pur valant 753 fr., sachant que l'or pèse, à volume égal, 19 fois plus que l'eau, et vaut, à poids égal, 15,5 fois plus que l'argent?

X. Quel est le poids de 32^{lit},732 d'eau à 30°, sachant que le volume de l'eau à 30° est égal au produit de son volume à 4° par la fraction 1,00437?

XI. Une mine de charbon fournit en 15 jours 1294 bennes contenant 11^{hect},25 chaque. La dépense journalière est de 457^f,75. Quel est le prix de revient d'un hectolitre de charbon?

XII. Un chemin de fer prend pour le transport des charbons 0^f,097 par tonne et par kilomètre. On paye, en outre, un droit fixe de 2^f,12 par wagon contenant 3240 ^{hect}. A combien reviendront 28275^{hect}, 65 achetés au prix de 2^f,85 l'hectolitre et transportés par le chemin de fer à $15^{myr},97$? L'hectolitre de charbon pèse 82 kilogrammes.

XIII. Les données étant les mêmes que dans la question précédente, on suppose que le chef d'une usine paye annuellement au chemin de fer 2580 francs pour le transport de ses charbons ; le parcours étant $2^{myr},375$, calculer le nombre d'hectolitres consommés.

XIV. Les fils de fer de première qualité supportent, sans se rompre, un poids de 80^k par millimètre carré de section transversale; mais il n'est point prudent de porter leur charge au delà du quart de cette limite. Un câble en fil de fer est exposé à une charge maximum de 1500^k; quel est le nombre total des fils que l'on doit employer à le composer, le diamètre d'un fil étant $0^m,0034$? (La solution de ce problème exige des notions de géométrie.)

XV. Chercher la plus grande commune mesure entre la circonférence entière et l'arc de 25 degrés 41 minutes 32 secondes $\frac{4}{13}$ de seconde.

XVI. L'or valant, à poids égal, 15,5 fois plus que l'argent, quel est le poids de la pièce de vingt francs?

XVII. La valeur du cuivre, dans la monnaie de cuivre, étant vingt fois moindre que celle d'un poids égal d'argent, quel est le poids de la pièce d'un décime?

XVIII. 27 pièces de cinq francs mises bord à bord font un mètre moins un millimètre : quel est le diamètre d'une pièce de cinq francs?

XIX. 2 pièces de deux francs et 2 pièces de un franc font un décimètre. Le diamètre de la pièce de un franc est de $\frac{23}{27}$ de celui de la pièce de deux francs. Quel est le diamètre de chacune d'elles?

CHAPITRE XI.

THÉORIE DES RAPPORTS ET PROPORTIONS.

Rapport de deux grandeurs.

205. Le rapport d'une grandeur à une autre de même nature, est le nombre qui servirait de mesure à la première si la seconde était prise pour unité.

Nous ne nous occuperons, dans ce chapitre, que des rapports entre les grandeurs qui ont une commune mesure contenue un nombre entier de fois dans chacune d'elles. De pareils rapports se nomment commensurables.

206. THÉORÈME. *Tout rapport commensurable est égal à une fraction à termes entiers.*

Les grandeurs que l'on compare ont, par hypothèse, une commune mesure, qui est contenue un nombre entier de fois dans chacune d'elles, 5 fois, par exemple, dans la première, et 7 fois dans la seconde; la première contient alors 5 fois le septième de la seconde, dont elle est, par conséquent, les cinq septièmes; et la seconde contient 7 fois le cinquième de la première, dont elle est, par conséquent, les sept cinquièmes. Le rapport est donc, suivant le point de vue auquel on se place, l'une des fractions à termes entiers $\frac{5}{7}$ ou $\frac{7}{5}$.

Rapports inverses ou réciproques.

207. On voit qu'il existe, entre deux grandeurs, deux rapports exprimés par deux fractions formées des mêmes termes, comme $\frac{5}{7}$ et $\frac{7}{5}$. Ces deux rapports se nomment *inverses* ou *réciproques;* et les fractions qui les représentent reçoivent le nom de *fractions inverses* ou *réciproques.*

REMARQUE. Le produit des deux fractions inverses est évidemment l'unité; on donne quelquefois cette propriété comme définition, et l'on dit : deux nombres sont réciproques lorsque leur produit est égal à l'unité. Mais nous préférons la première définition, qui a l'avantage de faire ressortir l'origine de la locution dont il s'agit.

Rapport de deux nombres.

208. Le quotient de la division de deux nombres entiers ou fractionnaires se nomme leur rapport. Il est essentiel de montrer qu'il n'y a pas là contradiction dans le discours, et que deux grandeurs de même nature, représentées par des nombres, ont, en effet, pour rapport, le quotient de la division de ces nombres.

Supposons, par exemple, que deux grandeurs rapportées à une même unité soient représentées par $\frac{5}{7}$ et $\frac{2}{3}$; $\frac{5}{7}$ divisé par $\frac{2}{3}$ donne pour quotient $\frac{15}{14}$; cela veut dire que $\frac{5}{7}$ d'unité sont les quinze quatorzièmes de $\frac{2}{3}$ d'unité, ou que le *rapport* de la grandeur $\frac{5}{7}$ d'unité à la grandeur $\frac{2}{3}$ d'unité est $\frac{15}{14}$. Les deux définitions s'accordent donc parfaitement.

Définition des proportions.

209. On dit que *quatre grandeurs sont en proportion, lorsque le rapport des deux premières est égal au rapport des deux autres.*

En arithmétique, où l'on ne considère que les nombres, on dit que *quatre nombres sont en proportion, lorsque le rapport des deux premiers est égal au rapport des deux autres.*

Il est évident que si quatre nombres sont en proportion, il en est de même des grandeurs correspondantes, et que réciproquement, la proportion entre quatre grandeurs entraîne celle des nombres qui les représentent.

210. On écrit de la manière suivante que quatre nombres, a, b, c, d, sont en proportion :

$$\frac{a}{b} = \frac{c}{d};$$

et l'on prononce :

a est à b comme c est à d.

a, b, c, d, se nomment les termes de la proportion.

$\frac{a}{b}$ est le premier rapport.

$\frac{c}{d}$ est le second rapport.

b et c les moyens.

a et d les extrêmes.

a l'antécédent et b le conséquent du premier rapport.

c l'antécédent et d le conséquent du second rapport.

Lorsque, dans une proportion, les moyens sont égaux entre eux, on dit qu'ils sont *moyens proportionnels* entre les extrêmes.

EXEMPLE: On a $\frac{8}{4}=\frac{4}{2}$; 4 est donc moyen proportionnel entre 8 et 2.

Il est important de se rendre ces locutions familières.

211. REMARQUE. *Si deux proportions ont un rapport commun, les deux autres rapports forment une proportion.*

Ainsi, des deux proportions

$$\frac{a}{b}=\frac{c}{d}, \qquad \frac{e}{f}=\frac{c}{d},$$

peut déduire

$$\frac{a}{b}=\frac{e}{f};$$

car ces deux rapports, égaux à $\frac{c}{d}$, sont évidemment égaux entre eux.

EXEMPLE.

$$\frac{5}{9}=\frac{15}{27},$$

$$\frac{5}{9}=\frac{35}{63},$$

donc

$$\frac{15}{27}=\frac{35}{63},$$

Théorèmes relatifs aux proportions.

212. THÉORÈME I. *Pour que quatre nombres,* a, b, c, d, *soient en proportion, il faut et il suffit que le produit des extrêmes soit égal au produit des moyens.*

Par définition, la condition nécessaire et suffisante pour que quatre nombres soient en proportion, est que

[1] $$\frac{a}{b} = \frac{c}{d},$$

$\frac{a}{b}$ désignant (**167**) le rapport de a à b, lors même que a et b ne sont pas des nombres entiers. Si nous multiplions les deux termes de la première expression par d, et ceux de la seconde par b, afin de les réduire au même dénominateur, l'égalité [1] deviendra

$$\frac{a \times d}{b \times d} = \frac{c \times b}{b \times d};$$

ce qui équivaut, à cause du dénominateur commun, à

$$a \times d = c \times b.$$

C'est précisément ce qu'il fallait démontrer.

EXEMPLE. $$\frac{2\frac{1}{4}}{4\frac{1}{4}} = \frac{11\frac{1}{4}}{21\frac{1}{4}}.$$

donc $2\frac{1}{4} \times 21\frac{1}{4} = 4\frac{1}{4} \times 11\frac{1}{4} = 47\frac{13}{16}.$

Lorsque les deux termes moyens sont égaux, on les appelle *moyennes proportionnelles* entre les deux extrêmes; il est évident que le produit des extrêmes est égal au carré de la moyenne proportionnelle.

EXEMPLE. $$\frac{9}{12} = \frac{12}{16},$$

donc $9 \times 16 = 12^2.$

213. Il résulte du théorème I, que l'on peut changer l'ordre des termes dans une proportion, pourvu que l'on garde les mêmes extrêmes et les mêmes moyens, ou que les deux moyens changent à la fois de place avec les deux extrêmes.

Ainsi, les huit proportions suivantes peuvent être considérées
comme absolument équivalentes :

$$\frac{a}{b} = \frac{c}{d},$$

$$\frac{b}{a} = \frac{d}{c},$$

$$\frac{a}{c} = \frac{b}{d},$$

$$\frac{c}{a} = \frac{d}{b},$$

$$\frac{c}{d} = \frac{a}{b},$$

$$\frac{d}{c} = \frac{b}{a},$$

$$\frac{b}{d} = \frac{a}{c},$$

$$\frac{d}{b} = \frac{c}{a};$$

car la condition nécessaire et suffisante pour que l'une quelconque d'entre elles ait lieu, est l'égalité des produits $a \times d$ et
$b \times c$.

214. *Connaissant trois termes d'une proportion, trouver le quatrième.*

Le produit des extrêmes étant égal à celui des moyens, si le
terme inconnu est un extrême, multiplié par l'autre extrême, il
doit donner (**213**) un produit égal à celui des moyens; il est
donc égal au produit des moyens divisé par l'extrême connu.

EXEMPLE. Trouver un nombre x tel que l'on ait

$$\frac{3}{7} = \frac{5}{x};$$

on aura, d'après la règle énoncée,

$$x = \frac{5 \times 7}{3} = \frac{35}{3} = 11\frac{2}{3}.$$

215. THÉORÈME II. *On peut, sans qu'une proportion cesse d'a-*

voir lieu, multiplier ou diviser un de ses extrêmes et un de ses moyens par un même nombre.

Il est évident, en effet, qu'en opérant ainsi, on multiplie ou divise par un même nombre le produit des extrêmes et celui des moyens, ce qui n'altère pas leur égalité.

216. THÉORÈME III. *Dans une proportion, la somme des deux premiers termes est au second, comme la somme des deux derniers est au quatrième.*

Soit la proportion

$$\frac{a}{b} = \frac{c}{d};$$

il s'agit de prouver qu'elle entraîne la suivante

$$\frac{a+b}{b} = \frac{c+d}{d}.$$

Or, il est évident que le rapport de $a+b$ à b surpasse d'une unité celui de a à b, et que le rapport de $c+d$ à d surpasse d'une unité celui de c à d. Les deux rapports $\frac{a}{b}$ et $\frac{c}{d}$ ont donc été, l'un et l'autre, augmentés d'une unité, et par conséquent leur égalité n'est pas altérée.

EXEMPLE. $$\frac{12}{14} = \frac{18}{21},$$

donc $$\frac{26}{14} = \frac{39}{21},$$

et $$\frac{12}{26} = \frac{18}{39}.$$

217. THÉORÈME IV. *Dans une proportion, la différence des deux premiers termes est au second, comme la différence des deux derniers est au quatrième.*

Soit la proportion

$$\frac{a}{b} = \frac{c}{d};$$

il s'agit de prouver qu'elle entraîne la suivante :

$$\frac{a-b}{b} = \frac{c-d}{d}.$$

Or, il est évident que le rapport de $a-b$ à b est moindre d'une unité que celui de a à b, et que le rapport de $c-d$ à d est moindre d'une unité que celui de c à d. Les deux rapports $\frac{a}{b}$ et $\frac{c}{d}$ ont donc été, l'un et l'autre, diminués d'une unité, et par conséquent leur égalité n'est pas altérée.

EXEMPLE. $$\frac{21}{9} = \frac{35}{15},$$

donc $$\frac{12}{9} = \frac{20}{15}.$$

REMARQUE I. La proportion précédente suppose évidemment que a et c soient plus grands que b et d. Si cela n'avait pas lieu, en mettant les moyens à la place des extrêmes, on obtiendrait une nouvelle proportion $\frac{b}{a} = \frac{d}{c}$, à laquelle le théorème serait applicable.

218. REMARQUE II. Les théorèmes III et IV peuvent s'appliquer à chacune des huit proportions qui résultent (**214**) d'une proportion donnée par transposition de termes, et il en résulte plusieurs théorèmes, parmi lesquels nous indiquerons les suivants :

Si au lieu de $\frac{a}{b} = \frac{c}{d}$ on écrit la proportion équivalente

$$\frac{a}{c} = \frac{b}{d},$$

et qu'on lui applique les théorèmes III et IV, on aura

$$\frac{a+c}{c} = \frac{b+d}{d}, \quad \frac{a-c}{c} = \frac{b-d}{d};$$

en changeant les moyens de place, ces deux dernières proportions deviennent

$$\frac{a+c}{b+d} = \frac{c}{d},$$

$$\frac{a-c}{b-d} = \frac{c}{d};$$

c'est-à-dire que, dans une proportion quelconque, *la somme ou la différence des antécédents est à la somme ou la différence des conséquents comme un antécédent est à son conséquent.* La seconde de ces proportions suppose évidemment que a soit plus grand que c, et, par suite, b plus grand que d; si cela n'avait pas lieu, au lieu de la proportion $\frac{a}{b} = \frac{c}{d}$, on aurait écrit

$$\frac{c}{d} = \frac{a}{b},$$

et la même démonstration aurait donné

$$\frac{c-a}{d-b} = \frac{c}{d}.$$

219. REMARQUE III. La comparaison des résultats précédents conduit encore à quelques théorèmes utiles.

Si nous reprenons une proportion quelconque

$$\frac{a}{b} = \frac{c}{d},$$

nous avons prouvé qu'on en déduit les suivantes :

$$\frac{a+b}{b} = \frac{c+d}{d},$$

$$\frac{a-b}{b} = \frac{c-d}{d},$$

lesquelles peuvent s'écrire, en changeant les moyens de place,

$$\frac{a+b}{c+d} = \frac{b}{d},$$

$$\frac{a-b}{c-d} = \frac{b}{d};$$

donc, à cause du rapport commun,

$$\frac{a+b}{c+d} = \frac{a-b}{c-d},$$

ou, en changeant les moyens de place,

$$\frac{a+b}{a-b} = \frac{c+d}{c-d},$$

c'est-à-dire que, dans une proportion quelconque, *la somme des deux premiers termes est à leur différence comme la somme des deux derniers est à leur différence.*

EXEMPLE.
$$\frac{13}{17} = \frac{39}{51};$$

donc
$$\frac{30}{4} = \frac{90}{12}.$$

220. THÉORÈME V. *En multipliant termes à termes un nombre quelconque de proportions, on formera une nouvelle proportion.*

Soient les proportions :

$$\frac{a_1}{b_1} = \frac{c_1}{d_1}$$

$$\frac{a_2}{b_2} = \frac{c_2}{d_2}$$

$$\frac{a_3}{b_3} = \frac{c_3}{d_3}.$$

Le produit des trois premiers membres est égal à celui des trois seconds membres.

On en conclut

$$\frac{a_1 \times a_2 \times a_3}{b_1 \times b_2 \times b_3} = \frac{c_1 \times c_2 \times c_3}{d_1 \times d_2 \times d_3}.$$

C. q. f. d.

EXEMPLE.
$$\frac{8}{19} = \frac{24}{57},$$

$$\frac{10}{14} = \frac{5}{7};$$

donc
$$\frac{80}{266} = \frac{120}{399}.$$

REMARQUE. On peut supposer que les proportions considérées soient identiques les unes aux autres. Le théorème devient alors le suivant : *En élevant à une même puissance tous les termes d'une proportion, on forme une nouvelle proportion.*

EXEMPLE.
$$\frac{6}{11} = \frac{18}{33};$$

donc
$$\frac{36}{121} = \frac{324}{1089}.$$

221. THÉORÈME VI. *Dans une suite de rapports égaux, la somme des antécédents est à la somme des conséquents comme un antécédent est à son conséquent.*

Considérons une suite de rapports égaux :

$$\frac{a}{b} = \frac{c}{d} = \frac{e}{f} = \frac{g}{h};$$

de l'égalité des deux premiers rapports,

$$\frac{a}{b} = \frac{c}{d},$$

on conclut (**219**)

$$\frac{a+c}{b+d} = \frac{c}{d}.$$

En substituant au rapport $\frac{c}{d}$ le rapport égal $\frac{e}{f}$, on obtient

$$\frac{a+c}{b+d} = \frac{e}{f};$$

d'où l'on conclut (**219**)

$$\frac{a+c+e}{b+d+f} = \frac{e}{f}.$$

En substituant au rapport $\frac{e}{f}$ le rapport égal $\frac{g}{h}$, on obtient

$$\frac{a+c+e}{b+d+h} = \frac{g}{h};$$

d'où l'on conclut (**219**)

$$\frac{a+c+e+g}{b+d+f+h} = \frac{g}{h}.$$

C'est précisément ce qu'il fallait démontrer.

EXEMPLE.

$$\frac{7}{11\frac{2}{3}} = \frac{6}{10} = \frac{5}{8\frac{1}{3}} = \frac{4}{6\frac{2}{3}}$$

donc

$$\frac{22}{36\frac{2}{3}} = \frac{4}{6\frac{2}{3}}.$$

RÉSUMÉ.

205. Rapport de deux grandeurs. — **206.** Tout rapport commensurable est égal à une fraction à termes entiers. — **207.** Rapports inverses; le produit de deux fractions inverses est l'unité. — **208.** Si deux grandeurs sont représentées par des nombres, leur rapport est égal au quotient de la division de ces nombres. — **209.** Définition des proportions. — **210.** Notations et locutions relatives aux proportions. — **211.** Si deux proportions ont un rapport commun, les deux autres rapports forment une proportion. — **212.** Pour que quatre nombres soient en proportion, il faut et il suffit que le produit des extrêmes égale celui des moyens. — **213.** Différentes manières d'écrire une proportion. — **214.** Connaissant trois termes d'une proportion, trouver le quatrième. — **215.** On peut, dans une proportion, multiplier ou diviser un extrême et un moyen par un même nombre, sans que la proportion cesse d'avoir lieu. — **216.** Dans une proportion, la somme des deux premiers termes est au second, comme la somme des deux derniers est au quatrième. — **217.** La différence des deux premiers termes est au second comme la différence des deux derniers est au quatrième. — **218.** En appliquant ce théorème aux proportions que l'on déduit de la proposée par des transpositions de termes, on prouve que, dans une proportion, la somme ou la différence des antécédents est à la somme ou la différence des conséquents comme un antécédent est à son conséquent. — **219.** La somme des deux premiers termes est à leur différence, comme la somme des deux derniers est à leur différence. — **220.** En multipliant, terme à terme, un nombre quelconque de proportions, on forme une nouvelle proportion; on peut supposer que les proportions soient identiques; le théorème précédent prouve alors que, si des nombres sont en proportion, leurs puissances sont aussi en proportion. — **221.** Dans une suite de rapports égaux, la somme des antécédents est à la somme des conséquents, comme un antécédent est à son conséquent.

EXERCICES.

I. La proportion $$\frac{a+b}{a-b} = \frac{c+d}{c-d},$$

entraîne $$\frac{a}{b} = \frac{c}{d}.$$

II. Le plus grand des quatre termes d'une proportion, ajouté au plus petit, donne une somme plus grande que les deux autres termes.

III. Existe-t-il une proportion telle qu'en ajoutant un même nombre à ses quatre termes on forme une proportion nouvelle ?

IV. De la proportion $\qquad \dfrac{a}{b} = \dfrac{c}{d}$;

on peut déduire $\qquad \dfrac{a \times b}{c \times d} = \dfrac{(a+b)^2}{(c+d)^2}$.

V. Dans quel cas peut-on ajouter deux proportions, terme à terme, de manière à obtenir une proportion nouvelle ?

VI. Si l'on a quatre nombres, a, b, c, d, tels que

$$b = \left(\frac{a+c}{2}\right), \;\; \text{et} \; \frac{1}{c} = \frac{1}{2}\left(\frac{1}{b} + \frac{1}{d}\right),$$

les quatre nombres sont en proportion. Réciproquement, si dans une proportion $\dfrac{a}{b} = \dfrac{c}{d}$, on a

$$b = \left(\frac{a+c}{2}\right), \; \text{on aura aussi} \; \frac{1}{c} = \frac{1}{2}\left(\frac{1}{b} + \frac{1}{d}\right).$$

VII. $\qquad\qquad \dfrac{ma + nb}{ma' + nb'} = \dfrac{a}{a'}$

entraîne $\qquad\qquad \dfrac{a}{a'} = \dfrac{b}{b'}$,

quels que soient les nombres m et n.

VIII. On prend le milieu O d'une ligne AB, et l'on marque ensuite un point X tel que

$$\frac{AX}{XB} = \frac{BX}{XO}.$$

Trouver la position du point X.

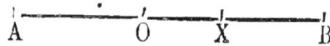

IX. Même question en supposant le point O placé aux deux tiers, aux trois quarts, aux quatre cinquièmes, et, en général, aux $\dfrac{n-1}{n}$ de la ligne AB.

X. A   B′   A′   B. Si sur une ligne AB on prend deux points B′ et A′ de telle sorte que l'on ait la proportion

$$\frac{BA'}{AB} = \frac{A'B'}{AB'},$$

on aura

$$\frac{1}{A'B'} + \frac{1}{AB} = \frac{2}{AA'} + \frac{2}{BB'}.$$

CHAPITRE XII.

APPLICATIONS DE LA THÉORIE DES RAPPORTS.

Des grandeurs proportionnelles.

222. On dit que deux grandeurs sont proportionnelles l'une à l'autre, lorsque deux valeurs quelconques de la première ont le même rapport que les valeurs correspondantes de la seconde. La géométrie, la mécanique, la physique, font connaître des grandeurs proportionnelles les unes aux autres. En arithmétique, on n'a, dans aucun cas, pour objet, de démontrer cette proportionnalité : on l'admet comme un fait qui sert à la solution des questions relatives à ces grandeurs.

EXEMPLES. Le salaire d'un ouvrier est, en général, proportionnel au temps pendant lequel on l'emploie. La quantité de vivres nécessaire à l'approvisionnement d'un vaisseau est proportionnelle à la durée du voyage que l'on veut entreprendre.

223. REMARQUE. Il est rare qu'une grandeur dépende exclusivement d'une autre; le plus souvent, une foule de circonstances diverses influent sur sa valeur. On dit alors que deux grandeurs sont proportionnelles, lorsque l'une d'elles venant à changer, et toutes les autres circonstances restant les mêmes, deux valeurs quelconques de la première sont proportionnelles aux valeurs correspondantes de la seconde.

EXEMPLE. Si l'on dit : le poids d'une barre de fer est proportionnel à sa longueur; les autres éléments qui concourent à déterminer le poids (la largeur et l'épaisseur) sont supposés ne pas varier.

224. *Une grandeur peut être, à la fois, proportionnelle à plusieurs autres.*

Il suffit pour cela que l'une quelconque de ces grandeurs

venant à varier, les autres restant constantes, la grandeur considérée soit proportionnelle à celle qui varie.

EXEMPLE. Le prix d'une pièce d'étoffe est proportionnel à sa longueur, à sa largeur et au prix du mètre carré d'étoffe.

Des grandeurs inversement proportionnelles.

225. On dit que deux grandeurs sont inversement proportionnelles l'une à l'autre, lorsque deux valeurs quelconques de l'une ont un rapport inverse de celui des valeurs correspondantes de l'autre.

EXEMPLE. Un vaisseau ayant une quantité déterminée de vivres, la durée du voyage qu'il peut entreprendre est inversement proportionnelle au nombre d'hommes qui composent son équipage ; c'est-à-dire que si ce nombre d'hommes devient double ou triple, la durée du voyage devra être réduite à la moitié ou au tiers ; si le nombre d'hommes devient les $\frac{5}{7}$ de ce qu'il était, la durée du voyage deviendra les $\frac{7}{5}$.

226. *Une grandeur peut être à la fois proportionnelle à certaines grandeurs et inversement proportionnelle à d'autres.*

EXEMPLE. La longueur d'une pièce d'étoffe est proportionnelle au prix qu'elle coûte, inversement proportionnelle au prix du mètre carré d'étoffe et à la largeur de la pièce.

C'est-à-dire que :

La largeur restant la même ainsi que la qualité de l'étoffe, sa longueur est proportionnelle au prix qu'elle coûte.

La largeur restant la même ainsi que le prix de la pièce, la longueur est inversement proportionnelle au prix du mètre carré.

La qualité de la pièce restant la même ainsi que le prix total, sa longueur est inversement proportionnelle à sa largeur.

227. REMARQUE. Dans les exemples précédents, la proportionnalité des grandeurs est *à peu près* évidente. Pour quelques-uns d'entre eux, cependant, il y aurait lieu à faire une démonstration ; mais il s'agit seulement ici de définir le sens des mots *proportionnel* et *inversement proportionnel*, et non de démontrer qu'ils conviennent dans tel ou tel cas.

Règle pour reconnaître si deux grandeurs sont proportionnelles.

228. La démonstration de la proportionnalité de deux grandeurs n'est pas, comme nous l'avons dit, du ressort de l'arithmétique; elle appartient, dans chaque cas, à la science qui traite particulièrement des grandeurs dont il est question. Certaines grandeurs cependant ne se rapportent spécialement à aucune science; telles sont la plupart de celles que nous avons choisies pour exemples dans les pages précédentes. Nous indiquerons deux principes, au moyen desquels on pourra souvent établir leur proportionnalité.

1° *Si deux grandeurs sont proportionnelles l'une à l'autre, toutes les fois que l'une d'elles devient un nombre entier de fois plus grande ou plus petite, elles le sont dans tous les cas.*

Représentons ces deux grandeurs par les lettres A et B. Si A devient un *nombre entier* de fois plus grand ou plus petit, B deviendra, par hypothèse, le même nombre de fois plus grand ou plus petit. Il faut prouver que, cela étant, quelles que soient les valeurs attribuées à A, les valeurs correspondantes de B leur seront proportionnelles.

Supposons, par exemple, que la grandeur A soit multipliée par $\frac{5}{7}$ et devienne $\frac{5}{7}$A. Nous pouvons concevoir que le changement se fasse en deux fois, et que la grandeur A devienne d'abord sept fois plus petite, puis cinq fois plus grande. Mais alors, par hypothèse, la grandeur B deviendra successivement $\frac{B}{7}$ et $\frac{5 \times B}{7}$; la valeur qui correspond à $\frac{5}{7}$A est donc $\frac{5}{7}$B; or on a évidemment :

$$\frac{\frac{5}{7}A}{\frac{5}{7}B} = \frac{A}{B};$$

il y a donc proportion entre deux valeurs de A et les valeurs correspondantes de B.

2° *Si deux grandeurs sont inversement proportionnelles l'une à*

l'autre toutes les fois que l'une d'elles devient un nombre entier de
fois plus grande ou plus petite, elles le sont dans tous les cas.

Représentons ces deux grandeurs par les lettres A et B. Si A
devient un *nombre entier* de fois plus grand ou plus petit, B deviendra, par hypothèse, le même nombre de fois plus petit ou
plus grand. Il faut prouver que, cela étant, quelles que soient
les valeurs attribuées à A, les valeurs de B seront inversement
proportionnelles. Supposons, en effet, que A soit multiplié par
une fraction $\frac{5}{7}$. On peut concevoir que le changement se fasse
en deux fois: que A devienne d'abord $\frac{A}{7}$, puis $\frac{5A}{7}$; mais alors,
par hypothèse, la grandeur B deviendra $7B$, puis $\frac{7B}{5}$: or, on a
évidemment,

$$\frac{\frac{5}{7}A}{A} = \frac{B}{\frac{7}{5}B};$$

les deux valeurs de A sont donc inversement proportionnelles à
celles de B.

D'après ces deux principes, pour établir la proportionnalité de
deux grandeurs, il suffit d'examiner le cas où l'une d'elles est
multipliée ou divisée par un nombre entier.

EXEMPLE I. Si l'on admet que pour faire un voyage, deux,
trois.... dix fois plus long, ou deux, trois.... dix fois moins long,
il faut deux, trois.... dix fois plus, ou deux, trois.... dix fois
moins de vivres, on en conclura que la quantité de vivres nécessaire est, dans tous les cas, proportionnelle à la durée du
voyage.

EXEMPLE II. Il est évident que si le mètre carré d'une étoffe
est deux, trois.... dix fois plus cher, ou deux, trois.... dix fois
moins cher, la longueur que l'on peut en acheter avec une
somme donnée d'argent, est deux, trois.... dix fois moindre, ou
deux, trois.... dix fois plus grande. On en conclut que le prix du
mètre carré d'une étoffe est, dans tous les cas, inversement proportionnel à la longueur que l'on peut acheter avec une somme
donnée d'argent.

Règle de trois simple.

229. Une règle de trois simple est une question dans laquelle, la valeur d'une grandeur étant connue, ainsi que celle d'une autre grandeur à laquelle la première est directement ou inversement proportionnelle, on calcule ce que la première devient pour une nouvelle valeur attribuée à la seconde.

Si les deux grandeurs sont directement proportionnelles, la règle est directe ; dans le cas contraire, elle est inverse.

EXEMPLE I. *Une usine produit annuellement 1500 quintaux de cuivre ; sa consommation en charbon est de 4896 quintaux. Si la production annuelle s'élevait à 2755 quintaux, que deviendrait la consommation du charbon?*

La consommation du charbon est directement proportionnelle à la quantité du cuivre produit ; il s'agit donc ici d'une règle de trois directe. Si nous représentons par la lettre x la consommation cherchée, nous aurons la proportion

$$\frac{1500}{4896} = \frac{2755}{x} ;$$

d'où l'on tire

$$x = \frac{4896 \times 2755}{1500} = 8992,32.$$

EXEMPLE II. *25 ouvriers ont travaillé 15 jours pour faire un certain ouvrage ; combien 17 ouvriers mettront-ils de temps à faire le même ouvrage?*

Le temps nécessaire est inversement proportionnel au nombre d'ouvriers ; si donc on nomme x le nombre de jours cherché, on aura

$$\frac{25}{17} = \frac{x}{15} ;$$

d'où l'on tire

$$x = \frac{25 \times 15}{17} = 22\frac{1}{17}.$$

REMARQUE. Dans les deux exemples précédents, nous avons admis la proportionnalité directe ou inverse des grandeurs considérées. C'est là une *supposition* qui doit être considérée comme faisant partie de l'énoncé ; dans l'immense majorité des cas analogues, cette supposition n'est pas tout à fait exacte. Si cent ouvriers, réunis dans une usine, produisent un certain ouvrage, chacun d'eux, privé du secours des autres, n'en produirait pas la centième partie; souvent même il serait incapable de travailler utilement.

Règle de trois composée.

230. Une règle de trois composée est une question dans laquelle, la valeur d'une quantité étant connue, ainsi que celles de plusieurs autres dont elle dépend, et à chacune desquelles elle est directement ou inversement proportionnelle, on calcule ce que cette quantité devient lorsque toutes les autres prennent de nouvelles valeurs.

EXEMPLE. 25 *ouvriers, travaillant* 11 *heures par jour, pendant* 18 *jours, ont élevé un mur dont les dimensions sont : hauteur* 3 *mètres, longueur* 125 *mètres, épaisseur* 0^m,50. *Combien faudrait-il de jours à* 33 *ouvriers, travaillant* 10 *heures par jour, pour élever un mur ayant les dimensions suivantes : hauteur* 4 *mètres, longueur* 210 *mètres, épaisseur* 0,75?

On *suppose* ici que le temps nécessaire soit proportionnel à chacune des dimensions du mur et inversement proportionnel au nombre des ouvriers, et à la durée du travail journalier.

On a l'habitude de disposer les données d'une règle de trois sur deux lignes horizontales, de telle manière que les deux valeurs de chaque espèce de grandeur soient l'une au-dessus de l'autre ; ainsi, en désignant dans la question actuelle par x le nombre de jours cherché, on écrira les deux lignes suivantes :

Ouvriers.	Heures.	Jours.	Hauteur.	Longueur.	Epaisseur.
25	11	18	3	125	0,50
33	10	x	4	210	0,75

Nous supposerons que, prenant pour point de départ les diverses hypothèses consignées dans la première ligne, on change *successivement* les nombres 25, 11, 3, 125 et 0,50, dans les nombres correspondants de la seconde ligne ; et nous chercherons quelle valeur prend le nombre de jours par suite de chacun de ces changements.

On supposera d'abord que le nombre des ouvriers varie seul, et de 25 devienne 33, et on cherchera ce que doit devenir le nombre des jours de travail. On supposera ensuite que les ouvriers travaillent 10 heures par jour au lieu de 11, et on cherchera le nombre des journées nécessaires, après ce nouveau changement; on considérera enfin, successivement, l'influence de chacun des changements apportés aux dimensions du mur, de telle sorte qu'il y aura, en réalité, cinq règles de trois simples à résoudre; la dernière fournira le résultat demandé.

On indique ordinairement ces diverses questions de la manière suivante :

Ouvriers.	Heures.	Jours.	Hauteur.	Longueur.	Épaisseur.
25	11	18	3	125	0,50
33	11	x_1	3	125	0,50
33	10	x_2	3	125	0,50
33	10	x_3	4	125	0,50
33	10	x_4	4	210	0,50
33	10	x	4	210	0,75

Dans ces lignes horizontales sont inscrites les valeurs que l'on suppose successivement aux divers éléments dont dépend le nombre de jours, et les lettres par lesquelles on désigne les valeurs correspondantes de ce nombre de jours. Il faut, partant de la valeur 18 qui est inscrite dans la première ligne, calculer x_1, puis x_2, x_3, x_4, et enfin x qui est la véritable inconnue de la question. Or, on a évidemment les proportions suivantes :

$$\frac{15}{x_1} = \frac{33}{25}$$

$$\frac{x_1}{x_2} = \frac{10}{11}$$

$$\frac{x_2}{x_3} = \frac{3}{4}$$

$$\frac{x_3}{x_4} = \frac{125}{210}$$

$$\frac{x_4}{x} = \frac{0,50}{0,75}$$

Pour déduire de ces proportions la valeur de x, le plus simple est de les multiplier terme à terme, et de supprimer dans le premier rapport les facteurs x_1, x_2, x_3, x_4, qui se trouvent communs aux deux termes ; on aura ainsi :

$$\frac{18}{x} = \frac{33 \times 10 \times 3 \times 125 \times 0,50}{25 \times 11 \times 4 \times 210 \times 0,75}$$

d'où l'on tire :

$$x = \frac{18 \times 25 \times 11 \times 4 \times 210 \times 0,75}{33 \times 10 \times 3 \times 125 \times 0,50} = 50\frac{2}{5}\text{ jours.}$$

Type général des règles de trois composées.

231. Toute règle de trois composée est un cas particulier de la question suivante :

Une grandeur M *dépend de plusieurs autres,* A, B, C..., P, Q, R...; *elle est proportionnelle à* A, B, C..., *et inversement proportionnelle à* P, Q, R.... *On sait que* M *a une valeur connue* m, *lorsque* A, B, C..., P, Q, R..., *sont respectivement égaux à* a, b, c..., p, q, r...; *et l'on demande ce qu'il deviendra lorsque ces divers éléments prendront les valeurs* a_1, b_1, c_1..., p_1, q_1, r_1.... Au lieu de changer à la fois tous les éléments dont dépend M, on peut les faire varier un à un ; on ramène ainsi le problème à autant de questions partielles qu'il y a d'éléments a, b, c..., p, q, r. Chacune de ces questions est une règle de trois simple ; car il s'agit toujours d'évaluer le changement qu'éprouve une grandeur par la variation d'un seul élément auquel elle est directement ou inversement proportionnelle.

On indique ordinairement ces diverses questions de la manière suivante :

m	a	b	c	p	q	r
x_1	a_1	b	c	p	q	r
x_2	a_1	b_1	c	p	q	r
x_3	a_1	b_1	c_1	p	q	r
x_4	a_1	b_1	c_1	p_1	q	r
x_5	a_1	b_1	c_1	p_1	q_1	r
x	a_1	b_1	c_1	p_1	q_1	r_1

Dans ces lignes horizontales sont inscrites les valeurs successives des grandeurs dont dépend la grandeur M, ainsi que les lettres par lesquelles on désigne les valeurs correspondantes de m. Or, m étant, par hypothèse, proportionnelle à a, b, c, et inversement proportionnelle à p, q, r, on a évidemment les proportions

$$\frac{m}{x_1} = \frac{a}{a_1}$$

$$\frac{x_1}{x_2} = \frac{b}{b_1}.$$

$$\frac{x_2}{x_3} = \frac{c}{c_1}$$

$$\frac{x_3}{x_4} = \frac{p}{p}$$

$$\frac{x_4}{x_5} = \frac{q}{q}$$

$$\frac{x_5}{x} = \frac{r_1}{r}$$

Pour déduire x de ces proportions, le plus simple est de les multiplier terme à terme, et de supprimer les facteurs x_1, x_2, x_3, x_4, x_5, qui sont communs aux deux termes du premier rapport; on aura ainsi :

$$\frac{m}{x} = \frac{a \times b \times c \times p_1 \times q_1 \times r_1}{a_1 \times b_1 \times c_1 \times p \times q \times r}$$

d'où l'on tire

$$x = \frac{m \times a_1 \times b_1 \times c_1 \times p \times q \times r}{a \times b \times c \times p_1 \times q_1 \times r_1}$$

on en déduit la règle suivante :

Connaissant la valeur m *d'une grandeur, ainsi que les valeurs* a, b, c, p, q, r *de quantités auxquelles elle est directement ou inversement proportionnelle, pour calculer la valeur* x *de cette grandeur, correspondant aux valeurs* a₁, b₁, c₁, p₁, q₁, r₁ *de celles dont elle dépend, il faut multiplier* m *par les valeurs primitives* p, q, r, *des quantités auxquelles il est inversement proportionnel et par les valeurs nouvelles* a₁, b₁, c₁ *de celles auxquelles il est directement roportionnel, et diviser ce produit par les valeurs nouvelles* p₁, q₁, r₁ *des quantités auxquelles la grandeur cherchée est inversement proportionnelle, et par les valeurs primitives de celles auxquelles elle est directement proportionnelle.*

Méthode de réduction à l'unité.

252. Quelques personnes trouvent un avantage de simplicité à présenter la théorie des règles de trois d'une manière un peu différente.

Reprenons, pour l'expliquer, les questions que nous venons de traiter (**229** et **250**).

1° Une usine produit annuellement 1500 quintaux de cuivre; sa consommation en charbon est 4896 quintaux. Si la production annuelle s'élevait à 2755 quintaux, que deviendrait la consommation du charbon?

La méthode de réduction à l'unité consiste à calculer d'abord ce qu'est la consommation du charbon pour *un* quintal de cuivre. On dispose le calcul de la manière suivante :

Cuivre.	Charbon.
1500	4896
2755	x

Et l'on dit : puisque 1500 q. de cuivre dépensent 4896 quint. de charbon,

1 q. de cuivre dépensera 1500 fois moins, ou $\dfrac{4896}{1500}$ quint. de charbon ;

Et par suite 2755 q. de cuivre dépenseront 2755 fois plus, ou $\dfrac{4896 \times 2755}{1500}$ quint. de charbon.

Ce nombre ne diffère pas de celui qu'on a obtenu par les proportions.

2° 25 ouvriers ont travaillé 15 jours pour faire un certain ouvrage ; combien 17 ouvriers mettront-ils de temps à faire le même ouvrage?

On dispose encore le calcul de la même manière :

Ouvriers.	Jours.
25	15
17	x

Et l'on dit : puisque 25 ouvriers, pour faire l'ouvrage, ont employé 15 jours,

1 ouvrier, pour le faire, employerait 25 fois plus de temps, ou $15^j \times 25$;

Et, par suite, 17 ouvriers employeront 17 fois moins de temps, ou $\dfrac{15^j \times 25}{17}$.

C'est bien la formule fournie par la première méthode.

3° *25 ouvriers, travaillant* 11^h *par jour, pendant 18 jours, ont élevé un mur dont les dimensions sont : hauteur* 3^m, *longueur* 125^m, *épaisseur* $0^m,50$. *Combien faudrait-il de jours à 33 ouvriers, travaillant* 10^h *par jour, pour élever un mur ayant les dimensions suivantes : hauteur* 4^m, *longueur* 210^m, *épaisseur* $0^m,75$.

Écrivons, comme plus haut, les données sur deux lignes parallèles :

Ouvriers.	Heures.	Jours.	Hauteur.	Longueur.	Épaisseur.
25	11	18	3	125	0,50
33	10	x	4	210	0,75

La méthode de réduction à l'unité consiste à calculer d'abord ce que deviendrait le nombre de jours, si toutes les données de la question devenaient l'*unité*, c'est-à-dire s'il y avait *un* ouvrier travaillant *une* heure par jour, pour construire un mur ayant 1^m de hauteur, 1^m de largeur et 1^m d'épaisseur. Ce premier calcul étant fait, on en déduit facilement le temps qui correspond aux données assignées.

Si, au lieu de 25 ouvriers, nous en supposons un seul, le nombre de jours nécessaire deviendra évidemment 25 fois plus grand, c'est-à-dire 18×25.

Si, au lieu de 11^h de travail, nous supposons une heure, le nombre de jours deviendra évidemment 11 fois plus grand, c'est-à-dire $18 \times 25 \times 11$.

Si la hauteur, au lieu d'être 3^m devient 1^m, le nombre de jours de travail nécessaire deviendra évidemment 3 fois moindre, c'est-à-dire $\dfrac{18 \times 25 \times 11}{3}$.

Si la longueur, au lieu d'être 125^m, devient 1^m, le nombre de journées de travail deviendra évidemment 125 fois moindre, c'est-à-dire $\dfrac{18 \times 25 \times 11}{3 \times 125}$.

Enfin si l'épaisseur, au lieu d'être 0,50 devient 1^m, le nombre de jours sera évidemment multiplié par le rapport de 1^m à 0,50, c'est-à-dire par $\dfrac{1}{0,50}$; il deviendra donc $\dfrac{18 \times 25 \times 11}{3 \times 125 \times 0,50}$.

Ainsi donc : $\dfrac{18 \times 25 \times 11}{3 \times 125 \times 0,50}$ est le nombre de jours nécessaires à un ouvrier travaillant une heure par jour pour faire un mur ayant 1^m de haut, 1^m de long, 1^m de large.

Si nous supposons 33 ouvriers, le nombre de jours sera 33 fois moindre, c'est-à-dire

$$\frac{18 \times 25 \times 11}{3 \times 125 \times 0,50 \times 33}.$$

Si ces ouvriers travaillent 10^h par jour au lieu d'une seule, le nombre des journées sera 10 fois moindre, c'est-à-dire

$$\frac{18 \times 25 \times 11}{3 \times 125 \times 0,50 \times 33 \times 10}$$

Enfin, si les dimensions du mur, au lieu d'être 1, 1, 1, deviennent 4, 210 et 0,75, on verra de même que le nombre des journées de travail devra se multiplier par ces trois nombres, et devenir enfin

$$\frac{18 \times 25 \times 11 \times 4 \times 210 \times 0,75}{3 \times 125 \times 0,50 \times 33 \times 10},$$

ce qui est précisément le résultat trouvé (230).

RÉSUMÉ.

222. Définition des grandeurs proportionnelles. — **223.** Une grandeur peut être proportionnelle à une autre sans dépendre d'elle exclusivement. — **224.** Une grandeur peut être à la fois proportionnelle à plusieurs autres. — **225.** Des grandeurs inversement proportionnelles. — **226.** Une grandeur peut être proportionnelle à certaines grandeurs et inversement proportionnelle à d'autres. — **227.** Remarque. — **228.** Pour affirmer que deux grandeurs sont proportionnelles, il suffit de démontrer qu'elles varient proportionnellement lorsque l'une d'elles devient un certain nombre de fois plus grande ou plus petite. La même remarque s'applique aux grandeurs inversement proportionnelles. — 229. Règle de trois simple directe ou inverse. — 230. Règle de trois composée. — 251. Type général des règles de trois composées. — 232. Méthode de réduction à l'unité.

EXERCICES.

I. Une grandeur, proportionnelle à plusieurs autres, est proportionnelle à leur produit.

II. Si une quantité est directement proportionnelle à deux autres, la première restant fixe, les deux autres seront inversement proportionnelles l'une à l'autre.

III. Si une quantité est directement proportionnelle à une autre et en raison inverse d'une troisième, la première restant fixe, les deux dernières seront directement proportionnelles l'une à l'autre.

IV. La profondeur du puits de Grenelle est 505^m, et la température du fond du puits $27^o,33$. La température des caves de l'Observatoire, situées à 28^m au dessous du sol, étant $11^o,7$, calculer la température d'une couche située à une profondeur de 217^m. On admettra que l'accroissement de température soit proportionnel à la quantité dont on s'enfonce.

V. La source de Chaudes-Aigues (Cantal) donne de l'eau à 88°; calculer d'après les données du problème précédent, et en supposant qu'on puisse assimiler le sol de l'Auvergne à celui de Paris, de quelle profondeur provient l'eau de cette source.

VI. Une manufacture a produit, en 1849, 26700 quintaux de porcelaine; la production, en 1850, s'est élevée à 32400. La consommation étant, en 1849, de 37000 quintaux de charbon et 2950 quintaux de kaolin, et en 1850, de 48000 quintaux de charbon et 4500 de kaolin, la consommation est-elle proportionnelle à la production?

VII. Les données étant les mêmes que dans la question précédente, on a payé, en 1849, 80752 journées d'ouvrier, et, en 1850, 98785. La dépense en main d'œuvre est-elle proportionnelle à la production?

CHAPITRE XIII.

SOLUTIONS DE QUELQUES PROBLÈMES.

Règle d'intérêt.

253. L'*intérêt* est le bénéfice que fait sur son argent celui qui le prête ; la somme prêtée (placée) s'appelle le *capital*.

Pour déterminer ce bénéfice, qui dépend en général des conditions convenues entre le prêteur et l'emprunteur, il a fallu recourir à un terme de comparaison qui pût s'appliquer au calcul de l'intérêt de la somme prêtée, quelle qu'elle soit ; c'est l'intérêt de 100 fr. pendant un an, ou le *taux d'intérêt* du prêt. Le taux s'indique ainsi : 4 pour 100 ou 4 0/0.

L'intérêt est *simple*, lorsque la somme prêtée reste la même pendant toute la durée du prêt ; il est proportionnel au capital, à la durée du prêt et au taux.

L'intérêt est *composé*, lorsque, à la fin de chaque année (ou de toute autre époque convenue d'avance), on joint les intérêts au capital pour constituer un nouveau capital produisant intérêt pendant l'année suivante.

Intérêt simple.

254. PROBLÈME I. *Connaissant le taux de l'intérêt, calculer la rente annuelle que rapporte un capital donné.*

Cette rente est évidemment proportionnelle au capital placé ; et comme on connaît sa valeur quand le capital est de 100 fr., la question rentre dans la catégorie des règles de trois simples.

EXEMPLE. Calculer la rente produite par un capital de 75 000 fr., le taux de l'intérêt étant 5 pour 100.

Pour appliquer à cette question la méthode de réduction à l'unité nous dirons :

100 fr. en un an rapportent 5 fr.

1 fr. en un an rapporterait $\dfrac{5}{100}$.

75000 fr. en un an rapporteront donc $\dfrac{75000 \times 5}{100}$ ou 3750 fr.

253. PROBLÈME II. *Calculer l'intérêt du capital placé à un taux donné pendant un temps donné.*

L'intérêt cherché est proportionnel à la valeur du capital et à la durée du placement; on connaît d'ailleurs l'intérêt d'un capital de 100 fr., placé pendant un an; cette question rentre donc dans la catégorie des règles de trois composées.

EXEMPLE. Calculer l'intérêt de 38745 fr., placés à 4 0/0 pendant quinze mois, c'est-à-dire $\frac{15}{12}$ d'années.
L'énoncé peut s'écrire de la manière suivante ;

100 fr. rapportent 4 fr. en 1 an

38745 fr. rapportent x fr. en $\frac{15}{12}$ ans.

Il faut calculer x.
Appliquons à cette question la méthode de réduction à l'unité :

100 fr. en un an rapportent 4 fr.

1 fr. en un an rapporterait donc $\dfrac{4}{100}$;

38745 fr. en un an rapporteraient, par suite, $\dfrac{38745 \times 4}{100}$;

38745 fr. en $\frac{12}{15}$ d'année rapporteraient donc $\dfrac{38745 \times 4 \times \frac{15}{12}}{100}$.
L'intérêt cherché est donc

$$\frac{38745 \times 4 \times \frac{15}{12}}{100} = \frac{38745}{20} = 1937,25.$$

256. PROBLÈME III. *Calculer pendant combien de temps un ca-*

pital doit être placé à un taux donné pour rapporter un intérêt donné.

Le temps cherché est inversement proportionnel au capital placé, et directement proportionnel à l'intérêt que l'on veut obtenir. Il est évident, en effet, que le capital devenant deux, trois.... fois plus grand, ou deux, trois.... fois plus petit, le temps nécessaire à la production d'un même intérêt deviendra deux, trois.... fois moindre, ou deux, trois.... fois plus grand; et qu'au contraire, si l'intérêt que l'on veut obtenir devient deux, trois.... fois plus grand, ou deux, trois.... fois plus petit, le capital restant le même, la durée du placement devra être deux, trois.... fois plus grande ou plus petite. On sait d'ailleurs qu'il faut une année à un capital de 100 fr. pour rapporter un intérêt connu; la question rentre donc dans la catégorie des règles de trois composées.

EXEMPLE. Après combien de temps 22840 fr. placés à 4 pour 100 par an, auront-ils produit 1000 fr. d'intérêt? On peut écrire la question de la manière suivante :

En 1 an 100 fr. rapportent 4 fr.

En x ans 22840 rapporteront 1000 fr.

et l'on trouve en appliquant la règle générale (**251**)

$$x = \frac{100 \times 1000}{22840 \times 4} = 1 \text{ an } 34 \text{ jours.}$$

257. PROBLÈME IV. *Un capital connu, ayant produit un intérêt connu pendant un temps donné, calculer le taux de l'intérêt.*

Le taux de l'intérêt est l'intérêt de 100 fr. pendant un an, et comme l'intérêt d'une somme est proportionnel à la valeur de cette somme et à la durée du placement, ce problème rentre, comme les précédents, dans la catégorie des règles de trois composées.

EXEMPLE. 25000 fr., placés pendant trois mois, ont produit 400 fr. d'intérêt; à quel taux?

On peut écrire cette question à la manière des règles de trois.

$$25000^f \quad \tfrac{3}{12}^{au} \quad 400^f$$

$$100^f \qquad 1 \qquad x$$

et l'on trouve en remarquant que l'inconnue x est directement proportionnelle aux deux quantités dont elle dépend, et, appliquant la règle générale donnée (251),

$$x = \frac{100 \times 400}{25000 \times \tfrac{3}{12}} = \frac{12 \times 100 \times 400}{25000 \times 3} = \frac{480000}{75000} = 6^f,40.$$

Règle d'escompte.

258. Quand on veut avancer l'époque d'un payement, on subit une retenue appelée *escompte*, qui dépend de la somme due, du taux d'intérêt et du temps dont on a avancé le payement.

En France, l'escompte se calcule exactement de la même manière que l'intérêt de cette même somme pour le même temps ; en d'autres termes, on compte, suivant l'usage consacré, *l'intérêt en dehors;* on bonifie immédiatement à l'escompteur l'intérêt que produirait la somme totale au bout de ce terme, ce qui fait courir à son profit l'intérêt de l'intérêt.

Ainsi, par exemple, pour trouver l'escompte à 6 pour 100 d'une somme de 5400 fr. payable au bout de 4 mois, on calcule l'intérêt simple de 5400 fr. pendant 4 mois, qui est

$$5400 \times \tfrac{6}{100} \times \tfrac{4}{12} = 108 \text{ fr.} ;$$

donc, l'escompte ou la remise à faire est de 108 fr., et on payera immédiatement 5400 — 208 = 5292 fr.

On voit que l'*escompte commercial* en France n'est autre chose que l'intérêt de la somme totale ; on l'appelle aussi *escompte en dehors.*

EXEMPLE I. On achète pour 6175 fr. de marchandises payables au bout de 8 mois, à condition de 6 pour 100 d'escompte si l'on paye avant l'échéance ; combien faut-il payer immédiatement ?

L'escompte, étant égal à l'intérêt de 6175 fr. pour 8 mois, sera

$$= 6175 \times \tfrac{6}{100} \times \tfrac{8}{12} = 247 \text{ fr.,}$$

par conséquent on payera 6175 — 247 = 5928 fr.

EXEMPLE II. Un billet de 840 fr. est payable dans 2 mois; quel sera l'escompte à 5 pour 100, si l'on veut être payé immédiatement?

L'escompte cherché est, par convention, l'intérêt de 840 fr. pendant 2 mois; il est donc

$$840 \times \tfrac{5}{100} \times \tfrac{2}{12} = 7 \text{ fr.,}$$

et par suite la somme à payer est = 833 fr.

Escompte en dedans.

239. Dans l'avant-dernier exemple, la somme payée 8 mois d'avance n'est que 5928 fr., tandis qu'on retient l'intérêt de 6175 fr.; la convention qui sert de base à la règle d'*escompte en dehors* n'est donc pas rationnelle.

C'est pourquoi on évalue l'escompte d'une autre manière; on considère la somme payable à une échéance fixe comme comprenant à la fois la somme à payer immédiatement et son intérêt jusqu'à l'époque indiquée; c'est cet intérêt que l'on déduit comme escompte et que l'on nomme *escompte en dedans*.

Ainsi, pour trouver l'*escompte en dedans* de 6175 fr., payables dans 8 mois, en supportant le taux d'intérêt à 6 pour 100, on cherche d'abord l'intérêt de 100 fr. pendant 8 mois, qui est

$$100 \times \tfrac{6}{100} \times \tfrac{8}{12} = 4 \text{ fr.}$$

En sorte qu'une somme de 100 fr. payée aujourd'hui, vaudra, dans 8 mois, 104 fr.; réciproquement une somme de 104 fr. payable dans 8 mois, serait acquittée par un payement immédiat de 100 fr., et son escompte serait de 4 fr.

Par conséquent, l'escompte de 6175 fr. dans les mêmes conditions, est évidemment proportionnel, et on aura

$$\frac{104}{4} = \frac{6175}{x}$$

d'où
$$x = \frac{4 \times 6175}{104} = 237^f,50.$$

L'escompte est $237^f,50$, et la somme à payer sera

$$= 6175 - 237^f,50 = 5937^f,50.$$

En effet, $5937^f,50$, placés à 6 pour 100 pendant 8 mois, rapportent exactement $237^f,50$, soit pour capital et intérêt 6175 fr.

En comparant les deux escomptes en dehors et en dedans que nous avons évalués pour 6175 fr. payables en 8 mois, nous avons :

Escompte en dehors. . . . . $247^f,00$
Escompte en dedans. . . . . $237 ,50$
Différence. . . . . $=$ $9^f,50$

qui est exactement l'intérêt à 6 pour 100 de l'intérêt $237^f,50$ pendant 8 mois.

REMARQUE. L'escompte en dedans d'une somme est proportionnel à cette somme ; mais ne l'est, ni au taux de l'intérêt, ni au temps qui doit s'écouler jusqu'à son échéance.

Rentes sur l'État.

240. La *dette inscrite* ou *dette perpétuelle* de l'État provient des emprunts ou des engagements contractés par le gouvernement vis-à-vis des particuliers, sous la condition expresse de ne payer que l'intérêt de la dette inscrite, sans être obligé à aucun remboursement.

Les rentes sur l'État sont de trois espèces : *trois pour cent, quatre pour cent* et *quatre et demi pour cent,* de sorte que dans ces trois espèces de titres le même capital nominal de 100 fr. donne 3 fr., 4 fr. ou 4 fr. 1|2.

La rente 3 pour 100 se paye par quart et par trimestre, les 1ers janvier, avril, juillet et octobre ; les rentes 4 pour 100 et 4 1|2 pour 100 se payent par moitiés et par semestres, les 22 mars et 22 septembre de chaque année.

Les titres de rente sont transmissibles et négociables ; leur prix varie suivant les circonstances, et constitue ce qu'on appelle le *cours de la rente*. Lorsque la rente est au cours de 100 fr., on dit qu'elle est au *pair* ; le remboursement par l'État, s'il a lieu, doit être fait au pair.

Les principales questions relatives aux rentes sur l'État, concernant la recherche du capital, du taux ou de la rente annuelle, n'exigent que la résolution d'une simple proportion.

EXEMPLE I. Le cours de la rente 3 pour 100 étant à 68^f,40, le 9 juillet 1862, combien coûtent 2400 fr. de rente annuelle ?

$$\frac{3}{2400} = \frac{68,40}{x},$$

d'où
$$x = \frac{2400 \times 68,40}{3} = 54720 \text{ fr.}$$

EXEMPLE II. Le cours de la rente 4 1/2 pour 100 étant à 97^f,70, le 19 juillet 1862, combien coûtent 2400 fr. de rente annuelle ?

$$\frac{4\frac{1}{2}}{2400} = \frac{97,70}{x},$$

d'où
$$x = \frac{2400 \times 97,70}{4,50} = 52106^f,67.$$

EXEMPLE III. Combien de rente 4 pour 100 peut-on acheter pour 350 000 fr., le cours du 4 pour 100 étant à 92,50 ?

$$\frac{92,50}{350000} = \frac{4}{x}$$

d'où
$$x = \frac{4 \times 350000}{92,50} = 15135 \text{ fr. } 13\tfrac{1}{2} \text{ cent.}$$

ou, comme la rente ne comporte pas des fractions de franc, 15 135 fr. de rente annuelle, plus 2^f,12 cent. $\frac{1}{2}$ de reste.

EXEMPLE IV. A quel taux place-t-on son argent quand on achète de la rente à 4$\frac{1}{2}$, le 22 mars, au cours de 98,65 ?

$$\frac{98,65}{100} = \frac{4\frac{1}{2}}{x}$$

d'où $\qquad x = \dfrac{100 \times 4,5}{98,65} = 4,5616$, taux demandé.

EXEMPLE V. Le service de la dette inscrite de la France, au 9 mars 1862, exige par an :

191 851 645 fr. de rente 3 pour 100 (créée antérieurement).
130 943 822   »   »   (conversion du 4 $\frac{1}{2}$).
  1 585 014   »   »   (conversion du 4).
 12 051 500   »   »   (conversion des obligations trentenaires).
 42 366 615 fr. de rente 4 $\frac{1}{2}$ pour 100.
    527 001   »   4 pour 100.

Combien la France paye-t-elle par an pour la dette perpétuelle, quel est le capital remboursable de cette dette, et combien ce capital pèserait-il en monnaie d'or ?

On trouve par simple addition 379 325 597 par an.

La rente 3 pour 100 est de 336 431 981 fr, par an ; par conséquent son capital remboursable est de

$$\frac{336\,431\,981 \times 100}{3} = 11\,214\,399\,367 \text{ fr.}$$

La rente 4 $\frac{1}{2}$ pour 100 est de 42 366 615 fr, par an ; donc le capital correspondant est de

$$\frac{42\,366\,615 \times 100}{4\frac{1}{2}} = 941\,480\,333 \text{ fr.}$$

La rente 4 pour 100 est de 527 001 fr. par an, et son capital est de

$$\frac{527\,001 \times 100}{4} = 13\,175\,025 \text{ fr.,;}$$

donc somme totale $= 12\,169\,054\,725$ fr.

La monnaie d'or de France vaut 3100 fr. par kilogramme; en divisant le nombre ci-dessus par 3100, on aura le nombre des kilogrammes

$$= 3\,925\,501{,}524;$$

soit 3925 tonnes métriques, 501 kilogrammes, 524 grammes.

Intérêts composés.

241. Une somme est placée à intérêts composés, lorsqu'au lieu de toucher l'intérêt à la fin de chaque année, on l'ajoute au capital pour qu'il produise lui-même intérêt pendant l'année suivante.

Supposons d'abord un capital de 100 000 fr. placé à 5 pour 100 pendant 8 ans, et calculons ce que devient ce capital au bout de ce temps, nous aurons :

Capital de la 1re année.........	100 000f,00
Intérêt de l'année.....	5 000 ,00
Total, capital de la 2e année...	105 000 ,00
Intérêt.....	5 250 ,00
Total, capital de la 3e année....	110 250 ,00
Intérêt......	5 512,50
Total, capital de la 4e année....	115 762 ,50
Intérêt......	5 788 ,12
Total, capital de la 5e année....	121 550 ,62
Intérêt......	6 077 ,53
Total, capital de la 6e année....	127 628 ,15
Intérêt.....	6 381 ,41
Total, capital de la 7e année....	134 009 ,56
Intérêt.	6 700 ,48
Total, capital de la 8e année....	140 710 ,04
Intérêt.....	7 035 ,50
Produit au bout de 8 ans....	147 745f,54

Par conséquent, la somme due au bout de huit ans est

147 745f,54.

242. Problème I. *Calculer ce que devient une somme placée à intérêts composés pendant un nombre donné d'années.*

Désignons cette somme par la lettre A, par r l'intérêt de 1 fr. pour un an, par n le nombre d'années du placement, et enfin par M le montant du capital A au bout de ce temps.

Cherchons d'abord ce que devient cette somme après avoir été placée pendant un an; l'intérêt de 1 fr. étant r, celui de A francs sera évidemment Ar.

Par conséquent, la somme A deviendra après une année, par l'addition de son intérêt :

$$A + rA = A(1 + r).$$

Ainsi, pour calculer ce que devient une somme après avoir été placée un an, il faut la multiplier par $(1 + r)$.

La somme A $(1 + r)$ peut être considérée comme placée au commencement de la seconde année; elle deviendra donc, à la fin de cette année,

$$A(1 + r)(1 + r) = A(1 + r)^2.$$

C'est là le capital placé pendant la troisième année : il deviendra donc, à la fin de cette troisième année :

$$A(1 + r)^2 \times (1 + r) = A(1 + r)^3.$$

En continuant à raisonner de la même manière, on verra que chaque année le capital se multiplie par le facteur constant $(1 + r)$, et que par conséquent, après n années, il sera multiplié par $(1 + r)^n$; en sorte que le capital A, après un placement de n années, sera devenu :

$$M = A(1 + r)^n.$$

Par conséquent, pour calculer ce que devient une somme placée à intérêts composés pendant n années, on multiplie le capital n fois par le nombre qui représente la valeur de 1 fr. au bout d'un an.

EXEMPLE. Calculer le montant de 2250 fr. au bout de 11 ans, l'intérêt étant de 4 pour 100.

1 fr. devient, au bout d'un an, $1^f,04$.

Donc, 2250 fr. deviennent, au bout de 11 ans,

$$2250 \times 1,04^{11} = 2250 \times 1,53\ 9554 = 3463^f,77.$$

REMARQUE. Les calculs d'intérêt composé exigent ordinairement un grand nombre de multiplications dont on s'affranchit par l'emploi des logarithmes, comme nous verrons plus loin.

Si la durée du placement n'était pas un nombre entier d'années, on calculerait, par la formule précédente, ce que devient la somme pendant le plus grand nombre d'années renfermé dans la durée du placement, et on ajouterait à cette somme l'intérêt qu'elle produit pendant la fraction d'année restante.

243. PROBLÈME II. *Quelle somme faut-il placer à intérêts composés, pour produire, après* n *années, un capital donné?*

Soit M la somme que l'on veut produire, et A la somme inconnue qu'il faut placer; r désignant, comme dans la question précédente, l'intérêt de 1 franc pendant un an, on aura évidemment :

$$A(1 + r)^n = M,$$

et, par conséquent, A est le quotient de la division de M par $(1 + r)^n$,

$$A = \frac{M}{(1 + r)^n}.$$

REMARQUE. Le problème précédent peut s'énoncer ainsi :

Quelle est la valeur actuelle d'un capital M *payable dans* n *années?*

EXEMPLE. On demande la valeur actuelle de 36 000 francs payables dans 7 ans, le taux d'intérêt étant de 6 pour 100.

1 franc devient, au bout d'un an, 1^f,06.

Par conséquent, la valeur actuelle de 36 000 francs payables au bout de 7 ans est

$$= \frac{36\,000}{1,06^7} = \frac{36\,000}{1,5036303} = 23\,942^f,06.$$

Réciproquement, 23 942^f,06 placés à 6 pour 100 reproduisent, au bout de 7 ans, exactement 36 000 francs.

Rentes perpétuelles.

244. Une rente perpétuelle est une somme d'argent que l'on doit toucher *indéfiniment* à la fin de chaque année; telles sont les rentes sur l'État. En supposant le taux de l'intérêt stationnaire et égal, par exemple, à 5 pour 100, un capital de 100 francs vaut une rente perpétuelle de 5 francs; réciproquement une rente perpétuelle de 5 francs vaut 100 francs.

245. PROBLÈME I. *Calculer la valeur d'une rente perpétuelle donnée, le taux de l'intérêt étant connu.*

Soient a la somme que l'on doit toucher à la fin de chaque année, et r l'intérêt de 1 franc par an. La question revient à chercher le capital qui produit annuellement a francs d'intérêt, c'est-à-dire une rente perpétuelle de a francs.

Ce capital X est déterminé par la proportion

$$\frac{r}{a} = \frac{1}{X},$$

d'où l'on tire
$$X = \frac{a}{r}.$$

EXEMPLE. Quelle est la valeur d'une rente perpétuelle de 3500 francs, le taux d'intérêt étant de 4 pour 100?

1 franc donne donc un intérêt annuel de $0^f,04$.

Donc
$$X = \frac{3500}{0,04} = 87\,500 \text{ fr.}$$

Telle est donc la valeur d'une rente perpétuelle de 3500 francs.

REMARQUE. 1 franc équivaut à une rente de r^f, dont le prochain payement est encore éloigné d'une année; la valeur précédente de X est donc aussi relative au cas où le premier payement de la rente perpétuelle ne doit avoir lieu que dans une année.

246. PROBLÈME II. *Trouver la valeur actuelle d'une rente perpétuelle de* a *francs par an, dont le premier payement ne doit avoir lieu que dans* n *années.*

Après $n-1$ années, le premier payement devra se faire dans une année; les autres lui succéderont régulièrement. La rente perpétuelle vaudra donc alors (**245**)

$$\frac{a}{r}.$$

On peut, par conséquent, assimiler cette rente à une somme $\frac{a}{r}$ payable dans $n-1$ années, dont la valeur actuelle est (**245**)

$$\frac{a}{r} \cdot \frac{1}{(1+r)^{n-1}}.$$

EXEMPLE. On veut acheter une rente perpétuelle de 840 francs, dont le premier payement ne doit avoir lieu que dans **7** ans; combien faut-il payer si l'on veut placer son argent à 6 pour 100 ?

A 6 pour 100, 1 franc devient, au bout d'un an, $1^f,06$.

Donc, la valeur de la rente en question est

$$\frac{840}{0,06} \times \frac{1}{1,06^6} = \frac{14\,000}{1,4185191} = 9869^f,45.$$

Annuités.

Une annuité est une rente payable pendant un nombre limité d'années.

247. PROBLÈME I. *Calculer la valeur actuelle d'une annuité de* a *francs, payables pendant* n *années, le premier payement devant avoir lieu dans un an.*

On suppose l'intérêt à r pour 1 franc.

Une annuité payable pendant n années peut être considérée comme la différence de deux rentes perpétuelles, le premier payement de la première devant avoir lieu dans un an, et celui de la seconde dans $n+1$ années. La valeur actuelle de la première de ces rentes est (**245**) $\frac{a}{r}$, et celle de la seconde (**246**) $\frac{a}{r} \cdot \frac{1}{(1+r)^n}$; la différence de ces deux valeurs, ou

$$\frac{a}{r} - \frac{a}{r} \cdot \frac{1}{(1+r)^n} = \frac{a}{r}\left[1 - \frac{1}{(1+r)^n}\right]$$

est donc la valeur actuelle de l'annuité.

EXEMPLE. On veut placer son argent à 5 pour 100 ; combien

faut-il payer pour une rente de 4000 francs par an, payable pendant 18 ans, et dont le premier payement se fera au bout d'un an?

A 5 pour 100, 1 franc devient, au bout d'un an, $1^f,05$; donc la valeur actuelle de l'annuité sera égale à

$$\frac{4000}{0,05}\left(1-\frac{1}{1,05^{18}}\right)=80\,000\left(1-\frac{1}{2,4066192}\right)$$
$$=80\,000\,(1-0,41552065)$$
$$=80\,000\times 0,58447935$$
$$=46\,758^f,36.$$

248. PROBLÈME II. *Quelle somme faut-il payer annuellement pendant* n *années pour acquitter une dette* A, *le premier payement se faisant au bout d'une année, et l'intérêt étant* r *pour 1 franc?*

Si a désigne l'annuité à payer, la dette qu'elle peut acquitter est (**247**)

$$\frac{a}{r}\left(1-\frac{1}{(1+r)^n}\right);$$

on doit donc avoir

$$\frac{a}{r}\left(1-\frac{1}{(1+r)^n}\right)=A,$$

et, par conséquent,

$$a=\frac{Ar}{1-\dfrac{1}{(1+r)^n}}.$$

EXEMPLE. On emprunte 80 000 francs à 6 pour 100 pour 14 ans ; par conséquent, on doit payer chaque année 4800 francs pour intérêt ; quelle somme faut-il payer pendant 14 ans pour s'acquitter à la fois du capital et de l'intérêt?

L'intérêt étant à 6 pour 100, on a $r=0,6$ et $(1+r)=1,06$; donc

$$a=\frac{80\,000\times 0,06}{1-\dfrac{1}{1,06^{14}}}=\frac{4800}{1-\dfrac{1}{1,06^{14}}};$$

mais $1,06^{14}=2,260904,$

donc $\dfrac{1}{1,06^{14}}=0,4423010,$

et $a=\dfrac{4800}{0,557699}=8606^f,79.$

Partages proportionnels.

249. Partager une grandeur en parties proportionnelles à des grandeurs données a, b, c, d, c'est la partager en un nombre de parties, égal à celui de ces grandeurs, et qui aient, deux à deux, le même rapport que les grandeurs correspondantes. En arithmétique, la grandeur à partager est représentée par un nombre, ainsi que celles auxquelles ses parties doivent être proportionnelles.

Il résulte de cette définition que les nombres, pour être dits proportionnels à d'autres, doivent satisfaire à un grand nombre de proportions. Par exemple, pour que x, y, z, u, soient proportionnels à a, b, c, d, il faut que les proportions suivantes aient lieu :

$$\frac{x}{y} = \frac{a}{b},$$

$$\frac{x}{z} = \frac{a}{c},$$

$$\frac{x}{u} = \frac{a}{d},$$

$$\frac{y}{z} = \frac{b}{c},$$

$$\frac{y}{u} = \frac{b}{d},$$

$$\frac{z}{u} = \frac{c}{d}.$$

Mais en changeant les moyens de place, ces six proportions deviennent :

$$\frac{x}{a} = \frac{y}{b},$$

$$\frac{x}{a} = \frac{z}{c},$$

$$\frac{x}{a} = \frac{u}{d},$$

$$\frac{y}{b} = \frac{z}{c},$$

$$\frac{y}{b} = \frac{u}{d},$$

$$\frac{z}{c} = \frac{u}{d}:$$

et toutes les six expriment l'égalité des quatre rapports $\dfrac{x}{a}$, $\dfrac{y}{b}$, $\dfrac{z}{c}$, $\dfrac{u}{d}$. En général, pour exprimer que plusieurs nombres x, y, z..., sont proportionnels à d'autres nombres a, b, c..., il suffit d'écrire que les nombres correspondants dans les deux séries forment une suite de rapports égaux :

$$\frac{x}{a} = \frac{y}{b} = \frac{z}{c} = \frac{u}{d} = \text{etc.}$$

250. PROBLÈME. *Partager un nombre* A *en parties proportionnelles à des nombres donnés* a, b, c....

Nommons x, y, z.... les parties inconnues du nombre A.; d'après les explications précédentes, il faut et il suffit que l'on ait :

$$\frac{x}{a} = \frac{y}{b} = \frac{z}{c} \ldots.$$

De cette suite de rapports égaux, on conclut (222)

$$\frac{x+y+z+\ldots}{a+b+c+\ldots} = \frac{x}{a} = \frac{y}{b} = \frac{z}{c} = \ldots;$$

remarquant que $x+y+z\ldots$ est connu et égal à A, cette proportion devient :

$$\frac{A}{a+b+c+\ldots} = \frac{x}{a} = \frac{y}{b} = \frac{z}{c} = \ldots;$$

d'où l'on déduit :

$$x = \frac{A \times a}{a+b+c+\ldots},$$

$$y = \frac{A \times b}{a+b+c+\ldots},$$

$$z = \frac{A \times c}{a+b+c+\ldots}.$$

En général, *chaque partie est égale au nombre donné* A, *multiplié par le nombre auquel elle est proportionnelle et divisé par la somme des nombres proportionnels aux diverses parties.*

Règle de société.

251. Les règles de société ont pour but le partage d'un bénéfice entre plusieurs associés en raison des droits de chacun d'eux.
Nous supposerons d'abord que les parts soient proportionnelles
aux mises; le problème rentre alors dans le précédent.

EXEMPLE. *Trois associés ont mis dans une entreprise, le premier
2500 francs, le second 4200 et le troisième 3000 francs; le bénéfice
étant de 3977 francs, calculer la part de chacun d'eux.*

En nommant x, y, z les trois parts, on aura :

$$\frac{2500}{x} = \frac{4200}{y} = \frac{3000}{z}.$$

De cette suite de rapports égaux on déduit (**222**)

$$\frac{2500 + 4200 + 3000}{x + y + z} = \frac{2500}{x} = \frac{4200}{y} = \frac{3000}{z}.$$

Remarquant que la somme des parts, $x + y + z$ est égale au
bénéfice total 3977, on aura

$$\frac{2500 + 4200 + 3000}{3977} = \frac{2500}{x} = \frac{4200}{y} = \frac{3000}{z},$$

d'où l'on déduit :

$$x = \frac{2500 \times 3977}{9700} = 1025,$$

$$y = \frac{4200 \times 3977}{9700} = 1722,$$

$$z = \frac{3000 \times 3977}{9700} = 1230;$$

en général, *chaque part est égale au bénéfice total multiplié par la
mise correspondante et divisé par la somme des mises.*

252. Supposons maintenant que les droits des associés diffèrent, à la fois, à cause de la valeur de leurs mises et du temps
pendant lequel elles sont restées dans l'entreprise. Nous admettrons que, pour des placements de même durée, les bénéfices

sont proportionnels aux mises, et que, pour des mises égales, ils sont proportionnels à la durée du placement. De cette double supposition, on déduira le théorème suivant.

THÉORÈME. *Si plusieurs associés ont placé dans une entreprise des mises* a_1, a_2, a_3, a_4, *pendant les temps* t_1, t_2, t_3, t_4, *leurs parts dans les bénéfices seront proportionnelles aux produits* $a_1 \times t_1$, $a_2 \times t_2$, $a_3 \times t_3$, $a_4 \times t_4$.

Considérons, par exemple, les deux premiers associés dont les mises a_1, a_2 ont été placées dans l'entreprise pendant les temps t_1, t_2. Comparons successivement leurs parts x et y, à celle z, d'un associé fictif qui aurait placé la même mise a_1 que le premier, pendant le même temps t_2 que le second. On aura, d'après notre convention :

$$\frac{x}{z} = \frac{t_1}{t_2},$$

$$\frac{z}{y} = \frac{a_1}{a_2};$$

en multipliant ces deux proportions terme à terme, on obtient :

$$\frac{x}{y} = \frac{a_1 \times t_1}{a_2 \times t_2},$$

ce qu'il fallait démontrer.

REMARQUE. Le raisonnement précédent pourrait donner lieu à une objection. L'introduction d'un associé fictif altère la valeur des parts x et y, et ce sont les parts ainsi altérées que nous avons comparées. Mais on doit remarquer que la présence d'un nouvel associé, tout en changeant les deux parts, ne change pas leur rapport, et ce rapport était tout ce que nous voulions trouver.

Le théorème précédent réduit une règle quelconque de société à un problème de partages proportionnels.

EXEMPLE. *Trois associés ont fait un bénéfice de* 12 352 *francs : le premier avait placé dans l'entreprise* 10 000 *francs pendant* 3 *ans, le second* 15 000 *francs pendant* 4 *ans, le troisième* 8000 *francs pendant* 2 *ans ; quelle doit être la part de chacun?*

Les parts doivent être proportionnelles à $10\,000 \times 3$, $15\,000 \times 4$

et 8000×2, c'est-à-dire 30 000, 60 000 et 16 000, ou, ce qui revient au même, à 30, 60 et 16; on aura donc (**248**), en désignant les parts par x, y, z,

$$x = \frac{12352 \times 30}{106} = 3495,85....$$

$$y = \frac{12352 \times 60}{106} = 6991,70....$$

$$z = \frac{12352 \times 16}{106} = 1864,45....$$

253. Problème I. *On a mêlé 80 litres de vin à 0ᶠ,75 le litre avec 25 litres de vin à 0ᶠ,60. Quel est le prix d'un litre du mélange?*

Le mélange contiendra 105 litres; il suffira donc, pour calculer le prix d'un litre, de diviser le prix total par 105. Or, ce prix total se compose de 80 fois 0,75 plus 25 fois 0,60; on a donc, en nommant x le prix demandé :

$$x = \frac{80 \times 0,75 + 25 \times 0,60}{105} = \frac{75}{105} = 71\tfrac{3}{7} \text{ cent.}$$

254. Problème II. *Dans quelle proportion faut-il mélanger du vin à 0ᶠ,80 le litre avec du vin à 0ᶠ,50 pour obtenir du vin à 0ᶠ,62?*

Sur chaque litre de vin à 0,50 vendu 0,62, on gagne 0,12.
Sur chaque litre à 0,80 vendu 0,62, on perd 0,18.
Il faut donc, pour qu'il n'y ait ni perte ni gain, qu'en nommant x et y les quantités de vin de chaque espèce, on ait

$$x \times 12 = y \times 18,$$

ce qui équivaut à la proportion

$$\frac{x}{y} = \frac{18}{12}.$$

La question est donc ramenée à un problème de partages proportionnels, et se résoudra par la méthode exposée (**249**).

On aura $x = 18$ litres,

$y = 12$ litres.

En effet,   12 litres à 80 cent. coûtent 9^f,60,

18 litres à 50 cent. coûtent 9^f,00 ;

donc les 30 litres de ce mélange coûtent 18^f,60 ;
d'où 1 litre coûte 62 centimes.

Problèmes d'alliage.

255. Le titre d'un alliage renfermant un métal précieux est le rapport du poids de ce métal au poids total de l'alliage. Par exemple, un alliage d'argent est au titre de 900 millièmes, quand il renferme 900 millièmes de son poids en argent.

256. PROBLÈME. *On a deux lingots d'argent, le premier au titre de* 0,950, *le second au titre de* 0,885; *quelle quantité doit-on prendre de chacun d'eux pour avoir un kilogramme d'argent au titre de* 0,900?

Chaque gramme, au titre de 0,885, apporte dans l'alliage 0,015 d'argent de moins qu'il ne faudrait pour que le titre fût 0,900; au contraire, chaque gramme à 0,950 y apporte 0,050 d'argent en sus de la proportion demandée. Si donc on nomme x et y les quantités respectives des deux lingots, il y aura compensation, si

$$x \times 0,015 = y \times 0,050,$$

c'est-à-dire si $$\frac{x}{y} = \frac{0,050}{0,015}.$$

Il suffit donc de partager un kilogramme en deux parties proportionnelles à 0,050 et à 0,015; on a donc (**249**)

$$x = \frac{1^{kil} \times 0,050}{0,065} = 0^{kil},7692\ldots$$

$$y = \frac{1^{kil} \times 0,015}{0,065} = 0^{kil},2307\ldots$$

Questions qui peuvent se résoudre à l'aide de deux hypothèses arbitraires
et successives faites sur le résultat cherché.

257. Supposons qu'un problème ait pour but la détermination d'un nombre inconnu que j'appellerai x; et que la condition
imposée à ce nombre soit de rendre égales entre elles deux quantités A et B qui en dépendent, et que, pour le moment, je ne
définis pas davantage. On assignera à x une valeur arbitraire,
10, par exemple; on calculera les valeurs correspondantes de A
et B, et leur différence D_1 sera l'*erreur* qui correspond à l'hypothèse $x = 10$.

En assignant à x une seconde valeur arbitraire, $x = 15$, par
exemple, A et B prendront de nouvelles valeurs, et la différence
A — B prendra elle-même une nouvelle valeur D_2, qui sera l'erreur correspondante à $x = 15$.

Si maintenant *la nature des quantités* A *et* B *est telle, que la
variation de la différence* A — B *soit proportionnelle à celle de* x,
on dira : Lorsque la valeur de x a varié de 10 à 15, c'est-à-dire
augmenté de 5, la différence A — B a varié elle-même de D_1 à D_2,
en sorte qu'elle a diminué de $D_1 — D_2$ (en supposant D_1 plus
grand que D_2). Si donc on veut que cette différence diminue
de D_1 et devienne zéro, il faudra que l'augmentation h à donner
à x satisfasse à la proportion

$$\frac{h}{5} = \frac{D_1}{D_1 — D_2},$$

d'où l'on déduira h, et la valeur cherchée de x sera $10 + h$.

Nous donnerons une application de cette méthode.

*Un père, interrogé sur l'âge de son fils, répond : Mon âge est triple
de celui de mon fils, et, il y a dix ans, il était le quintuple. Quel est
l'âge du fils?*

Supposons que le fils ait 10 ans. Le père a 30 ans. Il y a dix
ans, le fils avait 0 années, le père 20 ans. 20 surpasse de 20 le
quintuple de zéro. L'erreur est donc 20. Supposons que le fils
ait 15 ans. Le père a 45 ans. Il y a dix ans, le fils avait 5 ans, le
père 35 ans. 35 surpasse de 10 le quintuple de 5; l'erreur est
donc 10.

Ainsi donc,

Pour $x = 10$,   l'erreur est 20,

Pour $x = 15$,   l'erreur est 10.

L'erreur diminue donc de 10 unités lorsque x augmente de 5 unités. Donc, pour qu'elle diminue de 20 unités et devienne nulle, il faut que x augmente de 10 unités, et devienne, par suite, égal à 20. En effet, si le fils a 20 ans et le père 60, leurs âges étaient, il y a 10 ans, 10 et 50, et 50 est le quintuple de 10.

Au lieu des deux hypothèses choisies, on aurait pu en faire deux autres à volonté.

Soit $x = 12$; l'âge du père serait alors 36 ans. Il y a dix ans, les âges étaient 2 et 26. 26 surpasse de 16 unités le quintuple de 2. L'erreur est donc 16.

Soit $x = 17$. L'âge du père serait alors 51 ans. Il y a dix ans, les âges étaient 7 et 41. 41 surpasse de 6 unités le quintuple de 7 : l'erreur est donc 6. Une augmentation de 5 unités dans la valeur de x a donc diminué l'erreur de 10 unités. Donc, pour la diminuer de 16 unités et la rendre nulle, il faut augmenter x d'une quantité h déterminée par la proportion

$$\frac{h}{5} = \frac{16}{10}.$$

On en déduit $h = \frac{5 \times 16}{10} = 8.$

La valeur de x est donc $12 + 8$ ou 20.

REMARQUE. Si l'on applique la méthode précédente, ce que je ne conseille dans aucun cas, il faut avoir soin de prouver *a priori* que les erreurs sont proportionnelles aux variations des valeurs attribuées à l'inconnue.

RÉSUMÉ.

233. Ce qu'on entend par intérêt simple. — 234. Connaissant le taux, calculer l'intérêt d'un capital donné pendant un an. — 235. Intérêt d'un capital donné pendant un temps quelconque. — 256. Pendant combien de temps faut-il placer un capital pour qu'il rapporte un intérêt donné? — 237. Un capital connu ayant rapporté un intérêt connu pendant un temps connu, calculer le taux de l'intérêt. — 238. Ce qu'on

entend par escompte. — Escompte en dehors. La convention qui sert
de base à l'escompte en dehors n'est pas entièrement rationnelle. —
259. Escompte en dedans. On ne peut pas assimiler la règle d'escompte en dedans à une règle d'intérêt simple. L'escompte en dedans
est proportionnel à la somme escomptée, mais ne l'est ni au taux de
l'intérêt, ni au temps qui doit s'écouler jusqu'à l'échéance. — **240** Rentes sur l'État. — **241.** Ce qu'on entend par intérêts composés. —
242. Calculer ce que devient une somme à intérêts composés pendant
un nombre donné d'années. — **243.** Quelle somme faut-il placer à intérêts composés pour produire après n années un capital donné? —
244. Ce qu'on entend par rente perpétuelle. — **245.** Calculer la valeur
d'une rente perpétuelle donnée, le taux de l'intérêt étant connu. La
valeur trouvée est relative au cas où le prochain payement est éloigné
d'une année. — **246.** Valeur actuelle d'une rente dont le payement ne
doit commencer que dans un certain nombre d'années. — **247.** Ce qu'on
entend par annuité. Valeur d'une annuité de a francs payables pendant
n années, le premier payement devant avoir lieu dans un an. —
248. Quelle somme faut-il payer annuellement pendant n années pour
acquitter une dette donnée A? — **249.** Ce que l'on entend par partage
d'une grandeur en parties proportionnelles à des grandeurs données.
Pour écrire que des nombres sont proportionnels à d'autres, il suffit
d'écrire que les nombres correspondants dans les deux séries forment
une suite de rapports égaux. — **250.** Moyen de faire le partage d'un
nombre en parties proportionnelles à des nombres donnés. — **251.** Application aux règles de société. — **252.** Si les droits des associés diffèrent à cause de la valeur de leur mise et de la durée du placement,
on admet que, pour des placements de même durée, les bénéfices sont
proportionnels aux mises, et que, pour des mises égales, ils sont proportionnels à la durée du placement. Il résulte de cette double supposition que la part est proportionnelle, pour chacun, au produit de la
mise par la durée du placement. Ce théorème ramène une règle quelconque de société à une question de partages proportionnels. —
255. Connaissant le prix des substances mélangées, trouver celui d'une
quantité donnée du mélange. — **254.** Dans quelle proportion faut-il
mélanger deux substances dont le prix est connu pour obtenir une quantité donnée de mélange à un prix connu? — **255.** Ce qu'on entend par
titre d'un alliage. — **256.** Dans quelle proportion faut-il allier deux lingots à un titre connu pour avoir une quantité donnée d'argent à un titre
donné? — **257.** Méthode des fausses positions.

ARITH. B.   15

EXERCICES.

I. Il y a en France 5586786^{hect},43 de terre produisant du froment. Le produit annuel moyen est de 69530062 hectolitres, et représente une valeur de 1102768037 francs. Calculer la production moyenne d'une propriété de 2^{hect},17, située en France, et son prix, en supposant qu'elle rapporte 3 pour 100.

II. Le sol de la France contient par habitant 1^{hect},57, que l'on peut décomposer de la manière suivante :

Production d'aliments et de vêtements....... 0,89
Culture des bois......................... 0,40
Terres en friches, incultes............... 0,23
Constructions, routes, canaux............. 0,04
Rivières, ruisseaux, lacs................. 0,01
                                          ──────
                                            1,57

La surface totale de la France étant 49863692 hectares, on demande le nombre d'hectares de terres incultes ou en friche.

III. La France consomme annuellement 66400 quintaux métriques de cuivre. Sur cette quantité, 1000 quintaux seulement sont produits en France ; les autres nations nous fournissent le reste, savoir :

Grande-Bretagne....... 43900
Russie. 8800
Turquie.............. 4400
Espagne.............. 400
Amérique............. 8900
                      ──────
                      66400

Former un tableau qui indique, pour un quintal de cuivre consommé en France, combien il en est demandé à chacune des nations ci-dessus mentionnées.

IV. Le capital engagé dans une usine est de 700000 francs, dont une moitié représente le capital fixe (machines et bâtiments), et l'autre est le *fonds de roulement*. Cette usine produit annuellement 8575 tonnes de fonte, qui se vendent au prix de

125 francs la tonne, le prix de revient de 100 kilogrammes de fonte se décomposant de la manière suivante :

Minerai, 300^{kil} à 1^f les 100^{kil}. . . .   3^f
Coke,   200^{kil} à 2^f les 100^{kil}. . . .   4^f
Salaire des ouvriers.   0,30
Frais généraux et d'entretien. . .   1,40
                                        ―――
                                        8,70

On compte, en outre, 10 pour 100 d'intérêts pour le capital fixe de l'usine, et 7 pour 100 pour le fonds de roulement ; quel est le bénéfice annuel? Réduire d'une même quantité le taux de l'intérêt du fonds de roulement et celui du capital fixe, de manière à pouvoir augmenter de 10 pour 100 le salaire des ouvriers, sans changer ce bénéfice.

V. Une usine convertit en fer 10000 tonnes de fonte ; on dépense pour produire 100 kilogrammes de fer :

Fonte, 132^{kil} à 12,24.   16,15
Charbon de terre, 300^{kil} à 1,20.   3,60
Salaire des ouvriers.   2,00
Frais généraux et d'entretien.   1,20
Prix de revient de 100^{kil} de fer. . .   22,95

Le fonds de roulement étant de 350000 francs, déterminer le prix qu'un capitaliste doit payer cette usine, pour que son argent lui rapporte 15 pour 100. On supposera que l'intérêt du fonds de roulement soit compté à 6 pour 100, et que le fer fabriqué se vend 257 francs la tonne.

VI. Les impôts directs sont répartis entre les 86 départements. Lé conseil général de chaque département répartit entre les divers arrondissements la somme à laquelle le département est imposé ; le conseil d'arrondissement divise à son tour cette somme entre les communes, et enfin, dans chaque commune, l'impôt est réparti entre les individus. Supposant ces répartitions proportionnelles, la première aux revenus des départements, la seconde aux revenus des arrondissements, la troisième aux revenus des communes, et enfin, dans une même commune, au revenu des individus, prouver que deux individus appartenant à des départements différents sont imposés proportionnellement à leur revenu.

VII. Le gravier aurifère exploité sur les bords du Rhin a une richesse moyenne de 0,000000232 (rapport du poids de l'or au poids total). La valeur totale de l'or retiré annuellement de ce gravier est 45000 francs. Quel est le poids total du gravier soumis au lavage, en supposant la perte due à l'opération de 0,09 (9 pour 100)?

VIII. Les sables aurifères exploités en Sibérie contiennent en moyenne $\frac{3}{2}$ zolotniks d'or sur 4000 livres russes de sable. Sachant que la livre russe contient 96 zolotniks, est-il nécessaire de savoir qu'elle vaut $0^{kil},4095$ pour calculer la quantité d'or contenue dans 1000 kilogrammes de ce gravier?

IX. Les frais nécessaires pour extraire le cuivre d'un quintal de minerai s'élèvent à $5^f,75$; on achète une certaine quantité de minerai dont la teneur en cuivre est 12 pour 100, au prix de 18 francs le quintal ; le cuivre perdu dans l'opération s'élevant aux deux centièmes de celui que le minerai contient, à quel prix reviendra le quintal de cuivre?

X. Les autres données restant les mêmes que dans la question précédente, calculer ce que l'on doit payer le quintal de minerai pour que le quintal de cuivre revienne à 200 francs.

XI. Sur un chemin de fer, le nombre des places prises dans les voitures de première classe a été, pendant le premier semestre, $\frac{8}{67}$ du nombre total des places. Ce rapport s'est élevé, pendant le second semestre, à $\frac{1}{7}$, et il est pour l'année entière $\frac{3}{22}$. Déduire de ces données le rapport du nombre des voyageurs du premier semestre au nombre de ceux du second semestre, et calculer ces deux nombres, en supposant qu'il y ait eu 206000 voyageurs de plus pendant le second semestre.

XII. Un entrepreneur soumissionne la fourniture du ballast en pierre cassée pour une longueur de chemin de fer de 17 kilomètres. Le ballast mis en place doit lui être payé, d'après sa soumission, à raison de $3^f,90$ le mètre cube.

La pierre brute revient dans les carrières à 1 franc le mètre cube. Par le cassage, son volume est réduit de $\frac{1}{10}$. On paye pour le cassage $1^f,25$ par mètre cube de pierre cassée, et pour le transport au chemin de fer, y compris chargement, déchargement sur la voie, $0^f,80$ par mètre cube de pierre cassée et par kilomètre.

On demande à quelle distance moyenne les carrières doivent se trouver du chemin de fer, pour que l'entrepreneur fasse un bénéfice de $\frac{1}{10}$ sur le prix de sa soumission.

XIII. Au chemin de fer de Paris à Lyon, les rails pèsent 38 kilogrammes par mètre courant. La longueur de chaque rail est de 5 mètres. Le prix des rails par 100 kilogrammes est 37 francs. La longueur de Paris à Tonnerre est de 198 kilomètres, et la voie est double dans cet intervalle, c'est-à-dire formée par 4 cours de rails.

On demande le poids total des rails employés pour former la voie entre Tonnerre et Paris; le cube du fer, sa densité étant de 7,70; le nombre des rails; le prix total de la voie de fer.

XIV. Un ouvrier peut transporter en brouette et par jour 800 kilogrammes à 1 kilomètre. Le prix de la journée est de $2^f,25$.

On demande combien coûteront 500 mètres cubes de terre transportés à 97 mètres, sachant que le mètre cube de terre pèse 1600 kilogrammes.

XV. Un cheval peut traîner, à l'aide d'une voiture, 1200 kilogrammes. Sa vitesse est de $4^{kilom},25$ à l'heure. Le temps pour le chargement et le déchargement est de 10 minutes. Le prix de la voiture avec son conducteur est de 5 francs par jour, et la durée du travail est 10 heures.

On demande quel sera le prix de revient de 500 mètres cubes transportés à 97 mètres de distance, le mètre cube pesant 1600 kilogrammes.

CHAPITRE XIV.

THÉORIE DES CARRÉS ET DES RACINES CARRÉES.

Carré de la somme de deux nombres.

258. Soit $(a + b)$ la somme proposée. En faire le carré, c'est multiplier $a + b$ par $a + b$; or il faut pour cela (**46**) multiplier les deux parties du multiplicande par les deux parties du multiplicateur et ajouter les résultats ; on a donc

$$(a + b)^2 = a \times a + b \times a + a \times b + b \times b ;$$

c'est-à-dire $\qquad (a + b)^2 = a^2 + 2a \times b + b^2 ;$

résultat qui s'énonce ainsi : *le carré de la somme de deux nombres est égal au carré du premier, plus deux fois le produit du premier par le second, plus le carré du second.*

REMARQUE. *La différence des carrés de deux nombres entiers consécutifs est le double du plus petit, augmenté d'une unité.*
Si, en effet, on désigne ces deux nombres par a et $a + 1$, on aura
$$(a + 1)^2 = a^2 + 2a + 1 ;$$

la différence $(a + 1)^2 - a^2$ est donc $2a + 1$.

Carré d'un produit.

259. Soit $a \times b \times c \times d$ un produit quelconque ; en former le carré, c'est multiplier $a \times b \times c \times d$ par $a \times b \times c \times d$; le résultat de cette multiplication est (**42**) le produit de huit facteurs :
$$a \times b \times c \times d \times a \times b \times c \times d ;$$

mais on peut remplacer (**43**) deux facteurs par leur produit effectué, et par conséquent écrire ce produit de huit facteurs sous la forme

$$a^2 \times b^2 \times c^2 \times d^2 ;$$

ainsi donc, *le carré d'un produit est le produit des carrés des facteurs.*

260. REMARQUE. Si quelques-uns des facteurs sont des puissances, il suffira, pour les élever au carré, de doubler leurs exposants. Soit, par exemple, à former le carré de a^5; a^5 étant le produit de 5 facteurs égaux à a, son carré est le produit de 10 facteurs égaux à a, et par conséquent a^{10}.

Théorèmes relatifs aux carrés.

261. THÉORÈME I. *Le carré d'un nombre entier ne peut être terminé par aucun des chiffres* 2, 3, 7 *ou* 8.

Lorsqu'on multiplie un nombre entier par lui-même, les unités du produit proviennent du produit des unités du multiplicande par celles du multiplicateur, c'est-à-dire du carré du chiffre des unités. Or, quel que soit ce chiffre d'unités, son carré est 0, 1, 4, 9, 16, 25, 36, 49, 64 ou 81, et n'est, par conséquent, terminé par aucun des chiffres 2, 3, 7 ou 8.

262. REMARQUE. Si des nombres sont terminés par 0, 1, 2, 3, 4, 5, 6, 7, 8 ou 9, leurs carrés le sont respectivement par 0, 1, 4, 9, 6, 5, 9, 4 ou 1; si donc un carré est terminé par 0 ou 5, il en est de même du nombre correspondant; mais, dans tout autre cas, le dernier chiffre du carré étant connu, il y a deux valeurs possibles pour celui du nombre lui-même; ainsi les carrés terminés par 1, 4, 9, 6 proviennent respectivement de nombres terminés par 1 ou 9, 2 ou 8, 3 ou 7, 4 ou 6.

263. THÉORÈME II. *Le carré d'un nombre entier ne peut être terminé par un nombre impair de zéros.*

Pour que le carré d'un nombre soit terminé par un zéro, il faut (**262**) que le nombre lui-même le soit. On peut donc représenter ce nombre par $A \times 10^n$, A étant un nombre entier non terminé par un zéro, et n le nombre des zéros, peut-être égal à 1, qui le suivent. Le carré de ce nombre, $A^2 \times 10^{2n}$, est évi-

demment terminé par $2n$ zéros ; $2n$ étant un nombre pair, la
proposition est démontrée.

264. THÉORÈME III. *La condition nécessaire et suffisante pour
qu'un nombre entier soit le carré d'un autre nombre entier est que
tous ses facteurs premiers aient des exposants pairs.*

1° Cette condition est nécessaire; car, un nombre étant décomposé en facteurs premiers, on forme son carré en dou-
blant les exposants de ses facteurs, qui, par là, deviennent tous
pairs.

2° Cette condition est suffisante; car, si elle est remplie, en
divisant par 2 les exposants des facteurs premiers, on formera
un nouveau nombre entier qui, élevé au carré, reproduira le
premier.

265. REMARQUE. Un nombre entier qui admet un diviseur
premier p, sans être divisible par son carré p^2, ne peut pas être
un carré; car, si on le décomposait en facteurs premiers, le
facteur p y entrerait évidemment à la première puissance, et, par
conséquent, avec un exposant impair.

Par exemple, un carré ne peut être divisible par 2 sans l'être
par 4, par 3 sans l'être par 9, par 5 sans l'être par 25.

266. THÉORÈME IV. *Aucune fraction n'a pour carré un nombre
entier.*

Soit $\frac{a}{b}$ une fraction, que nous supposerons réduite à sa plus

simple expression; son carré est évidemment $\frac{a^2}{b^2}$; or, a étant

premier avec b, a^2 **(125)** est premier avec b^2; il est donc impos-

sible que $\frac{a^2}{b^2}$ soit entier.

267. REMARQUE. a^2 étant premier avec b^2, $\frac{a^2}{b^2}$ est **(156)** irré-

ductible. Et comme ses deux termes sont des carrés, on conclut
que le carré d'une fraction, étant réduit à sa plus simple expression, a toujours pour termes des carrés.

Définition de la racine carrée.

268. Lorsqu'un nombre A est le carré d'un autre nombre B, on dit que B est la racine carrée de A, et on l'écrit ainsi :

$$B = \sqrt{A}.$$

EXEMPLES. 4 étant le carré de 2, 2 est la racine carrée de 4. $\frac{9}{25}$ étant le carré de $\frac{3}{5}$, $\frac{3}{5}$ est la racine carrée de $\frac{9}{25}$.
Et l'on écrit :

$$2 = \sqrt{4}, \qquad \tfrac{3}{5} = \sqrt{\tfrac{9}{25}}.$$

269. Lorsqu'un nombre N n'est le carré d'aucun nombre entier ou fractionnaire, la définition de sa racine carrée exige quelques développements.

On dit qu'un nombre est plus grand ou plus petit que $\sqrt{N}$, suivant que son carré est plus grand ou plus petit que N; d'après cela, pour définir *les grandeurs dont $\sqrt{N}$ est la mesure*, supposons, par exemple, qu'après avoir adopté une certaine unité de longueur, on regarde tous les nombres comme exprimant des longueurs portées sur une même ligne droite à partir d'une origine donnée. Une portion de cette ligne recevra les extrémités des longueurs dont la mesure est moindre que $\sqrt{N}$, et une autre portion celles des lignes dont la mesure est plus grande que $\sqrt{N}$; entre ces deux régions, il ne pourra évidemment exister aucun intervalle, mais seulement un *point de démarcation*. La distance à laquelle se trouve ce point est, par définition, mesurée par $\sqrt{N}$.

270. REMARQUE I. Nous avons défini seulement la grandeur dont $\sqrt{N}$ est la mesure; et en effet, il n'est pas possible de définir directement un nombre abstrait. Si l'on réfléchit aux définitions données, même dans les cas simples des nombres entiers ou fractionnaires, on verra qu'elles ne sont que l'indication de l'opération à l'aide de laquelle la grandeur dont ils sont la mesure dérive de l'unité.

271. REMARQUE II. Lorsqu'un nombre n'est ni entier ni fractionnaire, il est dit incommensurable. Tout nombre entier qui n'est pas le carré d'un nombre entier, ne pouvant être celui d'une fraction, a une racine carrée incommensurable ; les fractions ont aussi, dans le plus grand nombre de cas, une racine carrée incommensurable ; car (267), pour qu'une fraction soit le carré d'une autre fraction, il faut que, réduite à sa plus simple expression, elle ait pour termes deux carrés.

Racine carrée d'un nombre, à une unité près.

272. La racine carrée d'un nombre, à une unité près, est le plus grand nombre entier qui soit contenu dans la racine carrée de ce nombre ; c'est, par conséquent, la racine du plus grand carré entier contenu dans le nombre considéré.

273. THÉORÈME I. *La racine carrée, à une unité près, d'un nombre qui n'est pas entier, est la même que celle de sa partie entière.*

Considérons, en effet, le nombre N, compris, par exemple, entre 3758 et 3759 ; il s'agit de prouver que la racine carrée, à une unité près, est la même que celle de 3758. Si nous nous reportons, en effet, à ce qui a été dit (272), la racine carrée de N, à une unité près, est la racine carrée du plus grand carré entier contenu dans N. Or, les nombres entiers contenus dans N sont 3758 et les nombres moindres, en sorte que le plus grand carré entier contenu dans N est le même que le plus grand carré entier contenu dans 3758. Et la racine de N, à une unité près, est, par suite, la même que celle de 3758.

274. THÉORÈME II. *Si un nombre entier a un ou deux chiffres, sa racine carrée n'a qu'un chiffre. S'il a trois ou quatre chiffres, sa racine carrée a deux chiffres ; s'il a cinq ou six chiffres, sa racine carrée a trois chiffres, et, en général, s'il a $2n$ ou $2n-1$ chiffres, sa racine carrée a n chiffres.*

Les nombres exprimés par un ou deux chiffres sont compris entre 0 et 100 ; donc leur racine est comprise entre 0 et 10 et n'a qu'un chiffre.

Les nombres exprimés par trois ou quatre chiffres sont compris entre 100 et 10000 ; donc leur racine est comprise entre 10 (racine carrée de 100) et 100 (racine carrée de 10000) ; elle a par conséquent deux chiffres.

Les nombres exprimés par cinq ou six chiffres sont compris entre 10000 et 1000000 ; donc leur racine est comprise entre 100 (racine carrée de 10000) et 1000 (racine carrée de 1000000); elle a par conséquent trois chiffres.

En général, les nombres exprimés par $2n-1$ ou par $2n$ chiffres sont compris entre l'unité suivie de $2n-2$ zéros, et l'unité suivie de $2n$ zéros, c'est-à-dire entre 10^{2n-2} et 10^{2n}; leur racine carrée est comprise, par conséquent, entre 10^{n-1} (racine carrée de 10^{2n-2}) et 10^n (racine carrée de 10^{2n}); elle a par conséquent n chiffres.

275. Lorsqu'un nombre est inférieur à 100, la table de multiplication fait connaître le plus grand carré qui y soit contenu, et par conséquent sa racine carrée, à une unité près.

EXEMPLE. La racine carrée de 73, à une unité près, est 8; car 64 est le plus grand carré contenu dans 73.

Lorsqu'un nombre est plus grand que 100, sa racine carrée, à une unité près, a plus d'un chiffre ; la méthode employée pour la trouver repose sur les deux théorèmes suivants :

276. THÉORÈME III. *La racine carrée d'un nombre* N, *supérieur à* 100, *contient précisément autant de dizaines qu'il y a d'unités dans la racine carrée du nombre de ses centaines.*

Si on nomme x le nombre de dizaines contenues dans la racine carrée de N, cette racine est comprise entre x dizaines et $x+1$ dizaines; donc N l'est lui-même, entre le carré de $x\times 10$ ou $x^2\times 100$, et le carré de $(x+1)\times 10$ ou $(x+1)^2\times 100$; en sorte que le nombre des centaines de N est compris entre x^2 et $(x+1)^2$; la racine carrée, à une unité près, de ce nombre de centaines est donc égale à x.

REMARQUE. Pour avoir le nombre de dizaines contenues dans la racine carrée d'un nombre, il faut, on vient de le voir, chercher combien ce nombre contient de centaines, et extraire, à une unité près, la racine carrée du résultat. S'il s'agit d'un nombre entier, on aura immédiatement le nombre des centaines en supprimant les deux derniers chiffres à droite. On peut donc dire :

Le nombre des dizaines contenues dans la racine carrée d'un nombre entier N *est la racine carrée, à une unité près, du nombre* N_1, *obtenu en supprimant les deux derniers chiffres du nombre* N.

On peut appliquer à la racine du nombre N_1 le résultat précédent. Le nombre des dizaines qui y sont contenues s'obtiendra en extrayant, à une unité près, la racine carrée du nombre N_2 obtenu en supprimant les deux derniers chiffres de N_1.

Or, la racine de N_1 représentant le nombre de dizaines contenues dans la racine de N, le nombre de dizaines qu'elle contient n'est autre chose que le nombre des centaines contenues dans $\sqrt{N}$. D'un autre côté, N_1, ayant été obtenu en supprimant les deux derniers chiffres à droite de N, et N_2, en supprimant les deux derniers chiffres à droite de N_1, N_2 peut s'obtenir en supprimant quatre chiffres à droite dans N. On peut donc dire :

Le nombre de centaines contenues dans la racine carrée d'un nombre entier N *est la racine carrée, à une unité près, du nombre* N_2 *obtenu en supprimant les quatre derniers chiffres à droite de* N.

On verra de même que le nombre de dizaines contenues dans la racine carrée de N_2, c'est-à-dire le nombre des mille contenus dans la racine carrée de N, est égal à la racine carrée du nombre N_3, obtenu en supprimant les deux derniers chiffres de N_2, c'est-à-dire en supprimant les six derniers chiffres de N. On peut donc dire :

Le nombre des mille contenus dans la racine carrée d'un nombre entier N *est la racine carrée, à une unité près, du nombre obtenu en supprimant les six derniers chiffres de* N ; *et ainsi de suite indéfiniment.*

277. THÉORÈME IV. *En retranchant d'un nombre entier le carré des dizaines de sa racine, et divisant les dizaines du reste par le double de celles de la racine, on obtient un quotient supérieur ou égal au chiffre des unités de la racine.*

Supposons, par exemple, que la racine carrée de 317452 contienne 56 dizaines, plus un certain nombre d'unités. Le carré de cette racine contiendra (**258**) le carré de 56 dizaines, plus le produit de 2 fois 56 dizaines, ou 112 dizaines, par les unités, plus le carré des unités ; le carré de 56 dizaines est 3136 centaines. En le retranchant de 317452, le reste, 3852, devra contenir les deux autres parties du carré de la racine. Or, la première de ces deux parties, le produit des unités par 112 dizaines, est un nombre entier de dizaines, qui doit être contenu dans les 385 dizaines de 3852, et, par conséquent, le chiffre des unités ne peut surpasser le quotient de la division de 385 par 112. C'est précisément ce qu'il fallait démontrer.

278. REMARQUE. Pour déterminer la valeur exacte du chiffre des unités, il faut essayer successivement la limite fournie par le théorème précédent, si elle est moindre que dix, et les nombres d'un chiffre qui lui sont inférieurs. Les essais consistent à former le carré de la racine présumée : si ce carré est contenu dans le nombre proposé, le chiffre essayé est bon; sinon il faut le diminuer. Nous verrons plus loin comment on abrége ces essais en profitant de calculs faits antérieurement.

Règle générale pour l'extraction de la racine carrée.

279. Pour trouver combien la racine carrée d'un nombre entier contient de dizaines, il suffit (**276**) d'extraire la racine d'un nombre ayant deux chiffres de moins. Le nombre de ces dizaines étant connu, on peut (**278**) trouver le chiffre des unités. La recherche de la racine carrée d'un nombre est donc ramenée à celle d'un autre nombre qui a deux chiffres de moins ; on pourra de même substituer à ce nouveau nombre un autre plus simple encore, et ainsi de suite, jusqu'à ce qu'on parvienne à un nombre d'un ou deux chiffres, dont on connaîtra immédiatement la racine.

On est ainsi conduit à la règle suivante :

1° *Pour extraire la racine carrée d'un nombre entier, on sépare ce nombre en tranches de deux chiffres à partir de la droite ; le nombre de ces tranches, dont la dernière peut n'avoir qu'un chiffre, est celui des chiffres de la racine.*

Si, en effet, il y a n tranches, le nombre proposé contient $2n$ ou $2n-1$ chiffres, et alors (**274**) sa racine carrée a n chiffres.

2° *Le premier chiffre de la racine est la racine carrée, à une unité près, du nombre exprimé par la dernière tranche.*

Considérons, par exemple, le nombre 13764932, auquel nous

rapporterons toutes les explications qui vont suivre. Le nombre des dizaines de sa racine carrée (**276**) est la racine carrée, à une unité près, de 137649. Le nombre de ses centaines est (**276**) la racine carrée, à une unité près, de 1376, et le nombre de ses mille, la racine carrée, à une unité près, de 13 (**275**). Or, 13 est précisément la dernière tranche du nombre proposé; la seconde partie de la règle est donc démontrée, et la racine carrée de 13, ou 3, est le premier chiffre de la racine.

3° Après avoir obtenu ce premier chiffre, on en forme le carré, on le retranche du nombre exprimé par la dernière tranche; à la suite du reste on écrit les deux chiffres qui forment la tranche suivante, et on divise les dizaines du nombre R$_1$ ainsi formé, par le double du premier chiffre de la racine. Le quotient est égal ou supérieur au second chiffre.

Pour trouver le nombre des centaines, c'est-à-dire les deux premiers chiffres de la racine cherchée, il suffit d'extraire la racine de 1376 dont on connaît déjà le chiffre des dizaines, 3; pour cela, on retranchera de 1376 le carré des trois dizaines de sa racine, et, en divisant les dizaines du reste par le double de celles de sa racine, on obtiendra (**277**) un quotient supérieur ou égal au chiffre des unités.

Le carré de 3 dizaines est 9 centaines, qui, retranchées de 1376, laissent pour reste 476; en divisant 47 par 6, le quotient est 7; le chiffre des unités de la racine de 1376, c'est-à-dire le second chiffre de la racine cherchée, ne peut donc pas surpasser 7.

4° On détermine la valeur exacte de ce second chiffre, en essayant successivement le quotient trouvé, s'il est moindre que 10, et les nombres d'un chiffre qui lui sont inférieurs. Pour faire ces essais, on double le premier chiffre de la racine, on écrit, à la droite du résultat, le chiffre à essayer, et on multiplie le nombre ainsi formé par le chiffre essayé lui-même. Si le produit est moindre que le nombre R$_1$, défini (3°), le chiffre essayé est bon; sinon, il faut essayer le chiffre inférieur d'une unité, et ainsi de suite si ce dernier est trop fort.

Le nombre R$_1$, défini (3°) est, dans le cas actuel, 476. On l'a obtenu en retranchant de 1376 le carré des trois dizaines que

contient sa racine. Or, cette racine étant composée de trois dizaines, plus un certain nombre d'unités, son carré se compose
(**258**) du carré de trois dizaines, du produit des unités par le
double de trois dizaines, et du carré des unités ; la somme de
ces trois parties devant être contenue dans 1736, il faut que la
somme des deux dernières puisse se retrancher de l'excès de
1376 sur la première partie, c'est-à-dire de 476. Or, c'est précisément dans cette vérification que consiste la quatrième partie
de la règle ; et en effet, lorsque, pour essayer 7, on le multiplie
comme il est indiqué, par le nombre 67, le produit se compose
de $7 \times 7 + 7 \times 60$, c'est-à-dire du carré des unités présumées,
plus le produit de ces unités par le double des dizaines. Si donc
le produit ne peut pas se retrancher de 476, le chiffre 7 est trop
fort.

Dans le cas actuel, ce produit est égal à 469 ; il peut se retrancher de 476 et laisse pour reste 7. Le chiffre 7 est donc bon.
L'opération nous apprend, en outre, que l'excès de 1376 sur le
carré de 37 est égal à 7.

5° *A la droite du reste obtenu dans l'essai qui a réussi, on écrit les*
deux chiffres de la tranche suivante, et on divise les dizaines du
nombre R_2 *ainsi formé, par le double du nombre qu'expriment les*
deux premiers chiffres de la racine ; le quotient est supérieur ou égal
au troisième chiffre.

Le nombre des dizaines contenues dans la racine est (**276**) la
racine carrée, à une unité près, de 137649. Il suffit donc, pour
trouver le nombre de ces dizaines, c'est-à-dire l'ensemble des
trois premiers chiffres de la racine, d'extraire la racine carrée
de 137649, dont on connaît déjà le nombre de dizaines 37. Pour
cela, on retranchera de 137649 le carré des 37 dizaines de sa
racine, et en divisant les dizaines du reste par le double de
celles de la racine, on obtiendra (**277**) un quotient supérieur ou
égal au chiffre de ses unités.

Le carré de 37 dizaines est 1369 centaines. L'excès de 137649
sur le carré de 37 dizaines, ou le nombre R_2, est donc 749 ; en
divisant le nombre de ses dizaines, 74, par 74 double de 37, le
quotient est 1 ; le chiffre des unités de la racine de 137649, c'est-
à-dire le troisième chiffre de la racine cherchée, ne peut donc
pas surpasser 1.

6° On détermine la valeur exacte de ce troisième chiffre en essayant successivement le quotient trouvé, s'il est moindre que 10, et les nombres d'un chiffre qui lui sont inférieurs. Pour faire ces essais on double le nombre formé par l'ensemble des deux premiers chiffres, on écrit à sa droite le chiffre à essayer, et on multiplie le nombre ainsi formé par le chiffre essayé lui-même. Si ce produit peut se retrancher du nombre R_2, défini (5°), le chiffre essayé est bon; sinon il faut le diminuer d'une unité et l'essayer de nouveau.

Le nombre R_2, défini (5°), est, dans le cas actuel, 749; on l'a obtenu en retranchant de 137649 le carré des 37 dizaines de sa racine. Or, cette racine étant composée de 37 dizaines, plus un certain nombre d'unités, son carré se compose du carré de 37 dizaines, du produit des unités par le double de 37 dizaines, et du carré des unités. La somme de ces trois parties devant être contenue dans 137649, il faut que la somme des deux dernières puisse se retrancher de l'excès de 137649 sur la première partie, c'est-à-dire de 749. Or, c'est précisément dans cette vérification que consiste la sixième partie de la règle; en effet, lorsque, pour essayer 1, on multiplie, comme il est indiqué, le chiffre 1 par le nombre 741, le produit se compose de $1 \times 1 + 1 \times 740$, c'est-à-dire du carré des unités, et du produit de ces unités présumées par le double des dizaines. Si donc ce produit ne pouvait pas se retrancher de 749, le chiffre 1 serait trop fort.

Dans le cas actuel, le produit est égal à 741, il peut se retrancher de 749 et laisse pour reste 8. Le chiffre 1 est donc bon; l'opération nous apprend, en outre, que l'excès de 137649 sur le carré de 371 est 8.

7° Lorsqu'on a trouvé le troisième chiffre, une marche toute semblable fournit le quatrième, puis le cinquième, etc.

Ceci n'a pas besoin d'explication.

Dans le cas actuel, pour déterminer le quatrième chiffre de la racine, à la droite du reste 8, on écrira la tranche suivante 32, et on divisera 83, nombre des dizaines de 832, par le double de 371, c'est-à-dire par 742; le quotient de cette division étant 0, le chiffre des unités de la racine est 0. Il est évident qu'il n'y a pas lieu de l'essayer.

La racine de 13764932 est donc enfin 3710, et le reste 832, c'est-à-dire que

$$13764932 = (3710)^2 + 832,$$

comme il est d'ailleurs facile de le vérifier.

280. THÉORÈME VI. *Le reste obtenu dans l'extraction d'une racine carrée ne peut jamais surpasser le double de la racine.*

Soient, en effet, N un nombre entier et R sa racine carrée, à une unité près; le reste de l'opération est la différence $N - R^2$; si ce reste surpassait 2R, N serait au moins égal à $R^2 + 2R + 1$, c'est-à-dire à $(R+1)^2$, et sa racine serait par conséquent au moins égale à $(R+1)$.

Réciproquement, si le carré d'un nombre entier R est moindre que N, et que la différence $N - R^2$ ne surpasse pas 2R, ce nombre R est la racine carrée de N, à une unité près.]

$N - R^2$ étant, en effet, moindre que $2R + 1$, N est moindre, que $R^2 + 2R + 1$, c'est-à-dire que $(R+1)^2$, et par conséquent R est le plus grand carré entier qui y soit contenu.

281. REMARQUE. Il arrive quelquefois que l'habitude du calcul faisant présumer qu'un chiffre à essayer est trop grand, on le diminue immédiatement d'une ou plusieurs unités; en l'essayant après cette diminution, on s'assure qu'il n'est pas trop fort; et, s'il est trop faible, on en sera averti en vertu du théorème précédent, parce que le reste correspondant surpassera le double du nombre formé par les chiffres déjà trouvés à la racine.

Manière de disposer l'opération.

282. Prenons pour exemple le nombre 412234, auquel nous allons appliquer la règle précédente :

412234	642	
36	124	1282
522	4	2
496		
2634		
2564		
70		

1° On décompose le nombre en tranches de deux chiffres : ces tranches étant au nombre de 3, la racine aura trois chiffres.

2° La racine carrée de la dernière tranche 41 est 6 ; 6 est donc le premier chiffre de la racine.

3° On retranche de 41 le carré de 6, le reste est 5. A la droite de 5 on écrit la seconde tranche 22, et on divise 52, nombre des dizaines de 522, par le double du chiffre 6 inscrit à la racine. Le quotient 4 de cette division est le second chiffre de la racine, ou un chiffre trop fort.

4° Pour essayer 4, on l'écrit à la droite du double du premier chiffre, et on multiplie le nombre ainsi formé, 124, par 4. Le produit 496 pouvant se retrancher de 522, et laissant pour reste 26, le chiffre 4 est bon.

5° A la droite du reste 26, on écrit la troisième tranche du nombre proposé, et on divise 263, nombre des dizaines du nombre 2634 ainsi formé, par le double du nombre 64 inscrit à la racine, c'est-à-dire par 128. Le quotient 2 de cette division est le troisième chiffre de la racine, ou un chiffre trop fort.

6° Pour essayer 2, on l'écrit à la droite du double du nombre exprimé par les deux premiers chiffres, et on multiplie le nombre 1282, ainsi formé, par 2. Le produit 2564 pouvant se retrancher de 2634, le chiffre 2 est bon, et la racine est 642 ; le reste est 70.

EXEMPLE. On demande la racine carrée de 285 970 396 644.

28.59.70.39.66.44	534762				
3 59	103	1034	10687	106946	1069522
50 70	3	4	7	6	2
8 14 39					
66 30 66					
2 13 90 44					

La racine demandée est exactement 534 762.

Calcul des racines carrées à une approximation donnée.

283. Chercher la racine carrée d'un nombre N à $\frac{1}{n}$ près, c'est chercher le plus grand multiple de $\frac{1}{n}$ contenu dans $\sqrt{N}$. Une pa-reille recherche peut toujours se ramener au calcul d'une racine carrée à une unité près.

La valeur approchée de la racine étant, en effet, un multiple de $\frac{1}{n}$, peut être désignée par $\frac{x}{n}$, x étant entier; $\frac{x}{n}$ étant le plus grand multiple de $\frac{1}{n}$ contenu dans $\sqrt{N}$, cette racine est moindre que $\frac{x+1}{n}$, et, par conséquent (**269**), les trois nombres

$$\frac{x^2}{n^2}, \quad N, \quad \frac{(x+1)^2}{n^2}$$

sont rangés par ordre de grandeur.

En multipliant ces trois nombres par n^2, l'ordre de grandeur ne changera pas, et par conséquent $N \times n^2$ est compris entre x^2 et $(x+1)^2$, c'est-à-dire que x est la racine carrée de $N \times n^2$, à une unité près.

Nous pouvons donc énoncer la règle suivante :

Pour extraire la racine carrée d'un nombre N, à un nombre donné $\frac{1}{n}$ *près, il faut extraire, à une unité près, la racine carrée du produit* $N \times n^2$, *et diviser le résultat par* n.

EXEMPLE I. Soit à extraire la racine carrée de $\frac{73}{5}$ à $\frac{1}{7}$ près : multiplions $\frac{73}{5}$ par 49, carré de 7, le produit est $\frac{73 \times 49}{5}$, c'est-à-dire $\frac{3577}{5}$ ou $715\frac{2}{5}$; sa racine carrée, à une unité près, la même que celle de 715 (**272**), est égale à 26, et par conséquent la racine de $\frac{73}{5}$ à $\frac{1}{7}$ près, est $\frac{26}{7}$, c'est-à-dire que la racine de $\frac{73}{5}$ est comprise entre $\frac{26}{7}$ et $\frac{27}{7}$.

284. REMARQUE. Lorsque le dénominateur d'une fraction est un carré parfait b^2, on obtient très-simplement sa racine carrée à moins de $\frac{1}{b}$; il suffit pour cela d'extraire la racine du numérateur, à une unité près, et de la diviser par b. Cela résulte immédiatement de la règle générale; car, d'après cette règle, pour extraire la racine carrée de $\frac{a}{b^2}$ à $\frac{1}{b}$ près, il faut multiplier $\frac{a}{b^2}$ par b^2, extraire la racine carrée du produit a à une unité près, et diviser le résultat par b, ce qui est précisément l'opération indiquée.

Pour extraire la racine carrée d'une fraction, on commence souvent par rendre son dénominateur un carré parfait, et on profite alors de la remarque précédente. Pour cela, il suffit de multiplier ses deux termes par son dénominateur.

Exemple. Soit à extraire la racine carrée de $\frac{73}{5}$, cette fraction est égale à $\frac{73\times5}{5\times5}$ ou $\frac{365}{25}$. Pour avoir sa racine à $\frac{1}{5}$ près, il suffit donc d'extraire, à une unité près, la racine carrée de 365, qui est 19, et de la diviser par 5; la racine carrée de $\frac{73}{5}$ à $\frac{1}{5}$ près, est donc $\frac{19}{5}$.

285. Quelquefois, pour rendre le dénominateur d'une fraction un carré parfait, on peut employer un multiplicateur moindre que son dénominateur. Il suffit, en effet (264), pour qu'un nombre soit un carré parfait, que tous ses facteurs premiers aient des exposants pairs; ce qui aura évidemment lieu, si on le multiplie par le produit de tous ceux qu'il contient avec des exposants impairs.

Soit, par exemple, la fraction $\frac{1275}{300}$ ou $\frac{1275}{3\times2^2\times5^2}$; pour rendre son dénominateur un carré parfait, il suffit de multiplier ses deux termes par 3, elle devient ainsi $\frac{3\times1275}{3^2\times2^2\times5^2}$ ou $\frac{3825}{30^2}$; la racine de 3825 à une unité près est 61, et par conséquent celle de $\frac{3825}{30^2}$, à $\frac{1}{30}$ près, est $\frac{61}{30}$.

Calcul d'une racine carrée à $\frac{1}{10^n}$ près.

286. Supposons que le nombre N, dont on veut évaluer la racine carrée, soit réduit en décimales. D'après la règle précédente, pour extraire sa racine à $\frac{1}{10^n}$ près, il faut le multiplier par 10^{2n}, extraire, à une unité près, la racine carrée du produit, et diviser le résultat par 10^n. Pour multiplier N par 10^{2n}, on avancera la

virgule de $2n$ rangs vers la droite, et, pour extraire, à une unité près, la racine carrée du produit, il suffira d'opérer sur sa partie entière; par conséquent, *pour déterminer la racine d'un nombre à $\frac{1}{10^n}$ près, il suffit de connaître les 2n premiers chiffres décimaux de sa valeur en décimales.*

EXEMPLE. Soit à extraire, à $\frac{1}{100}$ près, la racine carrée de 3,7157248932, il suffit d'avoir quatre chiffres décimaux dans la valeur du nombre proposé, puisqu'on en demande deux à la racine; on pourra donc réduire le nombre proposé à 3,7157. En multipliant ce nombre par 10 000, on obtient 37 157, dont la racine carrée, à une unité près, est 193; en la divisant par 100, on obtient 1,93 qui est la racine du nombre proposé à $\frac{1}{100}$ près*.

Valeur approchée de la racine carrée, lorsque le degré d'approximation n'est pas fixé avec précision.

237. Lorsqu'on a obtenu une valeur approchée de la racine carrée d'un nombre, on peut se servir de cette valeur pour en déduire une seconde plus approchée encore. Cette seconde peut de même en fournir une troisième, celle-ci une quatrième, et ainsi de suite indéfiniment. Voici en quoi consiste ce procédé, qui conduit rapidement à une valeur extrêmement approchée. Soit N le nombre dont on cherche la racine,

a la valeur approchée de la racine,

x le nombre très-petit qu'il faudrait ajouter à a pour avoir la racine exacte;

$a+x$ étant la racine de N, on aura évidemment

$$N = (a+x)^2 = a^2 + 2ax + x^2.$$

x étant, par hypothèse, très-petit, son carré est bien plus petit encore; on peut donc, sans erreur sensible, le négliger et réduire l'équation précédente à

$$N = a^2 + 2ax;$$

---

* On peut démontrer que les $2n$ premiers chiffres décimaux d'un nombre sont plus que suffisants pour déterminer sa racine carrée à $\frac{1}{10^n}$ près, et qu'en général il suffit de connaître les k premiers chiffres significatifs d'un nombre, pour obtenir k chiffres exacts à la racine; en supposant, bien entendu, que le premier de ces chiffres ne soit pas un zéro.

par suite, $2ax$ est égal à $N - a^2$, et x à $\dfrac{N - a^2}{2a}$, en sorte que

$$a + \frac{N - a^2}{2a}$$

est la valeur approchée que nous cherchions. Cette valeur peut s'écrire

$$a + \frac{N}{2a} - \frac{a}{2},$$

c'est-à-dire

$$\sqrt{N} = \frac{a}{2} + \frac{N}{2a}.$$

Nous avons donc ce théorème : Si a est une valeur approchée de $\sqrt{N}$, $\left(\dfrac{a}{2} + \dfrac{N}{2a}\right)$ est une seconde valeur plus approchée que la première.

Ainsi, par exemple, si l'on avait trouvé la racine carrée de 223 égale à 14,9332, à une unité près du dernier chiffre décimal, la formule ci-dessus fournit le moyen de trouver immédiatement, au moyen d'une simple division, la valeur de la racine demandée à 12 chiffres exacts.

On aura

$$\sqrt{223} = \frac{14,9332}{2} + \frac{223}{2 \times 14,9332}$$

$$= 7,4666 + \frac{111,5}{14,9332}$$

$$= 7,4666 + 7,4665845231,$$

ou

$$\sqrt{223} = 14,9331845231,$$

exacte à 12 chiffres. Une nouvelle division de 223 par le résultat que nous venons d'obtenir donnerait la valeur de $\sqrt{223}$ exacte à 24 chiffres.

REMARQUE. En écrivant

$$N = a^2 + 2ax,$$

au lieu de l'équation exacte

$$N = a^2 + 2ax + x^2,$$

nous supprimons, dans le second membre, le terme x^2; pour que ce second membre reste égal à N après cette suppression, il faut évidemment que la valeur attribuée à x soit un peu augmentée. La valeur que nous avons trouvée sera donc plus grande que la valeur exacte.

288. Si nous posons $\frac{1}{2}\left(a+\frac{N}{a}\right)=b$, b sera une valeur approchée de $\sqrt{N}$, sur laquelle nous pourrons raisonner comme nous l'avons fait sur a. Seulement, b étant plus grand que $\sqrt{N}$, on devra représenter la valeur exacte par $b-x$, et poser

$$N=(b-x)^2=b^2-2bx+x^2,$$

ou, en négligeant x^2,

$$N=b^2-2bx,$$

d'où l'on conclut

$$x=\frac{b^2-N}{2b},$$

et la nouvelle valeur approchée de la racine est

$$b-\frac{b^2-N}{2b}=b-\frac{b}{2}+\frac{N}{2b}=\frac{1}{2}\left(b+\frac{N}{b}\right).$$

Cette troisième valeur, que nous désignerons par c, sera trop grande, ainsi que l'on s'en assure facilement.

On pourra continuer indéfiniment, et l'on obtiendra une suite de valeurs, toutes plus grandes que $\sqrt{N}$, et qui s'en approchent très-rapidement.

Approximation que l'on peut obtenir, lorsque le nombre sur lequel on opère n'est pas connu avec précision.

289. Lorsque la valeur d'un nombre N n'est pas connue avec une précision absolue, on conçoit qu'il existe, par cela même, une limite au degré d'approximation que l'on peut obtenir à la racine carrée. Si l'on sait, par exemple, que N est compris entre A et B, il en résulte seulement que $\sqrt{N}$ est compris entre $\sqrt{A}$ et $\sqrt{B}$, et, par aucun moyen, on ne pourra assigner sa valeur avec une plus grande précision. On devra donc prendre indifféremment pour $\sqrt{N}$ un nombre quelconque compris entre ces deux limites.

Si l'on choisit leur demi-somme, on pourra affirmer que l'erreur, en plus ou en moins, est inférieure à $\frac{1}{2}(\sqrt{B}-\sqrt{A})$. Il est impossible d'avoir une approximation plus grande. Cette limite de l'approximation que l'on peut atteindre,

$$\frac{1}{2}(\sqrt{B}-\sqrt{A}),$$

peut se mettre sous une forme qui rend plus facile le calcul de sa valeur approximative. On a

$$(\sqrt{B}-\sqrt{A})=\frac{(\sqrt{B}-\sqrt{A})(\sqrt{B}+\sqrt{A})}{\sqrt{B}+\sqrt{A}};$$

or

$$(\sqrt{B}-\sqrt{A})(\sqrt{B}+\sqrt{A})=B-A;$$

donc

$$\frac{1}{2}(\sqrt{B}-\sqrt{A})=\frac{1}{2}\frac{B-A}{\sqrt{B}+\sqrt{A}}.$$

$\sqrt{B}$ et $\sqrt{A}$ différant peu l'un de l'autre, on peut les supposer égaux, et l'on a approximativement

$$\frac{B-A}{4\sqrt{A}}$$

pour limite inférieure du degré d'approximation avec lequel on peut calculer la racine carrée d'un nombre N, lorsque l'on sait seulement que ce nombre est compris entre B et A.

EXEMPLE. *En réduisant un nombre en décimales, on a trouvé pour premiers chiffres 45,54. Les chiffres suivants ne sont pas connus. Avec quelle approximation peut-on obtenir sa racine carrée?*

Le nombre en question est compris entre 45,54 et 45,55, qui représentent ici les limites désignées précédemment par B et A. La différence B—A est 0,01; la limite inférieure du degré d'approximation possible est donc :

$$\frac{0,01}{4\sqrt{45,54}}.$$

$\sqrt{45,54}$ étant plus grand que 6, cette fraction est moindre que le vingt-quatrième de 0,01; il sera donc possible d'obtenir la racine cherchée avec une erreur moindre que $\frac{1}{2400}$. On trouve en effet

$$\sqrt{45,54} = 6,7483,$$

$$\sqrt{45,55} = 6,7491.$$

Si nous avions appliqué la règle (**286**), ne connaissant que deux chiffres décimaux du nombre, nous eussions été conduits à dire que l'on ne peut en obtenir qu'un seul à la racine, c'est-à-dire que l'on ne peut obtenir cette racine qu'à $\frac{1}{10}$ près.

RÉSUMÉ.

258. Carré de la somme de deux nombres. Différence des carrés de deux nombres entiers consécutifs. — **259.** Carré d'un produit. — **260.** Pour élever au carré une puissance d'un nombre, il suffit de doubler l'exposant. — **261.** Le carré d'un nombre entier ne peut être terminé par aucun des chiffres 2, 3, 7 ou 8. — **262.** Si le dernier chiffre d'un carré est 0 ou 5, le nombre lui-même est terminé par 0 ou 5; dans tout autre cas, le dernier chiffre du carré étant connu, il y a deux valeurs possibles pour celui du nombre lui-même. — **263.** Le carré d'un nombre entier ne peut être terminé par un nombre impair de zéros. — **264.** Pour qu'un nombre entier soit le carré d'un autre nombre entier, il faut et il suffit que les facteurs premiers aient des exposants pairs. — **265.** Un nombre qui admet un diviseur premier p sans être divisible par p^2 n'est pas un carré. — **266.** Aucune fraction n'a pour carré un nombre entier. — **267.** Une fraction irréductible ne peut être le carré d'une autre fraction que si les deux termes sont des carrés. — **268.** Définition de la racine carrée lorsqu'elle est entière ou fractionnaire. — **269.** Définition lorsqu'elle est incommensurable. — **270.** On doit se borner à définir la grandeur dont la racine est la mesure. — **271.** Définition des nombres incommensurables. Il est impossible de définir autrement un nombre abstrait. — **272.** Racine carrée à une unité près. — **273.** Elle est la même que celle de la partie entière du nombre proposé. — **274.** Si un nombre est exprimé par $2n$ ou $2n - 1$ chiffres, sa racine a n chiffres. — **275.** Si un nombre est inférieur à 100, la table de multiplication fait connaître sa racine carrée. — **276.** La racine carrée d'un nombre supérieur à 100 contient autant de dizaines qu'il y a d'unités dans la racine carrée du nombre de ses centaines. On en conclut que le nombre des centaines contenues dans la racine carrée d'un nombre est la racine du nombre obtenu en supprimant les quatre derniers chiffres, le nombre des mille est la racine du nombre obtenu en supprimant les six derniers chiffres, etc. — **277.** En retranchant d'un nombre entier le carré des dizaines de sa racine, et divisant les dizaines du reste par le double de celles de la racine, on obtient un quotient supérieur ou égal au chiffre des unités de la racine. — **278.** Des essais successifs peuvent déterminer la valeur exacte de ce chiffre des unités. — **279.** Les théorèmes précédents permettent d'énoncer immédiatement la règle d'extraction de la racine carrée à une unité près. — **280.** Le reste ne peut jamais surpasser le double de la racine. — **281.** Usage de ce théorème lorsqu'on a diminué un chiffre avant de l'essayer. — **282.** Manière de disposer l'opération. — **283.** L'extraction d'une racine carrée, à une approximation donnée, se ramène à l'extraction d'une racine à une unité près. — **284.** Lorsque le dénominateur d'une fraction est un carré parfait b^2, pour extraire sa racine à $\frac{1}{b}$ près, il suffit d'extraire, à une unité près, la racine du numérateur, et de la diviser par b. — **285.** Moyen de rendre le dénominateur un carré parfait. — **286.** Racine carrée à $\frac{1}{10^n}$ près; il suffit de connaître $2n$ décimales de la valeur du nombre. — **287-288.** Moyen d'obtenir des valeurs de plus en plus approchées d'une racine carrée. — **289.** Degré d'approximation que l'on peut obtenir, lorsque l'on opère sur un nombre qui n'est pas connu avec précision.

EXERCICES.

I. Tout carré impair divisé par 8 donne pour reste 1.

II. Si, en extrayant la racine carrée d'un nombre N à une unité près, le reste ne surpasse pas la racine trouvée, celle-ci est approchée à $\frac{1}{2}$ unité près.

III. La racine de $\frac{n-1}{n}$, à $\frac{1}{n}$ près, est $\frac{n-1}{n}$; ce nombre est-il le seul qui soit égal à sa racine, à $\frac{1}{n}$ près?

IV. Si un nombre pair est la somme de deux carrés, sa moitié est également la somme de deux carrés.

V. Si a et b sont des nombres premiers entre eux, l'un pair et l'autre impair, la différence des deux carrés ne peut être un carré, que si $a+b$ et $a-b$ sont eux-mêmes des carrés.

VI. Conclure du théorème précédent que les carrés égaux à la somme de deux autres sont tous donnés par la formule

$$\left(\frac{x^2+y^2}{2}\right)^2 = \left(\frac{x^2-y^2}{2}\right)^2 + (xy)^2;$$

x et y désignant des nombres entiers quelconques.

VII. Si a, b, c sont trois nombres inégaux, $a+b+c$ est plus petit que $\sqrt{3(a^2+b^2+c^2)}$.

VIII. a, b, α, β, étant quatre nombres quelconques, $(a\alpha+b\beta)^2$ est plus petit que $(a^2+b^2)(\alpha^2+\beta^2)$; l'égalité est possible dans un cas, quel est-il?

IX. Le prix d'un diamant est proportionnel au carré de son poids. Prouver qu'en séparant un diamant en deux morceaux, on en diminue la valeur, et que la dépréciation est la plus grande possible quand les deux morceaux ont le même poids.

X. Étendre la proposition précédente au cas où le diamant est brisé en un nombre donné de morceaux; la valeur totale de ces morceaux est la moindre possible quand ils ont le même poids.

XI. Si un carré entier a^2 est égal à la somme de deux autres b^2+c^2, l'un des trois nombres a, b ou c est divisible par 5.

CHAPITRE XV.

THÉORIE DES CUBES ET DES RACINES CUBIQUES.

———

Quelques théorèmes relatifs aux cubes.

290. THÉORÈME I. *Le cube de la somme de deux nombres se compose du cube du premier, plus trois fois le produit du second par le carré du premier, plus trois fois le produit du premier par le carré du second, plus le cube du second.*

Soient a et b les nombres proposés : en former le cube, c'est multiplier $(a+b)^2$ par $a+b$; or (**258**)

$$(a+b)^2 = a^2 + 2a \times b + b^2.$$

Pour multiplier cette somme par $a+b$, il faut multiplier les trois parties du multiplicande par a, puis par b, et ajouter les résultats ; on obtient ainsi

$$(a+b)^3 = a^3 + 2a^2 \times b + b^2 \times a + a^2 \times b + 2a \times b^2 + b^3,$$

ou en remarquant que

$$2a^2 \times b + a^2 \times b = 3a^2 \times b; \quad b^2 \times a + 2b^2 \times a = 3b^2 \times a,$$

$$(a+b)^3 = a^3 + 3a^2 \times b + 3b^2 \times a + b^3 ;$$

ce qu'il fallait démontrer.

REMARQUE. *La différence des cubes de deux nombres entiers consécutifs est égale à trois fois le carré du plus petit, plus trois fois le plus petit, plus* 1. Si, en effet, on désigne ces deux nombres par a et $a+1$, on a, en vertu du théorème précédent,

$$(a+1)^3 = a^3 + 3a^2 + 3a + 1 ;$$

la différence $(a+1)^3 - a^3$ est donc $3a^2 + 3a + 1$.

291. Théorème II. *Le cube d'un produit est égal au produit des cubes des facteurs.*

Soit le produit $a \times b \times c$; on a

$$(a \times b \times c)^3 = a \times b \times c \times a \times b \times c \times a \times b \times c,$$

ou, en réunissant les facteurs égaux,

$$(a \times b \times c)^3 = a^3 \times b^3 \times c^3;$$

ce qu'il fallait démontrer.

Remarque. *Pour élever une puissance au cube, il suffit de tripler l'exposant.*

Soit, par exemple, a^4 à élever au cube; a^4 étant le produit de 4 facteurs égaux à a, son cube est évidemment le produit de 12 facteurs égaux à a, c'est-à-dire a^{12}.

292. Théorème III. *Le cube d'un nombre entier est terminé par le même chiffre que le cube du chiffre de ses unités.*

Quand on multiplie l'un par l'autre deux nombres entiers, le chiffre des unités du produit dépend seulement du dernier chiffre de chaque facteur; lors donc que, pour élever un nombre au cube, on le multipliera deux fois par lui-même, le chiffre des unités du résultat ne dépendra que du dernier chiffre de ce nombre.

Remarque. Les cubes des neuf premiers nombres entiers sont 1, 8, 27, 64, 125, 216, 343, 512, 729. Ils sont tous terminés par des chiffres différents; on pourra donc, à l'inspection du cube d'un nombre, savoir immédiatement par quel chiffre ce nombre est terminé. Si le cube est terminé par 0, 1, 2, 3, 4, 5, 6, 7, 8 ou 9, le nombre lui-même le sera par 0, 1, 8, 7, 4, 5, 6, 3, 2 ou 9.

293. Théorème IV. *Si le cube d'un nombre entier est terminé par des zéros, leur nombre est divisible par 3.*

Pour qu'un cube soit terminé par un zéro, il faut (**292**) que le nombre lui-même le soit. On peut donc représenter ce nombre par $A \times 10^n$, A étant un nombre entier non terminé par un zéro et n le nombre des zéros, peut-être égal à 1, qui le suivent. Le cube de ce nombre, $A^3 \times 10^{3n}$, est évidemment terminé par

$3n$ zéros : $3n$ étant divisible par 3, la proposition est démontrée.

294. THÉORÈME V. *La condition nécessaire et suffisante pour qu'un nombre entier soit le cube d'un autre nombre entier, est que tous les exposants de ses facteurs premiers soient divisibles par 3.*

1° Cette condition est nécessaire ; car pour former le cube d'un nombre, que l'on peut toujours décomposer en facteurs premiers, il suffit (**291**) de tripler les exposants de ces facteurs, qui par là deviennent tous divisibles par 3.

2° Cette condition est suffisante; car, en la supposant remplie et divisant par 3 les exposants des divers facteurs premiers, on formera un nombre qui, élevé au cube, reproduira le premier.

REMARQUE. Il résulte du théorème précédent, qu'un nombre entier qui admet un diviseur premier p, sans être divisible par son cube p^3, ne peut pas être un cube; car si on le décomposait en facteurs premiers, l'exposant du facteur p y serait 1 ou 2, et, par conséquent, non divisible par 3.

Par exemple, un cube ne peut pas être divisible par 2 sans l'être par 8 et par conséquent par 4; par 3, sans l'être par 27, et par conséquent par 9.

295. THÉORÈME VI. *Aucune fraction n'a pour cube un nombre entier.*

Soit $\dfrac{a}{b}$ une fraction que nous supposerons réduite à sa plus simple expression; son cube est évidemment $\dfrac{a^3}{b^3}$. Or, a étant premier avec b, a^3 l'est avec b^3; il est donc impossible que $\dfrac{a^3}{b^3}$ soit entier.

REMARQUE. a^3 étant premier avec b^3, $\dfrac{a^3}{b^3}$ est irréductible, et comme ses deux termes sont évidemment des cubes, on en conclut que le cube d'une fraction, étant réduit à sa plus simple expression, a toujours pour termes des cubes.

Définition de la racine cubique.

296. Lorsqu'un nombre A est le cube d'un autre nombre B, on dit que B est la racine cubique de A, et on l'écrit ainsi :

$$B = \sqrt[3]{A}.$$

Exemples. 8 étant le cube de 2, 2 est la racine cubique de 8. $\frac{27}{125}$ étant le cube de $\frac{3}{5}$, $\frac{3}{5}$ est la racine cubique de $\frac{27}{125}$, et l'on a

$$2 = \sqrt[3]{8}, \quad \frac{3}{5} = \sqrt[3]{\frac{27}{125}}.$$

297. Lorsqu'un nombre N n'est le cube d'aucun nombre entier ou fractionnaire, la définition de sa racine cubique exige quelques développements.

On dit qu'un nombre est plus grand ou plus petit que $\sqrt[3]{N}$, suivant que son cube est plus grand ou plus petit que N; d'après cela, pour définir *la grandeur dont* $\sqrt[3]{N}$ *est la mesure*, supposons qu'après avoir adopté, par exemple, une certaine unité de longueur, on regarde tous les nombres comme exprimant des longueurs portées sur une même ligne droite, à partir d'une même origine; une portion de cette ligne recevra les extrémités des longueurs mesurées par des nombres moindres que $\sqrt[3]{N}$, et une autre portion celles des longueurs mesurées par les nombres plus grands que $\sqrt[3]{N}$; entre ces deux régions il ne pourra évidemment exister aucun intervalle d'étendue finie, mais seulement un point de démarcation; la distance de l'origine à laquelle se trouve ce point est, par définition, mesurée par $\sqrt[3]{N}$.

Remarque. Nous nous sommes bornés à définir la *grandeur* dont $\sqrt[3]{N}$ est la mesure; et en effet, comme nous l'avons dit (**270**), il ne nous semble possible de définir un nombre qu'en indiquant comment la *grandeur* qu'il mesure peut se former au moyen de l'unité.

Racine cubique d'un nombre, à une unité près.

298. La racine cubique d'un nombre, à une unité près, est le plus grand nombre entier qui soit contenu dans sa racine cu-

bique; c'est, par conséquent, la racine du plus grand cube entier contenu dans ce nombre.

299. THÉORÈME I. *La racine cubique, à une unité près, d'un nombre qui n'est pas entier, est la même que celle de sa partie entière.*

Si, en effet, un nombre est compris entre deux entiers consécutifs N et N+1, le plus grand cube entier qui y soit contenu
est le plus grand cube entier inférieur ou égal à N; c'est donc
le plus grand cube entier contenu dans N.

EXEMPLE. $\frac{8033}{12}$ étant égal à $669\frac{5}{12}$, sa racine cubique, à une
unité près, est la même que celle de 669.

300. THÉORÈME II. *Si un nombre entier est exprimé par* $3n$, $3n-1$ *ou* $3n-2$ *chiffres, sa racine cubique, à une unité près, l'est par* n *chiffres.*

Si, en effet, un nombre a $3n-2$, $3n-1$ ou $3n$ chiffres, il est
plus petit que 10^{3n} et au moins égal à 10^{3n-3}, c'est-à-dire $10^{3(n-1)}$.
Sa racine cubique est donc moindre que 10^n et au moins égale
à 10^{n-1}; elle a, par conséquent, n chiffres à sa partie entière.

EXEMPLE. Si un nombre a 10 chiffres, sa racine cubique en
a 4; car 10 est égal à $3 \times 4 - 2$. S'il en a 20, sa racine en a 7,
car 20 est égal à $3 \times 7 - 1$.

301. Pour extraire la racine cubique des nombres entiers, il
est essentiel de connaître les cubes des 9 premiers nombres;
ces cubes sont :

$$1, \ 8, \ 27, \ 64, \ 125, \ 216, \ 343, \ 512, \ 729.$$

La connaissance de ces cubes permettra de dire, à la seule inspection d'un nombre moindre que 1000, quelle est sa racine
cubique, à une unité près.

EXEMPLE. La racine cubique de 613 est 8; car le plus grand
cube entier qui y soit contenu est 512.

Lorsqu'un nombre est plus grand que 1000, sa racine cubique,
à une unité près, a plus d'un chiffre. La méthode employée pour
la trouver repose sur les deux théorèmes suivants :

302. THÉORÈME III. *La racine cubique d'un nombre supérieur à 1000 contient précisément autant de dizaines qu'il y a d'unités dans la racine cubique du nombre de ses mille.*

Soit le nombre 832174513 : désignant par x le nombre des dizaines contenues dans sa racine cubique, cette racine est comprise entre $x \times 10$ et $(x+1) \times 10$; donc 832174513 l'est lui-même entre le cube de $x \times 10$ ou $x^3 \times 10^3$ et le cube de $(x+1) \times 10$ ou $(x+1)^3 \times 10^3$, c'est-à-dire entre $x^3 \times 1000$ et $(x+1)^3 \times 1000$, en sorte que le nombre de ses mille, ou 832174, est compris entre x^3 et $(x+1)^3$; la racine cubique de 832174 est donc égale à x.

303. REMARQUE. Le nombre des dizaines contenues dans la racine cubique d'un nombre entier, est, d'après ce qui précède, la racine cubique, à une unité près, du nombre obtenu en supprimant ses trois derniers chiffres; le nombre des dizaines contenues dans cette nouvelle racine est, par la même raison, la racine cubique du nombre obtenu en supprimant trois nouveaux chiffres; en supprimant encore trois chiffres, la racine cubique du nombre restant sera le nombre de dizaines contenues dans les dizaines de dizaines, et ainsi de suite. Mais les dizaines de dizaines sont des centaines, les dizaines de centaines sont des mille, etc..., par conséquent :

Le nombre des dizaines contenues dans la racine cubique d'un nombre entier, est la racine cubique du nombre obtenu en supprimant ses trois derniers chiffres.

Le nombre des centaines contenues dans la racine cubique d'un nombre entier, est la racine cubique du nombre obtenu en supprimant ses six derniers chiffres.

Le nombre des mille contenus dans la racine cubique d'un nombre entier, est la racine cubique du nombre obtenu en supprimant ses neuf derniers chiffres, etc....

304. THÉORÈME IV. *En retranchant d'un nombre entier le cube des dizaines de sa racine, et divisant le nombre des centaines du reste par le triple carré du nombre des dizaines de la racine, on obtient un quotient supérieur ou égal au chiffre de ses unités.*

Supposons, par exemple, que la racine cubique de 573217814

se compose de 83 dizaines, plus un certain nombre d'unités. Le cube de cette racine contiendra (**290**) le cube de 83 dizaines plus trois fois le produit du carré de 83 dizaines par les unités, plus trois fois le produit du carré des unités par 83 dizaines, plus le cube des unités. Le cube de 83 dizaines est 571787 mille ; en le retranchant de 573217814, le reste 1430814 devra contenir les trois autres parties du cube de la racine : or, la première de ces trois parties, le produit du chiffre des unités par le triple carré de 83 dizaines, c'est-à-dire par 20667 centaines, est un nombre exact de centaines qui doit être contenu dans les 14308 centaines de 1430814 ; par conséquent, le chiffre des unités ne peut surpasser le quotient de la division de 14308 par 20667. C'est précisément ce qu'il fallait démontrer.

505. Remarque I. Pour déterminer la valeur exacte du chiffre des unités, il faut essayer successivement la limite fournie par le théorème précédent, si elle est moindre que dix, et les nombres d'un chiffre qui lui sont inférieurs. Ces essais consistent à former le cube de la racine présumée ; si ce cube est contenu dans le nombre proposé, le chiffre essayé est bon, sinon il faut le diminuer.

Règle générale pour l'extraction de la racine cubique.

506. Les théorèmes précédents ramènent l'extraction de la racine cubique d'un nombre entier à celle d'un nombre qui a trois chiffres de moins. Par la même méthode on ramènera l'extraction de la racine de ce nombre à celle d'un autre plus simple encore, et ainsi de suite, jusqu'à ce qu'on parvienne à un nombre de un, deux ou trois chiffres dont (**501**) on apercevra immédiatement la racine.

On est ainsi conduit à la règle suivante :

1° *Pour extraire, à une unité près, la racine cubique d'un nombre entier, on le sépare en tranches de trois chiffres à partir de la droite ; le nombre de ces tranches, dont la dernière peut ne contenir que un ou deux chiffres, est égal à celui des chiffres de la racine.*

Si, en effet, il y a n tranches, le nombre proposé a $3n$ ou $3n - 1$ ou $3n - 2$ chiffres, et alors (**500**) sa racine cubique a n chiffres.

2° *Le premier chiffre de la racine est la racine cubique, à une unité près, du nombre exprimé par la première tranche.*

Considérons, par exemple, le nombre 83117451342, auquel nous rapporterons, pour fixer les idées, toutes les explications qui vont suivre. Le nombre des dizaines de sa racine cubique est (**502**) la racine cubique, à une unité près, de 83117451 ; le nombre de ses centaines est (**503**) la racine cubique, à une unité près, de 83117, et le nombre de ses mille (**503**) la racine cubique, à une unité près, de 83. Or, 83 est précisément la première tranche à gauche du nombre proposé. La seconde partie de la règle est donc démontrée, et la racine cubique de 83, c'est-à-dire 4, est le premier chiffre de la racine cherchée.

3° *Après avoir obtenu ce premier chiffre, on en forme le cube, et on le retranche du nombre exprimé par la première tranche ; à la suite du reste, on écrit les trois chiffres qui forment la seconde tranche, et on divise le nombre des centaines du nombre R ainsi obtenu, par le triple carré du premier chiffre de la racine. Le quotient est égal ou supérieur au second chiffre.*

Le nombre des centaines contenues dans la racine est, en effet, la racine cubique, à une unité près, de 83117. Pour trouver le nombre de ces centaines, c'est-à-dire les deux premiers chiffres de la racine cherchée, il suffit donc d'extraire la racine cubique de 83117, dont on connaît déjà le chiffre des dizaines 4. Pour cela, on retranchera de 83117 le cube des 4 dizaines de sa racine, et en divisant les centaines du reste par le triple carré de 4, on obtiendra (**304**) le chiffre des unités ou un chiffre trop fort.

Le cube de 4 dizaines est 64000, qui, retranchés de 83117, laissent pour reste 19117 ; en divisant 191 par 48, triple carré de 4, le quotient est 3. Le chiffre des unités de la racine de 83117, c'est-à-dire le second chiffre de la racine cherchée, ne peut donc pas surpasser 3.

4° *On détermine la valeur exacte de ce second chiffre, en essayant successivement le quotient trouvé, s'il est moindre que 10, et les nombres d'un chiffre qui lui sont inférieurs ; pour cela, on écrit le chiffre à essayer à la droite du premier chiffre de la racine ; on fait le cube du nombre ainsi obtenu ; si ce cube peut se retrancher du nombre formé par les deux premières tranches, le chiffre essayé est bon; sinon, il faut essayer le chiffre inférieur d'une unité.*

La racine cubique de 83117 étant, d'après ce qui précède, tout au plus égale à 43, si nous vérifions que 43 n'est pas plus grand que cette racine, il lui sera évidemment égal. Or, c'est là ce que l'on fait en formant le cube de 43 pour voir s'il peut se retrancher de 83117.

Le cube de 43 est 79507, qui, retranché de 83117, laisse pour reste 3610. Le chiffre 3 est donc bon.

5° *A la droite du reste obtenu dans l'essai qui a réussi, on écrit les trois chiffres de la troisième tranche, et on divise les centaines du nombre ainsi formé par le triple carré de l'ensemble des deux premiers chiffres de la racine; le quotient est supérieur ou égal au troisième chiffre.*

Le nombre des dizaines contenues dans la racine est, en effet (303), la racine cubique, à une unité près, de 83117451. Pour trouver ce nombre de dizaines, c'est-à-dire les trois premiers chiffres de la racine, il suffit donc d'extraire la racine cubique de 83117451, dont on connaît déjà le nombre des dizaines 43. Pour cela, on retranchera de 83117451 le cube des 43 dizaines de sa racine; en divisant les centaines du reste par le triple carré de ces dizaines, on obtiendra (304) pour quotient le chiffre des unités ou un chiffre trop fort.

L'excès de 83117451 sur le cube de 43 dizaines est 3610451; en divisant 36104 par 5547, triple carré de 43, on obtient 6 pour quotient. Le troisième chiffre de la racine est donc inférieur ou égal à 6.

6° *On détermine la valeur exacte de ce troisième chiffre en essayant successivement le quotient trouvé s'il est moindre que 10, et les nombres d'un chiffre qui lui sont inférieurs. Pour cela, on écrit le chiffre à essayer à la droite du nombre formé des deux premiers chiffres de la racine, et on forme le cube du nombre ainsi obtenu. Si ce cube peut se retrancher du nombre formé par l'ensemble des trois premières tranches, le chiffre essayé est bon; sinon il faut le diminuer d'une unité et l'essayer de nouveau.*

En effet, la racine cubique, à une unité près, de 83117451, étant, d'après ce qui précède, tout au plus égale à 436, si nous vérifions que 436 n'est pas plus grand que cette racine, il lui est nécessairement égal. Or, c'est ce que l'on fait en formant le cube de 436 pour voir s'il peut se retrancher de 83117451.

Le cube de 436 est 82881856 qui peut se retrancher de 83117451, le reste est 235595. Le chiffre 6 est donc bon; l'opération nous apprend en outre que l'excès de 83117451 sur le cube de 436 est 235595.

7° Lorsque l'on a trouvé le troisième chiffre, une marche toute semblable fournit le quatrième, puis le cinquième, etc.

Ceci n'a pas besoin d'explication. Dans le cas actuel, pour déterminer le quatrième chiffre de la racine, à la droite du reste 235595, on écrira la tranche suivante 342, et on formera le nombre 235595342 : on divisera le nombre de ses centaines 2355953 par le triple carré de 436 qui est 570288; le quotient est 4, et, par conséquent (**304**), le dernier chiffre de la racine ne peut être plus grand que 4. Le cube de 4364 est 83110180544, qui peut se retrancher de 83117451342 et laisse pour reste 7270798; le chiffre 4 est donc bon; la racine cubique de 83117451342 est par conséquent 4364, et le reste 7270798; on a par conséquent

$$83117451342 = (4364)^3 + 7270798,$$

résultat facile à vérifier.

307. Les calculs se disposent ordinairement de la manière suivante :

83,117,451,342	4364
19 117	48
3 610 451	5547
235 595 342	570288
7 270 798.	

Outre les calculs indiqués, il a fallu former successivement le cube de **43**, celui de 436 et celui de 4364. Ces calculs se font à part, et on n'écrit souvent que le résultat des soustractions qui apprennent si les chiffres essayés sont bons.

EXEMPLE. Soit à extraire la racine cubique de 377 149 515 625.

$$
\begin{array}{l|l}
\sqrt[3]{377\,149\,515\,625} & 7225 \\
\hline
343 & 147 \\
\hline
34\,149 & 15552 \\
30\,248 & 1563852 \\
\hline
3\,901\,515 & \\
3\,119\,048 & \\
\hline
782\,467\,625 & \\
782\,467\,625 & \\
\hline
0 &
\end{array}
$$

308. THÉORÈME. *Le reste obtenu dans l'extraction d'une racine cubique ne peut jamais surpasser le triple carré de la racine plus le triple de la racine.*

Soient, en effet, N un nombre entier, R sa racine cubique à une unité près ; le reste de l'opération est la différence $N - R^3$. Cette différence est moindre que $3R^2 + 3R + 1$; car sans cela, N serait au moins égal à $R^3 + 3R^2 + 3R + 1$, c'est-à-dire à $(R+1)^3$, et sa racine serait au moins égale à $R + 1$.

REMARQUE. Il arrive quelquefois que l'habitude du calcul faisant présumer qu'un chiffre à essayer est trop grand, on le diminue immédiatement d'une unité. En l'essayant après cette diminution, on s'assure qu'il n'est pas trop fort, et on saura qu'il n'est pas trop faible si le reste correspondant ne surpasse pas le triple carré du nombre formé par les chiffres déjà trouvés à la racine, plus le triple de ce nombre.

Calcul des racines cubiques à une approximation donnée.

309. Chercher la racine cubique de N à un nombre donné $\frac{1}{n}$ près, c'est chercher le plus grand multiple de $\frac{1}{n}$, contenu dans $\sqrt[3]{N}$. Une pareille recherche peut se ramener au calcul d'une racine cubique, à une unité près.

La valeur approchée de la racine étant, en effet, par définition, un multiple de $\frac{1}{n}$, est de la forme $\frac{x}{n}$; x étant entier, $\sqrt[3]{N}$ doit être

alors moindre que $\frac{x+1}{n}$, et par conséquent les trois nombres

$$\frac{x^3}{n^3}, \qquad N, \qquad \frac{(x+1)^3}{n^3},$$

sont rangés par ordre de grandeur.

En multipliant ces trois nombres par n^3, l'ordre de grandeur ne changera pas, et par conséquent, $N \times n^3$ est compris entre x^3 et $(x+1)^3$; x^3 est par suite le plus grand cube entier contenu dans $N \times n^3$, d'où il résulte (**298**) que x est la racine cubique de $N \times n^3$, à une unité près.

Nous pouvons donc énoncer la règle suivante :

Pour extraire la racine cubique du nombre N, *à un nombre donné* $\frac{1}{n}$ *près, il faut extraire, à une unité près, la racine cubique du produit* $N \times n^3$, *et diviser le résultat par* n.

EXEMPLE. Soit à extraire la racine cubique de $\frac{73}{5}$ à $\frac{1}{7}$ près. Multiplions $\frac{73}{5}$ par 343, cube de 7; le produit est $\frac{73 \times 343}{5}$, c'est-à-dire $\frac{25039}{5}$ ou 5007 $\frac{4}{5}$; sa racine cubique, à une unité près, la même que celle de 5007 (**299**), est 17; par conséquent la racine cubique de $\frac{73}{5}$ à $\frac{1}{7}$ près est $17 \times \frac{1}{7}$ ou $\frac{17}{7}$.

510. REMARQUE. Lorsque le dénominateur d'une fraction est un cube parfait b^3, pour obtenir sa racine cubique à $\frac{1}{b}$ près, il suffit d'extraire la racine cubique du numérateur, à une unité près, et de la diviser par b. En effet, pour extraire la racine cubique de $\frac{a}{b^3}$, à $\frac{1}{b}$ près, il faut (**309**) multiplier $\frac{a}{b^3}$ par b^3, extraire la racine cubique du produit a à une unité près, et diviser le résultat par b. Ce qui est précisément l'opération indiquée.

Pour extraire la racine cubique d'une fraction, lorsque le degré d'approximation n'est pas fixé, on commence souvent par rendre son dénominateur un cube parfait, et on profite alors de la remarque précédente. Pour cela il suffit de multiplier les deux termes de cette fraction par le carré du dénominateur.

Exemple. Soit à extraire la racine cubique de $\frac{73}{5}$, cette fraction est égale à $\frac{73 \times 5^2}{5^3} = \frac{1825}{125}$; pour avoir sa racine cubique à $\frac{1}{5}$ près, il suffit donc d'extraire, à une unité près, la racine cubique de 1825 qui est 12, et de la diviser par 5; la racine cubique de $\frac{73}{5}$ à $\frac{1}{5}$ près est donc $\frac{12}{5}$.

Quelquefois, pour rendre le dénominateur d'une fraction un cube parfait, on peut employer un multiplicateur moindre que le carré de son dénominateur : il suffit, en effet, que tous ses facteurs premiers acquièrent des exposants divisibles par 3, ce qui aura évidemment lieu si on multiplie le dénominateur par le produit de tous ceux de ses facteurs premiers dont l'exposant est de la forme $3n+2$, et par le carré de ceux dont l'exposant est de la forme $3n+1$.

Soit par exemple la fraction $\frac{197}{360} = \frac{197}{2^3 \times 3^2 \times 5}$. Pour rendre son dénominateur un cube parfait, on multipliera ses deux termes par 3×5^2, et elle deviendra $\frac{197 \times 3 \times 5^2}{2^3 \times 3^3 \times 5^3} = \frac{14775}{(30)^3}$. Pour avoir sa racine cubique à $\frac{1}{30}$ près, il suffit d'extraire, à une unité près, la racine cubique de 14775 qui est 24, et de la diviser par 30. La racine cubique de $\frac{197}{360}$ à $\frac{1}{30}$ près est donc $\frac{24}{30}$.

Calcul d'une racine cubique à $\frac{1}{10^n}$ près.

311. Supposons que le nombre N, dont on veut évaluer la racine cubique, soit réduit en décimales. D'après la règle précédente, pour extraire la racine à $\frac{1}{10^n}$ près, il faut le multiplier par 10^{3n}, extraire, à une unité près, la racine cubique du produit, et diviser le résultat par 10^n. Pour multiplier N par 10^{3n}, on avancera la virgule de $3n$ rangs vers la droite, et pour extraire, à une unité près, la racine cubique du produit, il suffit (**299**) d'opérer sur sa partie entière; par conséquent, *pour déterminer la racine cubique d'un nombre* N, *à* $\frac{1}{10^n}$ *près, il suffit* *de connaître les* 3n *premiers chiffres décimaux de la valeur de* N *en décimales* *.

Cas où le degré d'approximation n'est pas précisé.

512. Dans la plupart des cas, il n'y a aucun intérêt à connaître la racine cubique d'un nombre à un degré assigné d'approximation, et l'on doit chercher seulement le moyen d'en obtenir des valeurs de plus en plus approchées.

On doit alors procéder comme il suit :

Soit N un nombre, et a une valeur approchée de sa racine cubique, que nous supposons obtenue par un moyen quelconque ; désignons par $a + x$ la valeur exacte, nous aurons :

$$N = (a+x)^3 = a^3 + 3a^2 x + 3ax^2 + x^3,$$

d'où

$$\frac{N - a^3}{3a^2} = x + \frac{x^2}{a} + \frac{x^3}{3a^2} \,;$$

et si l'on remarque que x est très-petit par rapport à a, on peut négliger les termes en x^2 et x^3, comme étant beaucoup plus petits encore.

On aura donc approximativement

$$x = \frac{N - a^3}{3a^2}.$$

Si la valeur approchée a est moindre que la racine exacte, x est positif, et en adoptant pour racine

$$b = a + \frac{N - a^3}{3a^2},$$

b sera une valeur approchée par excès.

---

* On peut démontrer que les $3n$ premiers chiffres décimaux d'un nombre sont plus que suffisants pour déterminer sa racine cubique à $\frac{1}{10^n}$ près, et qu'en général il suffit de connaître les k premiers signes significatifs d'un nombre, pour obtenir k chiffres exacts à la racine ; en supposant, bien entendu, que le premier de ces chiffres ne soit pas un zéro.

Si, au contraire, a est une valeur approchée par excès, x est négatif, et la racine

$$b = a + \frac{N - a^3}{3a^2}$$

sera approchée par défaut.

L'erreur commise en remplaçant x par sa valeur approchée $\frac{N - a^3}{3a^2}$, sera égale à

$$\left(\frac{x^2}{a} + \frac{x^3}{3a^2} \right).$$

Par conséquent, si la valeur a est approchée à moins d'un millième de sa valeur, la seconde valeur

$$b = a + \frac{N - a^3}{3a^2}$$

est approchée à moins d'un millionième. En effet, si x est moindre que $\frac{a}{1000}$, le premier terme de l'erreur $\frac{x^2}{a}$ est moindre que $\frac{a}{1000000}$; quant au second terme de l'erreur $\frac{x^3}{3a^2}$, on le négligera, puisqu'il est moindre que $\frac{a}{3.10^9}$; si donc l'erreur commise sur a est moindre que le millième de sa valeur exacte, celle commise sur b n'en sera que le millionième tout au plus.

Il en résulte que, lorsqu'on a calculé la moitié des chiffres d'une racine cubique, on trouve les autres à une unité du dernier ordre près, en divisant le reste par le triple du carré de la partie déjà trouvée de la racine.

On pourra continuer ainsi indéfiniment; les résultats obtenus seront alternativement trop grands et trop petits, et chaque nouvelle opération donnera un nombre de chiffres exacts, double de celui de l'opération précédente.

EXEMPLE. Calculer la racine cubique de 6083.

Par la méthode ordinaire, on trouve d'abord 18,25, valeur exacte au quatrième chiffre; en divisant le reste par le triple carré de cette valeur approchée, on obtient encore 4 chiffres;

par conséquent la racine exacte, à un millionième près, est égale à 18,254613.

$$\sqrt[3]{6.0\,8\,3} \quad\Big|\quad 1\,8,2\,5$$

$\sqrt[3]{6.0\,8\,3}$	1 8,2 5
1	
	3
5 0.8 3	
4 8 3 2	
2 5 1 0.0 0	9 7 2
1 9 6 5 6 8	
5 4 4 3 2 0.0 0	9 9 3 7 2
4 9 8 2 2 6 2 5	
4 6 0 9 3 7 5	9 9 9 1 9
6 1 2 7 1	4 6 1 3
1 3 6 9	
3 1 0	

Comme dans la dernière division on ne cherche que 4 chiffres au quotient, on n'a besoin que des 5 premiers chiffres du diviseur.

REMARQUE. En mettant la formule

$$b = a + \frac{N - a^3}{3\,a^2}$$

sous la forme $\qquad\qquad b = \frac{2}{3}\,a + \frac{N}{3\,a^2},$

on peut immédiatement, et par une seule division, doubler le nombre des chiffres exacts de la racine, sans avoir besoin de chercher la différence entre le nombre donné et le cube de la valeur approchée a; on n'a qu'à effectuer la division du tiers du nombre donné par le carré de a.

EXEMPLE. Connaissant une première valeur approchée, par excès ou par défaut, de la racine cubique de

$$\pi = 3,1415926536$$
$$\sqrt[3]{\pi} = 1,4646$$

calculer la racine à 10 chiffres exacts.

$$\frac{\pi}{3} = 1047197551 \quad \begin{array}{|c} \dotsm \\ \hline 214505316 \end{array}$$

$$\begin{array}{r|r} 189176287 & 488191888 \\ 17572034 \\ 4116\ 09 \\ 197104 \\ 4049 \\ 1904 \\ 188 \\ 16 \end{array}$$

or $$\frac{2}{3} \times 1,4646 = 0,94764$$

et en ajoutant le quotient trouvé = 0,48819 1888

$$\sqrt[3]{\pi} = 1.46459\ 1888$$

valeur exacte au dixième chiffre décimal.

290. Cube de la somme de deux nombres. — Différence de deux cubes entiers consécutifs. — **291.** Cube d'un produit. — **292.** Le cube d'un nombre entier est terminé par le même chiffre que le cube du chiffre de ses unités. — **293.** Le cube d'un nombre entier ne peut être terminé par un nombre de zéros qui ne soit pas divisible par 3. — **294.** La condition nécessaire et suffisante pour qu'un nombre entier soit le cube d'un autre nombre entier, est que les exposants de ses facteurs premiers soient tous divisibles par 3. — Un cube divisible par un nombre premier p, l'est aussi par p^2 et p^3. — **295.** Aucune fraction n'a pour cube un nombre entier. — **296.** Définition de la racine cubique, lorsque le nombre est un cube parfait. — **297.** Définition de la racine cubique lorsqu'elle est incommensurable. On se borne à définir la grandeur dont elle est la mesure. Il est impossible de définir autrement un nombre abstrait. — **298.** Racine cubique d'un nombre à une unité près. — **299.** Elle est la même que celle de la partie entière. — **300.** Si un nombre entier est exprimé par $3n$, $3n-1$ ou $3n-2$ chiffres, sa racine cubique, à une unité près, le sera par n chiffres. — **301.** Lorsqu'un nombre est moindre que 1000, la connaissance des neuf premiers cubes entiers fait immédiatement connaître sa racine cubique à une unité près. — **302.** La racine cubique d'un nombre contient précisément autant de dizaines qu'il y a d'unités dans la racine cubique du nombre de ses mille. — **303.** On en conclut que le nombre des centaines contenues dans la racine cubique d'un nombre entier est la racine cubique du nombre obtenu en supprimant les six derniers chiffres. — Le nombre des mille est la racine cubique du nombre obtenu en supprimant les neuf derniers chiffres, etc. — **304.** En retranchant d'un nombre entier le cube des dizaines de sa racine, et divisant le résultat par le triple carré du nombre de ses dizaines, on obtient un quotient supérieur ou égal au chiffre de ses unités. — **305.** Ayant une limite supérieure au chiffre des unités, on peut, par des essais, calculer sa valeur exacte. — **306.** Les théorèmes précédents permettent d'énoncer la règle générale pour l'extraction de la racine cubique d'un nombre entier, à une unité près. — **307.** Manière de disposer l'opération. — **308.** Le reste est moindre que trois fois le carré de la racine plus trois fois la racine plus 1. — **309.** Pour calculer la racine cubique d'un nombre N, à un nombre donné b près, il faut diviser N par b^3, extraire, à une unité près, la racine cubique du quotient, et multiplier le résultat par b. — **310.** Approximations dans le cas d'une fraction dont le dénominateur est un cube parfait. — Moyen de rendre le plus simplement possible le dénominateur d'une fraction égal à un cube. — **311.** Racine cubique à $\frac{1}{10^n}$ près.

— **312.** Racine cubique avec une approximation indéterminée.

EXERCICES.

I. Un nombre entier étant donné, comment pourra-t-on s'assurer s'il est la différence de deux cubes consécutifs, et trouver ces deux cubes?

II. a et b désignant deux nombres quelconques, $b^6 + a^4b^2 + a^2b^4 + b^4$ est-il plus grand ou plus petit que le cube de $(a^2 + b^2)$?

III. La somme des cubes des premiers nombres entiers est égale au carré de la somme de ces nombres.

IV. Si deux nombres entiers, A et B, ont le même nombre de chiffres, et qu'ils aient plus de la moitié des chiffres à gauche en commun, on a

$$\sqrt[3]{A} - \sqrt[3]{B} < \tfrac{1}{3}.$$

V. Vérifier l'égalité

$$\sqrt[3]{20 + 14\sqrt{2}} + \sqrt[3]{20 - 14\sqrt{2}} = 4.$$

VI. Calculer la valeur de

$$\frac{\sqrt[3]{5,12} + \sqrt[3]{0,03375}}{\sqrt[3]{80} - \sqrt[3]{0.01}}.$$

VII. Extraire à $\frac{1}{1000}$ près les racines cubiques des nombres $\left(45 + 29\sqrt{2}\right)$ et $\left(88 - 50\sqrt{2}\right)$, et faire ensuite la somme des racines.

CHAPITRE XVI.

THÉORIE DES NOMBRES INCOMMENSURABLES.
COMPLÉMENT DES DEUX CHAPITRES PRÉCÉDENTS.

Généralités sur les nombres incommensurables.

313. Quand deux grandeurs n'ont pas de commune mesure, leur rapport ne peut être représenté par aucun nombre entier ou fractionnaire. Il existe de pareilles grandeurs. Nous avons vu, par exemple, que si un nombre n'est pas un carré ou un cube parfait, sa racine carrée ou cubique représente une grandeur parfaitement déterminée, qui n'a pas de commune mesure avec l'unité.

Un nombre incommensurable ne peut se définir qu'en indiquant comment la grandeur qu'il exprime peut se former au moyen de l'unité. Dans ce qui suit, nous supposons que cette définition consiste à indiquer quels sont les nombres commensurables plus petits ou plus grands que lui; on peut alors concevoir la grandeur dont il est la mesure, comme servant de limite commune à celles qui sont représentées par des nombres plus grands ou plus petits, absolument comme on l'a indiqué à l'occasion des racines carrées (**273**).

Addition et soustraction des nombres incommensurables.

314. Ajouter ou soustraire deux nombres incommensurables, c'est trouver un nombre exprimant la somme ou la différence des grandeurs exprimées par les nombres proposés.

Multiplication.

315. Si le multiplicateur est commensurable, il n'y a aucune modification à apporter à la définition.

EXEMPLE. Le produit de $\sqrt{2}$ par 7 est un nombre exprimant une grandeur 7 fois plus grande que celle qu'exprime $\sqrt{2}$. Le produit de $\sqrt{2}$ par $\frac{3}{4}$ est un nombre exprimant une grandeur égale aux trois quarts de celle qu'exprime $\sqrt{2}$.

Si le multiplicateur est incommensurable, il faut une définition nouvelle. Nous appellerons produit d'un nombre A par un nombre incommensurable B, un nombre moindre que le produit de A par un nombre commensurable quelconque supérieur à B, et plus grand que le produit de A par un nombre commensurable quelconque moindre que B.

Division.

516. Diviser deux nombres A et B l'un par l'autre, c'est trouver un troisième nombre qui, multiplié par le diviseur B, reproduise le dividende A. Cette définition s'applique, quels que soient les nombres A et B, commensurables ou incommensurables.

Racines carrées et cubiques.

517. La racine carrée ou cubique d'un nombre incommensurable est un nombre qui, pris deux ou trois fois comme facteur, donne un produit égal au nombre donné.

REMARQUE. La seule opération qui exige une définition véritablement nouvelle est celle de la multiplication; toutes les autres se rattachent à celle-là.

Théorèmes relatifs aux nombres incommensurables.

518. THÉORÈME I. *On peut toujours trouver deux nombres commensurables ayant une différence aussi petite que l'on voudra, et qui comprennent entre eux un nombre incommensurable donné.*

Soit n un nombre entier quelconque; si l'on considère la suite

$$0, \frac{1}{n}, \frac{2}{n}, \frac{3}{n}, \frac{4}{n}, \frac{5}{n}, \text{etc.},$$

on voit que ses termes augmentent sans limite, et comme ils commencent à 0, le nombre donné, quel qu'il soit, est nécessairement compris entre deux d'entre eux, $\dfrac{x}{n}$ et $\dfrac{x+1}{n}$; et l'on peut prendre n assez grand pour que leur différence $\dfrac{1}{n}$ soit aussi petite qu'on le voudra.

319. REMARQUE. D'après le théorème précédent, nous admettrons, comme évident, que les théorèmes suivants, qui ont été démontrés pour des nombres commensurables quelconques, s'appliquent aussi à des nombres incommensurables.

Dans un produit de plusieurs facteurs, on peut changer l'ordre des facteurs.

Pour multiplier un nombre par le produit de plusieurs facteurs, on peut le multiplier successivement par ces divers facteurs.

Pour multiplier un produit par un nombre, il suffit de multiplier un de ses facteurs par ce nombre.

Pour multiplier un produit par un autre produit, il suffit de former un produit unique avec les facteurs du multiplicande et ceux du multiplicateur.

Pour multiplier deux puissances d'un même nombre, il suffit d'ajouter les exposants.

*Les théorèmes relatifs au calcul des expressions fractionnaires de la forme $\dfrac{a}{b}$ (**167**), s'appliquent au cas où a et b désignent des nombres incommensurables.*

Complément des deux chapitres relatifs aux racines carrées et cubiques.

320. THÉORÈME I. *La racine carrée d'un produit est égale au produit des racines carrées des facteurs.*

Soient a, b, c, d des facteurs quelconques; il faut prouver que

$$\sqrt{a \times b \times c \times d} = \sqrt{a} \times \sqrt{b} \times \sqrt{c} \times \sqrt{d}.$$

Pour prouver que le second membre est égal à $\sqrt{a \times b \times c \times d}$, il suffit de faire voir que son carré est $a \times b \times c \times d$. Or, on a, d'après les théorèmes énoncés (**319**) :

$$(\sqrt{a} \times \sqrt{b} \times \sqrt{c} \times \sqrt{d})^2 = \sqrt{a} \times \sqrt{b} \times \sqrt{c} \times \sqrt{d} \times \sqrt{a} \times \sqrt{b} \times \sqrt{c} \times \sqrt{d}$$

$$= (\sqrt{a})^2 \times (\sqrt{b})^2 \times (\sqrt{c})^2 \times (\sqrt{d})^2 = a \times b \times c \times d.$$

Ce qui démontre la proposition énoncée.

521. REMARQUE I. Le même théorème s'applique à la racine cubique d'un produit : la démonstration est absolument la même.

522. REMARQUE II. Le théorème précédent permet de calculer le produit de plusieurs racines carrées ou de plusieurs racines cubiques.

EXEMPLE. *Soit à calculer* $\sqrt{2} \times \sqrt{3} \times \sqrt{5}$.

On a $\qquad\qquad \sqrt{2} \times \sqrt{3} \times \sqrt{5} = \sqrt{30}$;

il suffit donc d'extraire la racine carrée du nombre 30. Les méthodes indiquées au chapitre XIV permettront de la calculer avec telle approximation qu'on le voudra.

$$\sqrt{30} = 5,47722 \quad 55750 \quad 51661.$$

523. REMARQUE III. Le même théorème permet de calculer le produit d'une racine carrée ou cubique par un nombre commensurable; car tout nombre commensurable peut être considéré comme étant lui-même une racine carrée ou cubique.

EXEMPLE. *Soit à calculer* $7 \sqrt[3]{9}$.

On a $\qquad\qquad 7 = \sqrt[3]{343}$;

et par conséquent,

$$7 \sqrt[3]{9} = \sqrt[3]{343} \times \sqrt[3]{9} = \sqrt{9 \times 343} = \sqrt[3]{3087} ;$$

il suffit donc d'extraire la racine cubique du nombre 3087, et les méthodes du chapitre XV permettront de la calculer avec telle approximation qu'on le voudra.

$$\sqrt[3]{3087} = 14,5605868.$$

524. Théorème II. *La racine carrée d'une expression fraction-naire $\frac{a}{b}$ est égale à $\frac{\sqrt{a}}{\sqrt{b}}$.*

Il faut prouver que

$$\sqrt{\frac{a}{b}} = \frac{\sqrt{a}}{\sqrt{b}}.$$

Pour prouver que le second membre est égal à $\sqrt{\frac{a}{b}}$, il suffit de faire voir que son carré est $\frac{a}{b}$; or, on a (**319**) :

$$\left(\frac{\sqrt{a}}{\sqrt{b}}\right)^2 = \frac{\sqrt{a}}{\sqrt{b}} \times \frac{\sqrt{a}}{\sqrt{b}} = \frac{(\sqrt{a})^2}{(\sqrt{b})^2} = \frac{a}{b};$$

ce qui démontre la proposition énoncée.

525. Remarque I. Le même théorème s'applique à la racine cubique d'une expression fractionnaire. La démonstration est absolument la même.

526. Remarque II. Le théorème précédent permet de calculer le rapport de deux racines carrées ou celui de deux racines cubiques.

Exemple I. *Soit à calculer $\frac{\sqrt{2}}{\sqrt{5}}$.*

On a
$$\frac{\sqrt{2}}{\sqrt{5}} = \sqrt{\frac{2}{5}};$$

il suffit donc d'extraire la racine carrée de la fraction $\frac{2}{5}$, et les méthodes du chapitre xiv permettront de la calculer avec telle approximation que l'on voudra.

On trouve : $\sqrt{\frac{2}{5}} = \sqrt{0,40} = 0,63245553.$

527. Remarque III. Le même théorème permettra de calculer le quotient de la division d'une racine carrée ou cubique par un nombre commensurable, ou d'un nombre commensurable par une racine carrée ou cubique ; car tout nombre commensurable peut être considéré comme une racine carrée ou cubique.

EXEMPLE I. *Soit à calculer* $\dfrac{\sqrt{7}}{5}$.

On aura
$$\frac{\sqrt{7}}{5} = \frac{\sqrt{7}}{\sqrt{25}} = \sqrt{\frac{7}{25}},$$

et il suffira, par conséquent, d'extraire la racine carrée de la fraction $\frac{7}{25}$.

$$\tfrac{1}{5}\sqrt{7} = \sqrt{\tfrac{7}{25}} = 0,52915026.$$

EXEMPLE II. *Soit à calculer* $\dfrac{3}{\sqrt[3]{11}}$.

On a
$$\frac{3}{\sqrt[3]{11}} = \frac{\sqrt[3]{27}}{\sqrt[3]{11}} = \sqrt[3]{\frac{27}{11}} = \frac{\sqrt[3]{27 \times 11^2}}{11} = \tfrac{1}{11}\sqrt[3]{3267};$$

et il suffira, par conséquent, d'extraire la racine cubique de 3267 et de la diviser par 11. Le résultat sera $\frac{1}{11}\sqrt[3]{3267} = 1,34893294$.

Racine carrée des nombres incommensurables.

528. Pour extraire la racine carrée d'un nombre A, à un nombre donné $\dfrac{1}{n}$ près, il faut multiplier A par n^2, extraire la racine carrée du produit, à une unité près, et diviser le résultat par n. Cette règle s'applique sans modification au cas où A est incommensurable.

EXEMPLE. *Soit à calculer à* $\frac{1}{7}$ *près* $\sqrt{11 + \sqrt{28}}$.

Le nombre dont il faut extraire la racine carrée est ici $11 + \sqrt{28}$; c'est donc cette somme qu'il faut multiplier par 7^2 ou 49 : le produit est

$$11 \times 49 + 49\sqrt{28} = 11 \times 49 + \sqrt{28 \times (49)^2};$$

on calculera donc, à une unité près, la racine carrée du produit

$28 \times (49)^2$, on lui ajoutera 11×49, on extraira la racine carrée du résultat, à une unité près, et on la divisera par 7.

On aura : $11 \times 49 + \sqrt{28 \times 49^2} = 539 + \sqrt{67\,228}$
$$= 539 + 259$$
$$= 798.$$

Mais $\sqrt{798} = 28$, à une unité près; donc la racine demandée à $\frac{1}{7}$ près est égale à 4.

Remarque. Quand le degré d'approximation demandé est mesuré par un nombre de la forme $\frac{1}{10^n}$, on peut se servir de la remarque faite (286).

Exemple. *Soit à calculer à $\frac{1}{100}$ près* $\sqrt{17 + \sqrt[3]{11}}$.

Pour calculer la racine carrée de ce nombre à $\frac{1}{100}$ près, il suffit de connaître quatre décimales exactes dans la valeur de ce nombre; on commencera donc par calculer $17 + \sqrt[3]{11}$ à $\frac{1}{10000}$ près : pour cela, on extraira $\sqrt[3]{11}$ à $\frac{1}{10000}$ près, et l'on ajoutera 17 au résultat. On multipliera cette somme par 10000, on extraira la racine carrée du produit, à une unité près, et on la divisera par 100.

Or $\qquad\qquad \sqrt[3]{11} = 2,2239,$

et $\qquad\qquad 17 + \sqrt[3]{11} = 19,2239;$

ensuite $\qquad\qquad \sqrt{192239} = 438;$

donc la racine demandée est 4,38.

Racine cubique des nombres incommensurables.

329. Pour extraire la racine cubique d'un nombre A à un nombre donné $\frac{1}{n}$ près, il faut (309) multiplier A par n^3, extraire la racine cubique du produit, à une unité près, et diviser le résultat par n. Cette règle s'applique sans modification au cas où A est incommensurable.

EXEMPLE. *Soit à calculer à $\frac{1}{12}$ près* $\sqrt[3]{15 + \sqrt{17}}$.

Le nombre dont il faut extraire la racine cubique est ici $15 + \sqrt{17}$: c'est donc cette somme qu'il faut multiplier par le cube de 12 ou 1728 : le produit est

$$15 \times 1728 + 1728 \times \sqrt{17} = 15 \times 1728 + \sqrt{17 \times (1728)^2};$$

on calculera donc, à une unité près, la racine carrée du produit $17 \times (1728)^2$, on y ajoutera 15×1728, on extraira, à une unité près, la racine cubique du résultat, et on la divisera par 12.

L'ensemble du calcul sera :

$$1728^2 = 2985984,$$
$$17 \times 1728^2 = 50761728,$$
$$\sqrt{50761728} = 7124,$$
$$15 \times 1728 = 25920,$$
$$\sqrt[3]{33044} = 32;$$

par conséquent la racine, à $\frac{1}{12}$ près, sera $\frac{32}{12}$ ou $2\frac{2}{3}$.

330. REMARQUE. Quand le degré d'approximation demandé est mesuré par un nombre de la forme $\frac{1}{10^n}$, on peut se servir de la remarque faite (**311**).

EXEMPLE. *Soit à calculer à $\frac{1}{10}$ près* $\sqrt[3]{7 + \sqrt{132}}$.

Pour calculer la racine cubique d'un nombre à $\frac{1}{10}$ près, c'est-à-dire avec une décimale exacte, il suffit (**311**) de connaître 3 décimales exactes dans la valeur de ce nombre. On commencera donc par calculer $7 + \sqrt{132}$, à $\frac{1}{1000}$ près ; pour cela, on calculera $\sqrt{132}$, à $\frac{1}{1000}$ près, on ajoutera 7 au résultat ; puis on multipliera la somme par 1000, on extraira la racine cubique du produit, à une unité près, et on la multipliera par $\frac{1}{10}$.

On aura :

$$\sqrt{132} = 11,489,$$
$$7 + \sqrt{132} = 18,489,$$
$$\sqrt[3]{18489} = 26;$$

donc

$$\sqrt[3]{18,489} = 2,6,$$

valeur demandée.

Racines quatrièmes.

351. La racine quatrième d'un nombre A est le nombre dont la quatrième puissance est A.

THÉORÈME. *La racine quatrième d'un nombre est la racine carrée de sa racine carrée.*

Soit A un nombre quelconque; sa racine quatrième est désignée par $\sqrt[4]{A}$, et l'on a

$$A = \sqrt[4]{A} \times \sqrt[4]{A} \times \sqrt[4]{A} \times \sqrt[4]{A};$$

ce que l'on peut écrire (**319**)

$$A = (\sqrt[4]{A})^2 \times (\sqrt[4]{A})^2.$$

d'où il résulte que $(\sqrt[4]{A})^2$ est la racine carrée de A, et que, par conséquent, $\sqrt[4]{A}$ est la racine carrée de la racine carrée de A; on a donc

$$\sqrt[4]{A} = \sqrt{\sqrt{A}}.$$

REMARQUE. Le théorème précédent permet d'extraire la racine quatrième d'un nombre avec une approximation donnée.

EXEMPLE I. *Calculer $\sqrt[4]{1726\frac{2}{3}}$ à une unité près.*

On a $\sqrt[4]{1726\frac{2}{3}} = \sqrt{\sqrt{1726\frac{2}{3}}};$

Il s'agit donc d'extraire, à une unité près, la racine carrée du nombre $\sqrt{1726\frac{2}{3}}$: pour cela, il suffit (**275**) d'opérer sur la partie entière de ce nombre; on cherchera donc la racine carrée, à une unité près, de 1726, et on extraira ensuite la racine carrée du résultat, à une unité près.

$$\sqrt[4]{1726} = \sqrt{41} = 6.$$

EXEMPLE II. *Calculer $\sqrt[4]{12,5178214}$ à un dixième près.*

On a $\sqrt[4]{12,5178214} = \sqrt{\sqrt{12,5178214}};$

il s'agit donc d'extraire, à un dixième près, la racine carrée du nombre $\sqrt{12,5178214}$: pour cela, il faut calculer ce nombre à

$\frac{1}{100}$ près. Or pour calculer $\sqrt{12,5178214}$ à $\frac{1}{100}$ près, on extraira, à une unité près, la racine carrée de 125178, et on la divisera par 100; on extraira ensuite la racine carrée du résultat à $\frac{1}{10}$ près.

$$\sqrt[4]{12,5178} = \sqrt{3,53} = 1,8.$$

Racines huitièmes.

552. La racine huitième d'un nombre A est le nombre dont la huitième puissance est A.

THÉORÈME. *La racine huitième d'un nombre est la racine carrée de sa racine quatrième.*

Soit, en effet, un nombre quelconque A; sa racine huitième est désignée par $\sqrt[8]{A}$, et l'on a

$$A = \sqrt[8]{A} \times \sqrt[8]{A} \times \sqrt[8]{A} \times \sqrt[8]{A} \times \sqrt[8]{A} \times \sqrt[8]{A} \times \sqrt[8]{A} \times \sqrt[8]{A};$$

ce que l'on peut écrire (**319**)

$$A = (\sqrt[8]{A})^2 \times (\sqrt[8]{A})^2 \times (\sqrt[8]{A})^2 \times (\sqrt[8]{A})^2;$$

d'où il résulte que $(\sqrt[8]{A})^2$ est la racine quatrième de A; et, par conséquent, $\sqrt[8]{A}$ est la racine carrée de la racine quatrième de A; on a donc

$$\sqrt[8]{A} = \sqrt{\sqrt[4]{A}};$$

et, d'après la valeur de $\sqrt[4]{A}$ (**331**),

$$\sqrt[8]{A} = \sqrt{\sqrt{\sqrt{A}}}.$$

REMARQUE. Le théorème précédent permet d'extraire la racine huitième d'un nombre avec une approximation donnée.

EXEMPLE. *Calculer* $\sqrt[8]{1347,45}$ *à une unité près.*

On a

$$\sqrt[8]{1347,45} = \sqrt{\sqrt[4]{1347,45}};$$

il s'agit donc d'extraire, à une unité près, la racine carrée du nombre $\sqrt[4]{1347,45}$; pour cela, il suffit d'opérer sur la partie entière de ce nombre ; on calculera donc d'abord $\sqrt[3]{1347}$, à une unité près (**351**) ; puis on extraira la racine carrée du résultat à une unité près.

Racines sixièmes.

353. La racine sixième du nombre A est le nombre qui, élevé à la sixième puissance, reproduit A.

THÉORÈME. *La racine sixième d'un nombre est la racine carrée de sa racine cubique.*

Soit, en effet, A un nombre quelconque ; sa racine sixième étant désignée par $\sqrt[6]{A}$, on a

$$A = \sqrt[6]{A} \times \sqrt[6]{A} \times \sqrt[6]{A} \times \sqrt[6]{A} \times \sqrt[6]{A} \times \sqrt[6]{A};$$

ce qui peut s'écrire (**319**)

$$A = (\sqrt[6]{A})^2 \times (\sqrt[6]{A})^2 \times (\sqrt[6]{A})^2;$$

d'où il résulte que $(\sqrt[6]{A})^2$ est la racine cubique de A ; et, par conséquent, $\sqrt[6]{A}$ est la racine carrée de $\sqrt[3]{A}$. On a donc :

$$\sqrt[6]{A} = \sqrt{\sqrt[3]{A}}.$$

REMARQUE I. On démontrerait de même que la racine sixième d'un nombre A est égale à la racine cubique de sa racine carrée.

REMARQUE II. Le théorème précédent permet d'extraire la racine sixième d'un nombre avec une approximation donnée.

EXEMPLE. *Calculer* $\sqrt[6]{1532,4531452}$ *à* $\frac{1}{10}$ *près.*

On a $\sqrt[6]{1532,4531452} = \sqrt[3]{\sqrt{1532,4531452}};$

il s'agit donc d'extraire, à $\frac{1}{10}$ près, la racine carrée du nombre 1532,45. Il faut pour cela, calculer cette racine à $\frac{1}{10}$ près, opération que l'on sait effectuer ; puis extraire la racine cubique du résultat à $\frac{1}{10}$ près.

$$\sqrt{1532,45} = 39,1,$$
$$\sqrt[3]{39,1} = 3,3.$$

Produit d'une racine carrée par une racine cubique.

354. La racine carrée d'un nombre est égale à la racine sixième de son cube, et sa racine cubique, à la racine sixième de son carré. On peut donc regarder le produit d'une racine carrée par une racine cubique comme le produit de deux racines sixièmes. Or, on démontrera absolument, comme pour les racines carrées et cubiques, que le produit des racines sixièmes de deux nombres est égal à la racine sixième de leur produit; en sorte qu'en désignant par a et b deux nombres quelconques, on a

$$\sqrt{a} \times \sqrt[3]{b} = \sqrt[6]{a^3} \times \sqrt[6]{b^2} = \sqrt[6]{a^3 \times b^2}.$$

D'après cela, on pourra toujours calculer, avec une approximation donnée, le produit d'une racine carrée par une racine cubique.

515. Un nombre incommensurable ne peut se définir qu'en indiquant comment la grandeur qu'il mesure dérive de l'unité. On conçoit, en général, cette grandeur comme la limite commune de celles qui sont mesurées par des nombres commensurables plus grands ou plus petits. — **514.** Définition de l'addition et de la soustraction des nombres incommensurables. — **515.** De la multiplication. — **316.** De la division. — **517.** De la racine carrée ou cubique. La seule opération qui exige une définition véritablement nouvelle est la multiplication. — **318.** Un nombre incommensurable est toujours compris entre deux nombres commensurables aussi peu différents qu'on le désire. — **319.** D'après cela il existe toujours des nombres commensurables différant aussi peu que l'on veut de nombres incommensurables donnés, et l'on admet, comme évidents, les théorèmes suivants : dans un produit de facteurs incommensurables on peut changer l'ordre des facteurs; pour multiplier par un nombre un produit de facteurs incommensurables, il suffit de multiplier l'un deux; pour multiplier deux produits l'un par l'autre, il faut former un produit unique avec tous leurs facteurs; pour multiplier deux puissances d'un même nombre, il faut ajouter leurs exposants. Les règles relatives aux expressions fractionnaires de la forme $\frac{a}{b}$ s'appliquent au cas où a et b sont incommensurables. — **520.** La racine carrée d'un produit est le produit des racines carrées des facteurs.

— 321. Le théorème s'applique aux racines cubiques; la démonstration est la même. — 322. Les deux théorèmes précédents permettent de calculer le produit de plusieurs racines carrées ou cubiques. — 323. On peut de même calculer le produit d'une racine carrée ou cubique par un nombre commensurable. — 324. La racine carrée d'une expression fractionnaire $\frac{a}{b}$ est égale à $\frac{\sqrt{a}}{\sqrt{b}}$. — 325. Le même théorème s'applique à la racine cubique. — 326. On peut calculer le rapport de deux racines carrées ou cubiques. — 327. Ou le rapport d'une racine carrée ou cubique à un nombre commensurable. — 328. Racine carrée d'un nombre incommensurable A, à moins de $\frac{1}{n}$ près; on multiplie A par n^2, on extrait la racine carrée, à une unité près, du produit, et on la divise par n. — 329. Règle analogue pour les racines cubiques. — 330. Cas où le degré d'approximation est la forme $\frac{1}{10^n}$. — 331. La racine quatrième d'un nombre est la racine carrée de sa racine carrée. — 332. La racine huitième est la racine carrée de la racine quatrième. — 333. La racine sixième est la racine carrée de la racine cubique, ou la racine cubique de la racine carrée. — 334. Le produit d'une racine carrée par une racine cubique peut s'exprimer par une racine sixième.

EXERCICES.

I. A et B étant deux nombres commensurables, trouver les conditions qu'ils doivent remplir, pour que $\sqrt[2]{A}$ et $\sqrt[2]{B}$ soient commensurables entre eux. Même question pour $\sqrt[3]{A}$ et $\sqrt[3]{B}$, $\sqrt[2]{A}$ et $\sqrt[3]{B}$.

II. Démontrer l'égalité

$$\frac{2+\sqrt{3}}{\sqrt{2}+\sqrt{2+\sqrt{3}}} + \frac{2-\sqrt{3}}{\sqrt{2}-\sqrt{2-\sqrt{3}}} = \sqrt{2}.$$

III. Démontrer l'égalité

$$\sqrt[3]{6+\sqrt{\frac{847}{27}}} + \sqrt[3]{6-\sqrt{\frac{847}{27}}} = 3.$$

IV. La racine carrée d'un nombre entier ou fractionnaire est incommensurable avec sa racine cubique, à moins que le nombre ne soit une sixième puissance.

CHAPITRE XVII.

THÉORIE DES PROGRESSIONS.

I. PROGRESSIONS PAR DIFFÉRENCE.

335. Une progression par différence est une suite de nombres tels que la différence de l'un d'eux au précédent soit constante : cette différence se nomme *raison* de la progression.

EXEMPLE. Les nombres entiers 1, 2, 3, 4... forment une progression par différence dont la raison est 1.

Pour indiquer que des nombres forment une progression, on les écrit à la suite les uns des autres, en les faisant précéder du signe ÷, et plaçant un point dans chaque intervalle. Exemple :

$$\div 5.10.15.20.25\ldots$$

est une progression dont la raison est 5.

REMARQUE. Si l'on écrit en sens inverse les termes d'une progression, la différence d'un terme au précédent reste la même, mais elle change de sens. Ainsi la progression précédente peut s'écrire :

$$\div 25.20.15.10.5.$$

Valeur d'un terme de rang quelconque dans une progression.

336. Dans une progression croissante, chaque terme peut se former en ajoutant la raison au précédent ; il en résulte que, pour former un terme de rang quelconque, il faut ajouter au premier autant de fois la raison qu'il y a de termes avant celui que l'on considère.

Dans une progression décroissante, un terme de rang quelconque est, au contraire, égal au premier, diminué d'autant de fois la raison qu'il y a de termes avant celui que l'on considère.

Exemple. Dans la progression :

$$\div 4.9.14.19.24.29.34$$

le terme 34 est égal à 4 augmenté de 6 fois 5 ou 30.

Remarque. a étant le premier terme d'une progression croissante, et r sa raison, le $n^{\text{ième}}$ terme est égal à $a+(n-1)\times r$. Si la progression est décroissante, a et r désignant toujours le premier terme et la raison, la valeur du $n^{\text{ième}}$ terme est $a-(n-1)\times r$.

Insertion de moyens arithmétiques.

557. Insérer m moyens arithmétiques entre deux nombres, a et l, c'est former une progression dont a et l soient les termes extrêmes et dont ces m moyens soient les termes intermédiaires.

Pour calculer ces moyens et la raison de la progression qu'ils forment, remarquons que cette progression aura $m+2$ termes; le dernier terme l, que nous supposerons plus grand que a, sera donc (556) égal à a augmenté de $(m+1)$ fois la raison. L'excès de l sur a est donc égal à $m+1$ fois la raison cherchée, et, par conséquent, cette raison r est $\dfrac{l-a}{m+1}$. Connaissant la raison et le premier terme, on formera sans peine tous les autres.

Problème. Insérer 9 moyens arithmétiques entre 4 et 11.

La raison r est égale à $\dfrac{11-4}{10} = 0,7$; donc la progression sera

$$4.4,7.5,4.6,1.6,8.7,5.8,2.8,9.9,6.10,3.11.$$

558. Remarque. La raison ne dépend que de la différence $l-a$ et du nombre des moyens insérés. Il en résulte que si l'on considère une progression

$$a.b.c.d....k.l,$$

et que l'on insère m moyens entre a et b, m entre b et c, m entre c et d, etc., les progressions ainsi formées auront toutes même raison, et comme le dernier terme de l'une est le premier de la suivante, on pourra les considérer comme n'en faisant qu'une seule.

559. Remarque II. Quel que soit le nombre de moyens insérés entre deux nombres a et l, la raison de la progression obtenue est le quotient de la division de $l - a$ par un nombre entier. Réciproquement, on peut déterminer le nombre des moyens insérés, de telle sorte que le nombre entier par lequel il faut diviser $l - a$, pour obtenir la raison, ait telle valeur que l'on voudra.

Si l'on veut, par exemple, que la raison soit $\dfrac{l-a}{4}$, il faut insérer trois moyens.

Problème relatif à l'insertion des moyens.

540. *Trouver une progression dont fassent partie des nombres donnés,* a, b, c, d, e.

Supposons ces nombres rangés par ordre de grandeur : ils seront séparés, dans la progression inconnue, par des termes intermédiaires qui pourront être considérés comme des moyens insérés entre a et b, entre b et c, entre c et d et entre d et e. La raison doit donc être (**559**) contenue un nombre entier de fois dans chacune des différences $b - a$, $c - b$, $d - c$, $e - c$. Si ces différences sont des nombres entiers, on prendra donc pour raison l'un quelconque de leurs diviseurs communs; sinon, on les réduira au même dénominateur, et l'on prendra pour raison une fraction qui aura même dénominateur que chacune de ces différences, et pour numérateur un diviseur commun de leurs numérateurs.

Somme des termes d'une progression par différence.

541. Théorème. *Dans une progression par différence, la somme de deux termes également distants des extrêmes est constante et égale à la somme des termes extrêmes.*

Désignons par a et l les termes extrêmes d'une progression, et par r sa raison. Le terme qui suit a, est $a + r$, celui qui précède l, est $l - r$; et il est évident que leur somme est égale à $a+l$. Le terme qui suit a de deux rangs est $a+2r$, celui qui précède l de deux rangs est $l-2r$; et leur somme est encore $a+l$. En général, le terme placé n rangs après a, est $a+nr$, le terme placé n rangs avant l est $l-nr$; et l'on a évidemment

$$a+nr+l-nr=a+l.$$

342. Soit une progression

[1] $: a.b.c...j.k.l.$

Écrivons cette progression sur une seconde ligne horizontale, en la renversant de telle sorte que les termes à égale distance des extrêmes se correspondent verticalement dans les deux lignes :

[2] $: l.k.j...c.b.a.$

Si l'on ajoute les termes de la suite [1] et ceux de la suite [2], on aura évidemment le double de la somme cherchée, puisque chaque terme entrera deux fois. On aura donc, en désignant cette somme par s,

$$2s=(a+l)+(b+k)+(c+j)+....+(j+c)+(k+b)+(l+a);$$

mais (**341**), toutes les sommes indiquées entre parenthèses sont égales à la somme $a+l$ des termes extrêmes ; et, comme leur nombre est le nombre n des termes de la progression, on a

$$2s=(a+l)\times n$$

ou

$$s=\frac{(a+l)\times n}{2}.$$

REMARQUE. Si l'on connaissait seulement le premier terme a, la raison r, et le nombre n des termes, il faudrait, pour appliquer le résultat précédent, commencer par calculer le dernier terme l. On aurait (**356**) $l=a+(n-1)\,r$, et par conséquent,

$$s=\frac{(a+l)n}{2}=\frac{[2a+(n-1)r]n}{2}.$$

EXEMPLE. Calculer la somme des n premiers nombres impairs,

$$1+3+5+7+....+2n-1.$$

Ces nombres forment une progression de n termes, leur somme est donc

$$s = \frac{(1+2n-1)n}{2} = n^2.$$

II. PROGRESSIONS PAR QUOTIENT.

343. Une progression par quotient est une suite de nombres tels que le rapport de l'un d'eux au précédent soit constant. Ce rapport se nomme *raison* de la progression.

EXEMPLE. Les nombres 1, 10, 100, 1000, etc., forment une progression par quotient dont la raison est 10.

Pour indiquer que des nombres forment une progression par quotient, on les écrit à la suite les uns des autres, en les faisant précéder du signe ÷, et plaçant deux points dans chaque intervalle.

EXEMPLE. ÷ 4 : 8 : 16 : 32 : 64 : 128 : etc., est une progression par quotient, dont la raison est 2.

REMARQUE. Si l'on écrit en sens inverse les termes d'une progression, le rapport d'un terme au précédent prend une valeur réciproque de celle qu'il avait : ce rapport est donc encore constant, et l'on a une nouvelle progression, décroissante si la première était croissante.

EXEMPLE. ÷ 128 : 64 : 32 : 16 : 8 : 4, est une progression décroissante, dont la raison est $\frac{1}{2}$.

Valeur d'un terme de rang quelconque.

344. Dans une progression par quotient, chaque terme se forme en multipliant le précédent par la raison : il en résulte que, pour former un terme de rang quelconque, il faut multiplier le premier par la raison prise autant de fois comme facteur, qu'il y a de termes avant celui que l'on considère, c'est-à-dire par la raison élevée à une puissance marquée par ce nombre de termes.

REMARQUE. a étant le premier terme d'une progression par quotient et q sa raison, le n^{me} terme est égal à $a \times q^{n-1}$.

345. Théorème. *Si une progression est croissante, on peut la prolonger assez pour que ses termes dépassent toute limite donnée.*

Soit une progression croissante, ayant pour raison un nombre q supérieur à l'unité :

$$\div\div a : b : c : d : \ldots\ldots : k : l : m.$$

On a les égalités

$$l = k \times q,$$
$$m = l \times q;$$

on en déduit

$$m - l = (l - k) \times q;$$

et comme q est, par hypothèse, plus grand que 1, la différence $m - l$ est plus grande que $l - k$. L'excès d'un terme sur le précédent va donc sans cesse en croissant. Or, en supposant cet excès constant, on pourrait, en l'ajoutant au premier terme a, un nombre suffisant de fois, obtenir un résultat aussi grand qu'on le voudrait ; et il en est, *a fortiori*, de même si, comme nous l'avons reconnu, il va en augmentant.

346. Théorème. *Si une progression est décroissante, on peut la prolonger assez pour que ses termes décroissent au-dessous de toute limite.*

Soit une progression décroissante, ayant pour raison un nombre q inférieur à l'unité :

$$\div\div a : b : c : d \ldots\ldots : k : l : m$$

Les termes

$$\frac{1}{a}, \quad \frac{1}{b}, \quad \frac{1}{c}, \quad \frac{1}{d} \cdots \frac{1}{k}, \quad \frac{1}{l}, \quad \frac{1}{m},$$

formeront une progression croissante ayant pour raison $\frac{1}{q}$; car des égalités

$$b = aq, \quad c = bq, \quad d = cq,$$

on déduit

$$\frac{1}{b} = \frac{1}{a} \times \frac{1}{q}, \quad \frac{1}{c} = \frac{1}{b} \times \frac{1}{q}, \quad \frac{1}{d} = \frac{1}{c} \times \frac{1}{q}.$$

Il résulte donc du théorème précédent, que les fractions $\frac{1}{k}, \frac{1}{l}, \frac{1}{m}$ peuvent devenir aussi grandes, et par suite, leurs dénominateurs k, l, m, aussi petits qu'on le voudra. C'est précisément ce qu'il fallait démontrer.

Insertion de moyens par quotient.

547. Insérer m moyens par quotient entre deux nombres a et l, c'est former une progression dont a et l soient les termes extrêmes, et dont ces m moyens soient les termes intermédiaires.

Pour calculer ces moyens et la raison de la progression qu'ils forment, remarquons que cette progression ayant $m+2$ termes, le dernier terme l est égal (544) à a multiplié par la puissance $(m+1)^{me}$ de la raison; on en conclut que le rapport $\frac{l}{a}$ est la puissance $(m+1)^{me}$ de la raison, et que, par conséquent, cette raison est $\sqrt[m+1]{\frac{l}{a}}$. Connaissant la raison et le premier terme, on formera sans peine tous les autres.

548. REMARQUE I. La raison ne dépend que du rapport $\frac{l}{a}$ et du nombre des moyens insérés; il en résulte que, si on considère une progression

$$\div a : b : c : d : e \ldots\ldots : k : l,$$

et que l'on insère m moyens entre a et b, m entre b et c, m entre c et d....., les progressions ainsi formées auront toutes même raison; et comme le dernier terme de l'une est le premier de la suivante, on pourra les considérer comme n'en faisant qu'une seule.

549. REMARQUE II. Pour que trois nombres a, b, c puissent faire partie d'une même progression, il faut qu'on puisse insérer entre a et c un nombre de moyens tel, que la progression qu'ils forment compte b parmi ses termes; en désignant par m

ce nombre inconnu de moyens, la raison de la progression est

$$(347) : \sqrt[m+1]{\frac{c}{a}}.$$

Pour que b soit le n^{me} terme de cette progression, on doit avoir

$$[1] \qquad b = a \left(\sqrt[m+1]{\frac{c}{a}} \right)^{n-1},$$

ou, ce qui revient au même,

$$[2] \qquad \frac{b}{a} = \left(\sqrt[m+1]{\frac{c}{a}} \right)^{n-1}.$$

Pour que ces deux quantités soient égales, il faut que leurs puissances $(m+1)^{\text{mes}}$ le soient elles-mêmes, et, par conséquent,

$$[3] \qquad \frac{b^{m+1}}{a^{m+1}} = \frac{c^{n-1}}{a^{n-1}}.$$

Supposons que b, a et c soient commensurables, il en sera de même de $\frac{b}{a}$ et $\frac{c}{a}$; si nous désignons par $\frac{b_1}{a_1}$ et $\frac{c_1}{a_2}$ les fractions irréductibles équivalentes, l'égalité [3] revient à

$$[4] \qquad \frac{b_1^{m+1}}{a_1^{m+1}} = \frac{c_1^{n-1}}{a_2^{n-1}}.$$

Mais ces deux fractions sont (136) irréductibles, et ne peuvent être égales que si

$$b_1^{m+1} = c_1^{n-1},$$

$$a_1^{m+1} = a_2^{n-1};$$

d'où résulte évidemment que b_1 et c_1 doivent être composés des mêmes facteurs premiers, ainsi que a_1 et a_2, et que les exposants d'un même facteur, dans b_1 et c_1, et dans a_1 et a_2, doivent avoir un rapport constant, $\frac{n-1}{m+1}$.

APPLICATION. *Quels sont les nombres commensurables qui peuvent*

*faire partie d'une progression par quotient qui a pour termes
1 et 10?*

Si nous nommons $\frac{p}{q}$ le nombre cherché, on doit avoir,
d'après ce qui précède, en désignant par m et n des nombres
entiers,

$$\left(\frac{10}{1}\right)^{m+1} = \left(\frac{\left(\frac{p}{q}\right)}{1}\right)^{n-1},$$

c'est-à-dire,

$$10^{m+1} = \frac{p^{n-1}}{q^{n-1}}.$$

Le premier nombre étant entier, le second doit l'être aussi;
et comme la fraction $\frac{p^{n-1}}{q^{n-1}}$ est (**156**) irréductible, il faut que l'on
ait $q = 1$. De plus, pour que 10^{m+1} soit égal à p^{n-1}, il faut que p
ne contienne que les facteurs 2 et 5, et que ces facteurs y soient
affectés d'exposants égaux, ou, en d'autres termes, que p soit
une puissance de 10.

Les puissances de 10 sont donc les seuls nombres commensurables qui puissent figurer dans une progression par quotient,
dont 1 et 10 font partie.

Somme des termes d'une progression par quotient.

350. Soit une progression par quotient

$$:: a : b : c : d : e : \ldots\ldots : k : l;$$

Il faut évaluer la somme

[1] $$S = a + b + c + d + \ldots + k + l.$$

En nommant q la raison, et multipliant par q les deux membres
de l'égalité [1], ont obtient

[2] $$Sq = aq + bq + cq + dq + \ldots + kq + lq;$$

mais, par hypothèse, $aq=b$, $bq=c$, $cq=d$,... $kq=l$: l'égalité précédente devient donc

[3] $S \times q = b + c + d + \ldots\ldots l + lq.$

Si l'on retranche les deux premiers membres des égalités [1] et [3], on aura le même résultat qu'en retranchant leurs seconds membres, ce qui donne évidemment

$$Sq - S = lq - a,$$

ou $$S(q-1) = lq - a,$$

et par conséquent

$$S = \frac{lq - a}{q - 1}.$$

REMARQUE I. Si la progression est décroissante, q est plus petit que 1, et l'on ne peut plus retrancher S de $S \times q$; il faut faire la soustraction en sens inverse, et l'on trouve alors

$$S = \frac{a - lq}{1 - q}.$$

REMARQUE II. Si l'on donne seulement le premier terme a d'une progression, sa raison q, et le nombre n de ses termes, il faudra, pour faire usage du résultat précédent, commencer par calculer le dernier terme l ; on aura (**344**), $l = a \times q^{n-1}$, et, par conséquent,

$$S = \frac{aq^n - a}{q - 1},$$

ou

$$S = \frac{a - aq^n}{1 - q},$$

suivant que q est plus grand ou plus petit que l'unité.

Limite de la somme des termes d'une progression par quotient décroissante.

551. La formule qui donne la somme des termes d'une progression décroissante, dont a est le premier terme, l le dernier et q la raison, est

$$S = \frac{a - lq}{1 - q};$$

on peut l'écrire

$$S = \frac{a}{1 - q} - \frac{lq}{1 - q}.$$

Si le nombre des termes de la progression augmente indéfiniment, $\frac{a}{1-q}$ conserve constamment la même valeur, mais $\frac{l \times q}{1-q}$ peut devenir aussi petit que l'on voudra, à cause du facteur l qui décroît sans limite (346); il en résulte que la limite dont s'approche la valeur de S, à mesure que le nombre des termes augmente, est $\frac{a}{1-q}.$

APPLICATION. Une fraction décimale périodique peut être considérée comme une progression décroissante, et la formule précédente lui est applicable.

Soit, par exemple, la fraction périodique

$$0,35 \ 35 \ 35 \ 35....$$

En la séparant en tranches de deux chiffres à partir de la virgule, on obtient la progression

$$\div \frac{35}{100} : \frac{35}{10000} : \frac{35}{1000000} : \cdots,$$

dont la raison est $\frac{1}{100}$. D'après la formule précédente, la limite de la somme de ses termes est

$$\frac{\frac{35}{100}}{1 - \frac{1}{100}} \quad \text{ou} \quad \frac{35}{99},$$

ce qui est précisément le résultat obtenu dans la théorie des fractions périodiques.

RÉSUMÉ.

335. Définition des progressions par différence; progressions croissantes ou décroissantes. Définition de la raison. — **336.** Un terme de rang quelconque est égal au premier augmenté ou diminué d'autant de fois la raison qu'il y a de termes avant lui. — **337.** Insertion de moyens par différence. — **338.** Si, entre les termes d'une progression, on insère un nombre constant de moyens, on forme une progression nouvelle. - **339.** Quel que soit le nombre des moyens insérés, la raison est un diviseur de la différence des termes extrêmes. — **540.** Trouver une progression qui contienne des nombres donnés; pour que cela soit possible, il faut et il suffit que ces nombres aient une commune mesure. - **341.** Dans une progression par différence, la somme de deux termes également distants des extrêmes est constante et égale à celle des extrêmes. — **342.** Somme des termes d'une progression par différence. — **343.** Définition des progressions par quotient. — **344.** Un terme de rang quelconque est égal au premier, multiplié par la raison élevée à une puissance marquée par le nombre des termes qui le précèdent. — **345.** Les termes d'une progression par quotient croissante peuvent dépasser toute limite. — **346.** Les termes d'une progression par quotient décroissante peuvent décroître au-dessous de toute limite assignée. — **347.** Insertion de moyens par quotient. — **348.** Si on insère un nombre constant de moyens entre les termes consécutifs d'une progression par quotient, on forme une progression nouvelle. — **349.** Recherche d'une progression dont fassent partie des nombres donnés. Cas dans lesquels une telle progression n'existe pas. — **350.** Somme des termes d'une progression par quotient. — **351.** Limite de la somme des termes d'une progression décroissante.

EXERCICES.

I. Quelles sont les progressions par différence, dans lesquelles la somme de deux termes quelconques fait partie de la progression; et les progressions par quotient, dans lesquelles le produit de deux termes fait partie de la progression?

II. Si, dans une suite de nombres, chacun est la demi-somme de ceux qui le comprennent, ces nombres forment une progression par différence, et si chacun est moyen proportionnel entre les deux qui le comprennent, ils forment une progression par quotient.

III. Dans quelles progressions par différence existe-t-il un rapport indépendant de n entre la somme des n premiers termes et la somme des n suivants?

IV. $\sqrt{2}$, $\sqrt{5}$ et $\sqrt{7}$ peuvent-ils faire partie d'une même progression par différence ou par quotient?

V. Si on prend la suite des nombres impairs, 1, 3, 5, 7..., et qu'on la sépare en groupes dont le premier ait un terme, le second deux termes, le troisième trois, etc., la somme des termes d'un même groupe est un cube.

VI. Dans une progression géométrique de six termes, la différence des termes extrêmes est plus grande que cinq fois la différence des termes du milieu.

VII. Si on ajoute termes à termes deux progressions géométriques qui n'ont pas même raison, les résultats ne formeront pas une progression; mais chaque terme pourra se déduire des deux précédents, en les multipliant par des nombres constants et ajoutant les produits.

VIII. On forme une suite de termes tels que chacun soit la demi-somme des précédents; connaissant les deux premiers termes de cette suite, trouver de quelle limite on s'approche lorsqu'on en forme un nombre de plus en plus grand.

IX. Soit AB une ligne quelconque, on marque son milieu C,

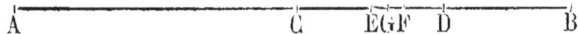

puis le milieu D de CB, puis le milieu E de DC, puis le milieu F de ED, le milieu G de EF et ainsi de suite indéfiniment; prouver que les points C, D, E, F, G, s'approchent de plus en plus du tiers de AB à partir du point B.

X. Trouver la limite de la somme des fractions

$$\tfrac{1}{2}+\tfrac{2}{4}+\tfrac{3}{8}+\tfrac{4}{16}+\tfrac{5}{32}+\dots$$

dont les numérateurs forment une progression par différence, et les dénominateurs une progression par quotient.

XI. On forme la suite des nombres

$$1, \ 3, \ 6, \ 10, \ 15, \ 21, \ \text{etc.},$$

tels que la différence de deux termes consécutifs va sans cesse en augmentant d'une unité ; trouver la somme des n premiers termes de cette suite.

XII. Si dans une progression par différence, trois termes consécutifs sont des nombres premiers, la raison est divisible par 6, à moins que le premier de ces termes ne soit 3. S'il y en a 5, la raison est divisible par 30, à moins que le premier de ces termes ne soit 5 ; et s'il y en a 7, elle est divisible par 210, à moins que le premier terme ne soit 7.

XIII. Dans une progression par quotient dont le nombre des termes est impair, la somme des carrés des termes est égale à la somme des termes multipliée par l'excès de la somme des termes de rang impair sur la somme des termes de rang pair.

XIV. Dans une progession par différence dont les termes sont entiers, si n est un nombre premier avec la raison, en divisant n termes consécutifs par n, on obtiendra pour restes tous les nombres $0, 1, 2, 3 \dots n - 1$.

XV. La durée de l'année surpasse 365 jours, et c'est pour cette raison que l'on intercale tous les quatre ans un 366ième jour (année bissextile) ; ce 366ième jour est supprimé tous les cent ans, et rétabli tous les quatre cents ans ; prouver que, si on suivait indéfiniment la même loi, c'est-à-dire, si on supprimait ce jour tous les 10 000 ans pour le rétablir tous les 40 000 ans ; si on le supprimait tous les 1 000 000 d'années, etc. ; cela reviendrait, après un nombre immense d'années, à ajouter 8 jours tous les 33 ans.

XVI. Deux courriers A et B suivent une même ligne droite ; A est en arrière de 240^{m}, mais il va deux fois plus vite ; prouver que, pour rencontrer B, il devra faire un chemin égal à $240^{\text{m}} + \frac{240^{\text{m}}}{2} + \frac{240}{4} + \frac{240}{8} + \dots$ et calculer ce chemin.

XVII. Un corps tombant dans le vide parcourt, dans la première seconde de sa chute (à Paris), $4^m.9044$; dans la deuxième seconde, $14^m,7132$; dans la troisième seconde, $24^m,5220$; et en général, dans chaque seconde, $9^m,8088$ de plus que dans la seconde précédente. On demande l'espace parcouru en 20 secondes?

RÉPONSE : $1961^m,76$.

CHAPITRE XVIII.

THÉORIE DES LOGARITHMES.

Définitions.

332. Quand on considère deux progressions, l'une par différence commençant par 0, l'autre par quotient commençant par
l'unité, les termes de la progression par différence sont nommés
les *logarithmes* des termes de même rang dans la progression
par quotient.

L'ensemble des deux progressions constitue un *système de
logarithmes*, dont le nombre qui a pour logarithme l'unité,
s'appelle la *base*.

Prenons un exemple numérique; soient données les deux
progressions

$$\div \; 1 : 2 : 4 : 8 : 16 : 32 : 64 : 128\ldots \text{ (nombres)}$$

$$\div \; 0 . 1 . 2 . 3 . 4 . 5 . 6 . \;\; 7 \ldots \text{ (logarithmes)}.$$

Ces deux progressions définissent un système de logarithmes
dont la base est 2.

Le logarithme de 64 est 6, ce qui s'écrit par abréviation

$$\log 64 = 6.$$

REMARQUE. Le logarithme d'un nombre considéré isolément
est tout à fait arbitraire. Si l'on demande : Quel est le logarithme de 3? cette question n'a aucun sens, tant que l'on n'a
pas choisi les progressions qui définissent le système dont on
veut parler.

333. D'après la définition précédente, lorsque l'on a choisi
les deux progressions qui définissent un système de logarithmes, il semble que les nombres qui ne font pas partie de la
progression par quotient n'ont pas de logarithmes; nous allons

voir comment, en étendant cette définition, on est conduit à regarder chaque nombre plus grand que l'unité comme ayant un
logarithme. Nous considérerons spécialement le système qui résulte des progressions

$$\div\!\!\!: 1 : 10 : 100 : 1000 : 10000... \quad \text{(nombres)}$$

$$\div 0 \,.\, 1 \,.\, 2 \,.\, 3 \,.\, 4 \,.... \quad \text{(logarithmes)}.$$

Supposons qu'entre deux termes consécutifs de chacune de
ces progressions on insère un même nombre de moyens. On
obtiendra [(**333**),(**348**)] deux nouvelles progressions, dans lesquelles les termes des progressions primitives se correspon-
dront encore, et les termes, nouvellement introduits dans la
progression par quotient, auront pour logarithmes les termes
de même rang, introduits dans la progression par différence.

534. REMARQUE. Pour que la définition donnée (**333**) soit
admissible, il faut montrer que si, en insérant des nombres
différents de moyens, on amène, de deux manières différentes,
un même nombre à faire partie de la progression par quotient,
on lui trouvera des deux manières le même logarithme.

Supposons que l'on ait d'abord inséré p moyens entre les
divers termes des deux progressions

$$\div\!\!\!: 1 : 10 : 100....$$

$$\div 0 \,.\, 1 \,.\, 2 \,....$$

la raison de la progression par quotient deviendra (**547**)
$\sqrt[p+1]{10}$, et celle de la progression par différence $\dfrac{1}{p+1}$.

En sorte que l'un quelconque des termes de la première
$\left(\sqrt[p+1]{10}\right)^k$, et le terme correspondant de la seconde $\dfrac{k}{p+1}$;
k désignant un nombre entier.

Si, par exemple, on avait inséré trois moyens entre deux
termes consécutifs des deux progressions, on aurait :

$$\div\!\!\!: 1 : \sqrt[4]{10} : \sqrt[4]{10} : \sqrt[4]{10^3} : 10 : 10\sqrt[4]{10} : 10\sqrt{10} : 10\sqrt[4]{10^3}....$$

$$\div 0 \,.\, \tfrac{1}{4} \,.\, \tfrac{1}{2} \,.\, \tfrac{3}{4} \,.\, 1 \,.\, 1\tfrac{1}{4} \,.\, 1\tfrac{1}{2} \,.\, 1\tfrac{3}{4} \,....$$

Supposons maintenant que l'on insère, entre deux termes consécutifs des progressions primitives, un autre nombre p' de moyens; un terme quelconque de la progression par quotient sera $\left(\sqrt[p'+1]{10}\right)^{k'}$, et son logarithme $\dfrac{k'}{p'+1}$; nous voulons prouver que si l'on a

[1] $$\left(\sqrt[p+1]{10}\right)^{k} = \left(\sqrt[p'+1]{10}\right)^{k'}$$

on aura aussi :

[2] $$\frac{k}{p+1} = \frac{k'}{p'+1}.$$

Si, en effet, nous élevons les deux membres de la première de ces égalités à la puissance $(p+1) \times (p'+1)$, nous aurons :

[3] $$10^{k \times (p'+1)} = 10^{k' \times (p+1)};$$

car, pour élever $\left(\sqrt[p+1]{10}\right)$ à la puissance k, puis à la puissance $(p+1) \times (p'+1)$, il suffit de le prendre comme facteur un nombre de fois égal à $k \times (p+1) \times (p'+1)$; et, pour cela, on peut l'élever d'abord à la puissance $p+1$, puis élever le résultat, qui est 10, à la puissance $k \times (p'+1)$.

L'égalité [3] entraîne évidemment :

$$k \times (p'+1) = k' \times (p+1),$$

et par suite,

$$\frac{k}{p+1} = \frac{k'}{p'+1}.$$

Donc, *si l'on peut introduire un même nombre de deux manières différentes dans la progression par quotient, on lui trouvera des deux manières le même logarithme.*

355. Si l'on calcule des logarithmes en insérant un certain nombre de moyens entre les termes consécutifs des deux progressions, puis si l'on en calcule d'autres en insérant un autre nombre de moyens, ces divers logarithmes peuvent être considérés comme faisant partie d'un seul et même système. Pour le prouver, remarquons que, si entre les termes consécutifs de la progression par quotient on insère $p-1$ moyens, puis $p'-1$ moyens, tous les termes obtenus dans l'un et l'autre cas font partie d'une seule et même progression, que l'on obtiendrait en insérant $p \times p' - 1$ moyens.

Si, en effet, entre deux termes a et b d'une progression, on insère $p \times p' - 1$ moyens, le terme b aura, après cette insertion, le $p \times p'^{\text{ième}}$ rang, à partir de a. Si donc, dans la progression ainsi formée, on compte les termes de p en p, b sera le $p'^{\text{ième}}$, et si on les compte de p' en p', il sera le $p^{\text{ième}}$; les termes ainsi obtenus pourront donc être considérés, dans le premier cas, comme formant $p' - 1$ moyens entre a et b, et dans le second comme en formant $p - 1$. La même remarque s'appliquant à la progression par différence, on voit que les deux systèmes obtenus en insérant $p - 1$ moyens et $p' - 1$ moyens, sont compris dans le système unique qui correspond à $p \times p' - 1$ moyens.

Par exemple, si a et b désignent deux termes consécutifs d'une progression par quotient ou par différence, et si l'on insère entre a et b, trois moyens, puis ensuite cinq moyens, de manière à former les progressions

$$a, A_1, A_2, A_3, b$$

$$a, B_1, B_2, B_3, B_4, B_5, b;$$

si l'on insère ensuite 23 moyens (c'est-à-dire $4 \times 6 - 1$), on formera une progression nouvelle dans laquelle A_1, A_2, A_3 figureront aux rangs 6, 12 et 18, et B_1, B_2, B_3, B_4, B_5, aux rangs 4, 8, 12, 16 et 20.

556. Les nombres, dont les logarithmes sont définis dans les paragraphes précédents, croissent par degrés aussi rapprochés qu'on le veut. Si l'on se bornait cependant à cette définition, une infinité de nombres devraient être regardés comme n'ayant pas de logarithmes. On sait, par exemple (**549**), que, quel que soit le nombre de moyens insérés dans la progression par quotient ∺ 1 : 10 : 100 : etc., aucun de ces moyens n'est commensurable. Tous les nombres commensurables peuvent, au contraire, s'introduire dans la progression par différence ÷ 1 . 2 . 3 . 4 . etc.; d'où il résulte que *les nombres commensurables qui ne sont pas entiers, sont tous des logarithmes de nombres incommensurables.*

557. Quand un nombre ne peut pas être introduit dans la progression par quotient, son logarithme se définit de la manière suivante :

Le logarithme d'un nombre N, qui ne peut pas faire partie de la progression par quotient, est plus grand que les nombres commensurables qui sont les logarithmes des nombres inférieurs à N, et moindre que les nombres commensurables qui sont les logarithmes des nombres plus grands que N.

Cette manière de définir un logarithme, en disant quels sont les nombres commensurables plus grands ou plus petits que lui, est, comme on l'a vu, le moyen ordinaire de définition pour les nombres incommensurables.

D'après la définition précédente, il est évident qu'un nombre N étant donné, si l'on insère dans les progressions un nombre considérable de moyens, deux d'entre eux comprendront N dans la progression par quotient, et leurs logarithmes seront des valeurs approchées du logarithme de N.

Propriétés des logarithmes.

558. THÉORÈME I. *Le logarithme d'un produit de deux facteurs est la somme des logarithmes des facteurs.*

Soient les deux progressions :

$$\div 1 : q : q^2 \dots \ : q^n \dots \ : q^m : \dots$$
$$\div 0 . r . 2r \dots \ .nr \dots \ .mr \dots,$$

qui définissent le système de logarithmes dont la base est $\sqrt[r]{q}$; les termes de la première sont les puissances de la raison q; ceux de la seconde, les multiples de la raison r.

Si on multiplie l'un par l'autre deux termes de la progression par quotient, q^m et q^n, on aura un produit q^{m+n} qui, évidemment, est le $(m+n+1)^{ième}$ terme de la même progression ; si l'on ajoute les logarithmes de q^m et q^n, qui sont mr et nr, on aura une somme $(m+n)r$ qui est, évidemment, le $(m+n+1)^{ième}$ terme de la progression par différence et, par conséquent, le logarithme de q^{m+n}; la proposition est donc démontrée.

559. La démonstration précédente suppose que les nombres considérés fassent partie de la même progression par quotient. Elle est en défaut pour les logarithmes incommensurables définis (**357**). Pour démontrer que, dans ce cas, la proposition est encore exacte, remarquons que, si l'on donne deux nombres quelconques N et N', on peut toujours insérer dans les progressions assez de moyens, pour que les termes croissent par degrés insensibles, et que, par conséquent, il y ait deux termes N_1 et N'_1, qui diffèrent aussi peu qu'on le voudra de N et de N'; mais on aura (**358**),

$$\log (N_1 \times N'_1) = \log N_1 + \log N'_1.$$

Le premier membre différant aussi peu que l'on voudra de $\log (N \times N')$, et le second aussi peu que l'on voudra de $\log N + \log N'$, il est impossible que ces deux quantités aient une différence déterminée quelconque, et par conséquent elles sont égales. C'est ce qu'il fallait démontrer.

EXEMPLES. $\log (7 \times 11) = \log 7 + \log 11.$

$$\log 85200 = \log 100 + \log 852.$$

360. REMARQUE. Le théorème précédent s'étend à un nombre quelconque de facteurs. Soit, par exemple, un produit de trois facteurs $a \times b \times c$; on a évidemment :

$$\log (a \times b \times c) = \log \{(a \times b) \times c\} = \log (a \times b) + \log c$$

$$= \log a + \log b + \log c.$$

361. THÉORÈME II. *Le logarithme d'une puissance d'un nombre est le produit du logarithme du nombre par l'exposant de la puissance.*

Ce théorème est une conséquence de la remarque précédente. Soit, en effet, a^4 la puissance considérée, on a :

$$\log a^4 = \log (a \times a \times a \times a) = \log a + \log a + \log a + \log a$$

$$= 4 \log a.$$

La démonstration s'applique évidemment, quel que soit l'exposant.

Exemples. $\log 169 = \log (13^2) = 2 \log 13.$

$\log 2197 = \log (13^3) = 3 \log 13.$

362. Théorème III. *Le logarithme d'un quotient est égal au logarithme du dividende, moins celui du diviseur.*

Soit un quotient $\frac{a}{b}$, que je désignerai par q; on aura

$$a = b \times q;$$

donc $\qquad \log a = \log b + \log q,$

ce qui prouve que $\log q$ est l'excès de $\log a$ sur $\log b$.

Exemples. $\log \frac{278}{54} = \log 278 - \log 54.$

$$\log 85,16 = \log \frac{8516}{100} = \log 8516 - \log 100.$$

$$\log 8,516 = \log \frac{8516}{1000} = \log 8516 - \log 1000.$$

363. Théorème IV. *Le logarithme d'une racine d'un nombre est égal au logarithme du nombre, divisé par l'indice de la racine.*

Soit la racine $\sqrt[m]{a}$, que je désigne par r; on a

$$\sqrt[m]{a} = r,$$

et, par conséquent, $\qquad a = r^m;$

d'où l'on conclut (**361**)

$$\log a = m \log r,$$

et, par suite, $\qquad \log r = \frac{\log a}{m},$

ce qu'il fallait démontrer.

EXEMPLES. $\log \sqrt[3]{28} = \frac{1}{3}\log 28$.

$$\log \sqrt[4]{617} = \frac{1}{4}\log 617.$$

364. D'après nos définitions, les nombres plus grands que l'unité ont seuls des logarithmes.

Par conséquent, pour qu'on puisse calculer un nombre par logarithmes, il faut :

1° Que les nombres, sur lesquels on opère, soient plus grands que l'unité ;

2° Que le résultat de l'opération soit lui-même plus grand que 1.

Il est toujours facile de satisfaire à ces conditions. En effet, si le nombre dont on cherche le logarithme est plus petit que 1, on le multipliera par 10, 100, 1000, etc., de manière à obtenir un produit plus grand que l'unité, et qui, par conséquent, aura un logarithme ; puis, à la fin de l'opération, on tient compte du facteur employé.

Enfin, pour remplir la seconde condition, si le résultat demandé est plus petit que l'unité, on calcule un nombre 10, 100, 1000, etc., fois plus grand, puis on divise le résultat obtenu par le multiplicateur employé.

EXEMPLE. Soit à calculer par logarithmes le produit de 0,45678 par 0,0052166.

En multipliant le premier de ces deux facteurs par 10 et le second par 1000, j'obtiens deux nouveaux facteurs 4,5678 et 5,2166 plus grands l'un et l'autre que l'unité, et dont le produit sera 10000 fois plus grand que le nombre demandé.

LOGARITHMES VULGAIRES.

365. Les logarithmes dont on se sert ordinairement et qu'on nomme *logarithmes vulgaires*, sont définis par les deux progressions :

$\div 1 : 10 : 100 : 1000 : 10000\ldots$ (nombres).

$\div 0 . 1 . 2 . 3 . 4 \ldots$ (logarithmes).

La base de ce système de logarithmes est le nombre 10.

Les puissances de 10, c'est-à-dire 1, 10, 100, 1000, ... ont respectivement pour logarithmes 0, 1, 2, 3, ... ou

$$\log 1 \quad = 0,$$
$$\log 10 \quad = 1,$$
$$\log 100 \quad = 2,$$
$$\log 1000 = 3.$$

Tous les autres nombres, qui ne sont pas des puissances de 10, ont pour logarithmes des nombres fractionnaires ou incommensurables ; ces logarithmes sont évalués en décimales. La partie entière d'un logarithme s'appelle *caractéristique*.

La seule inspection d'un nombre fait connaître la caractéristique de son logarithme. Ainsi les nombres de deux chiffres, compris entre 10 et 100, ont des logarithmes compris entre 1 et 2, dont la partie entière est 1.

Les nombres de trois chiffres, compris entre 100 et 1000, ont des logarithmes compris entre 2 et 3, dont la partie entière est 2 ; et en général, un nombre de n chiffres étant compris entre 10^{n-1} et 10^n, son logarithme est compris entre $(n-1)$ et n, et sa partie entière est par conséquent $n-1$, en d'autres termes :

La caractéristique du logarithme d'un nombre contient autant d'unités que la partie entière de ce nombre a de chiffres moins un.

Par exemple, la caractéristique du logarithme de 351,57 est 2.

On a profité de cette propriété des logarithmes pour se dispenser d'inscrire dans les tables de logarithmes les caractéristiques des logarithmes.

Comme dans le système des logarithmes vulgaires, les logarithmes des puissances de 10 sont des nombres entiers, il en résulte que, lorsqu'on multiplie ou qu'on divise un nombre par 10, 100, 1000, etc., la caractéristique de son logarithme augmente ou diminue de 1, 2, 3, etc., unités, mais la partie décimale ne change pas. Par conséquent, si deux nombres ne diffèrent que par la place de la virgule décimale, leurs logarithmes ont la même partie décimale, et ne diffèrent que par la caractéristique.

EXEMPLE. Soit donné

$$\log 3 \qquad = 0,47712$$
$$\log 30 \quad = \log 3 + \log 10 \quad = 1,44712$$
$$\log 300 \quad = \log 3 + \log 100 \quad = 2,47712$$
$$\log 3000 \quad = \log 3 + \log 1000 \quad = 3,47712$$
$$\log 30000 = \log 3 + \log 10000 = 4,47712.$$

TABLE DES LOGARITHMES.

566. Les quatre théorèmes (**358** à **365**) montrent qu'une multiplication peut être remplacée par une addition de logarithmes ; une division par une soustraction de logarithmes ; une élévation aux puissances par la multiplication du logarithme du nombre par l'exposant de la puissance, et enfin l'extraction d'une racine par la division du logarithme du nombre par l'indice de la racine.

Mais il faut, pour profiter de ces simplifications, savoir trouver dans les tables le logarithme d'un nombre donné et le nombre correspondant à un logarithme donné.

Les tables les plus usitées en France sont celles de *Lalande* et celles de *Callet*. Les tables de Lalande contiennent les logarithmes des nombres entiers de 1 à 10000 avec 5 décimales ; celles de Callet contiennent les logarithmes des nombres entiers de 1 à 100000 avec 7 décimales.

Dans tous les calculs d'application, surtout dans les calculs de physique et de chimie, où l'on ne peut compter ordinairement que sur 3, 4 ou au plus 5 chiffres exacts dans la détermination des mesures de longueur, de surface, de volume et de poids, des densités, des équivalents chimiques, etc., l'emploi des tables de Callet est inutile et donne des résultats illusoires, et l'emploi des logarithmes à 5 décimales est plus que suffisant. Ce n'est que dans les calculs de précision qu'il est nécessaire d'employer des tables à 7 et même à plus de 7 décimales.

TABLE DE LALANDE.

Recherche des logarithmes.

567. *Un nombre quelconque étant donné, trouver son logarithme par le moyen des tables.*

1er Cas. Si le nombre donné est un entier moindre que 10000, on le cherche dans l'une des colonnes de la table intitulées *Nombres*; puis à côté du nombre, à la colonne intitulée *Log*, on trouve le logarithme demandé.

Par exemple :   log 553 = 2,74273

log 5530 = 3,74273

log 9875 = 3,99454.

2e Cas. Le nombre donné est plus grand que 10000. Soit le nombre donné 33777; il suffit de chercher le logarithme du nombre 3377,7, qui est plus petit que 10000, et dont le logarithme diffère d'une unité du logarithme demandé.

Le logarithme de 3377,7 n'est pas dans la table, mais on y trouve :

log 3377 = 3,52853, qui est trop petit,

et log 3378 = 3,52866, qui est trop grand.

On voit que le logarithme de 3377 diffère du logarithme suivant de 13 unités du cinquième ordre décimal.

Pour déduire de là le logarithme de 3377,7, on s'appuie sur le principe que *les différences entre les logarithmes sont sensiblement proportionnelles aux différences entre les nombres* *; on fera donc le raisonnement suivant : le logarithme de 3377 augmente de 13 unités du dernier ordre pour une unité d'accroissement

---

* Ce principe n'est pas rigoureusement exact; mais il peut être adopté dans les limites où l'on opère, puisque les différences tabulaires ne varient pas dans l'intervalle de plusieurs nombres entiers consécutifs.

du nombre; par conséquent, pour 0,7 d'unité d'accroissement du nombre, le logarithme augmentera de 13 × 0,7, soit 9,1 unités du dernier chiffre décimal.

Comme nous prenons les logarithmes avec cinq chiffres décimaux, nous n'ajouterons que 9, et le logarithme de 3377,7 sera 3,52862.

Voici le type du calcul :

$$\log \quad 3377 = 3,52853 \qquad\qquad 13$$
$$0,7 = \qquad 9 \qquad\qquad 0,7$$
$$\overline{\log 3377,7 = 3,52862} \qquad\qquad \overline{9,1}$$
$$\log 3377,7 = 4,52862.$$

EXEMPLE II. Trouver le logarithme de 31415926. On cherche d'abord le logarithme de 3141,5926 comme dans l'exemple précédent; puis on met la caractéristique qui correspond au nombre donné. La différence tabulaire étant 14, on aura

$$\log 3141 \quad = 3,49707 \qquad\qquad 0,5926$$
$$0,5926 = \qquad 8 \qquad\qquad 14$$
$$\overline{\log 3141,5926 = 3,49715} \qquad\qquad \overline{8,2964}$$
$$\log 3141\,5926 = 7,49715.$$

Dans le calcul des parties proportionnelles, il ne faut tenir compte que des six premiers chiffres du nombre; on néglige entièrement le septième chiffre et les chiffres suivants, qui n'ont aucune influence sur la partie décimale du logarithme.

3ᵉ CAS. Le nombre étant une fraction ou un nombre fractionnaire, on cherche le logarithme du numérateur, puis celui du dénominateur, et on retranche celui-ci du premier; le reste est le logarithme de la fraction.

EXEMPLE. On demande $\log \dfrac{3594}{23}$.

$$\log 3594 = 3,55558$$
$$\log \quad 23 = 1,36173$$
$$\overline{\log \dfrac{3594}{23} = 2,19385.}$$

EXEMPLE I. Trouver le logarihme de $\frac{175420}{65432}$.

$$\log\ 175420 = 5,24408$$
$$\log\ 65432 = 4,81579$$
$$\overline{\log \tfrac{175420}{65432} = 0,42829}$$

EXEMPLE II. Trouver le logarithme de

$$\frac{88732 \times 55556}{37772 \times 13781}.$$

Soit x le quotient, nous avons

$$\log\ x = \log\ 88732 + \log\ 55556 - \log\ 37772 - \log\ 13782\,;$$

or
$$\log\ 88732 = 4,94808$$
$$\log\ 55556 = 4,74473$$

donc
$$\overline{\log\ 88732 + \log\ 55556 = 9,69281}$$

de plus
$$\log\ 37772 = 4,57717$$
$$\log\ 13781 = 4,13928$$

donc
$$\overline{\log\ 37772 + \log\ 13481 = 8,71645}$$

et
$$\log\ x = 9,69281 - 8,71645$$
d'où

$$\log\ x = 0,97636.$$

4ᵉ CAS. Le nombre donné est un *nombre décimal.*

EXEMPLE. Trouver le logarithme de 223,456.

$$\log\ 2234 = 3,34908$$

$$\overline{\qquad\qquad 0,56 \qquad 11}$$
$$\log\ 2234,56 = 3,34919$$

$$\begin{array}{r} 0,56 \\ 20 \\ \hline 11,2 \end{array}$$

donc $\log\ 223,456 = 2,34919$

5ᵉ CAS. Enfin lorsqu'il s'agit de chercher le logarithme d'un *nombre fractionnaire*, on le met d'abord sous la forme d'une fraction ordinaire; ou encore on convertit la fraction en fraction décimale qu'on joint au nombre entier.

EXEMPLE. Trouver le logarithme de 341 $\frac{16}{45}$.
Si l'on convertit le nombre fractionnaire en fraction, on a

$$341 \tfrac{16}{45} = \tfrac{15361}{45}$$

$$\begin{aligned} \log\ 15361 &= 4,18642 \\ \underline{\log\quad 45} &= \underline{1,65321} \\ \log\ \tfrac{15361}{45} &= 2,53321 \end{aligned}$$

Si l'on convertit le nombre fractionnaire en nombre décimal, on a

$$341 \tfrac{16}{45} = 341,355$$

$$\begin{aligned} \log\ 3413 &= 3,53314 \\ 0,55\qquad\qquad &\ 7 \\ \overline{\log\ 3413,55} &= 3,53321 \\ \log\ 341,355 &= 2,53321 \end{aligned}$$

comme ci-dessus.

368. *Un logarithme étant donné, trouver par le moyen des tables le nombre auquel il appartient.*

1er CAS. La partie décimale du logarithme se trouve dans la table.
Si la partie décimale du logarithme se trouve dans la table, on prend le nombre correspondant, et on fait exprimer à ce nombre des unités de l'ordre indiqué par la caractéristique du logarithme donné.

EXEMPLE. Trouver le nombre dont le logarithme est 3,65437. On trouve directement dans la table

$$3,65437 = \log 4512.$$

De là on déduit immédiatement les nombres correspondant à

tous les logarithmes qui ont même partie décimale, mais une caractéristique différente; par exemple

$$7,65437 = \log \ 45120000$$

$$6,65437 = \log \ 4512000$$

$$5,65437 = \log \ 451200$$

$$4,65437 = \log \ 45120$$

$$3,65437 = \log \ 4512$$

$$2,65437 = \log \ 451,2$$

$$1,65437 = \log \ 45,12$$

$$0,65437 = \log \ 4,512,$$

2ᵉ Cas. La partie décimale du logarithme ne se trouve pas dans la table.

Supposons qu'on cherche le nombre dont le logarithme est 3,57431. On cherche le plus grand logarithme de la table contenu dans le logarithme donné; on trouve 57426, qui correspond au nombre 3572.

La différence tabulaire est 12; la différence entre le logarithme donné et le logarithme tabulaire est 5.

Or les différences entre les nombres sont sensiblement proportionnelles aux différences entre leurs logarithmes; par conséquent, si la différence 12 entre les logarithmes correspond à une unité de différence des nombres, la différence 5 des logarithmes correspond à une différence égale à $\frac{5}{12}$ d'unité ou 0,42 entre les nombres, et le nombre cherché est

$$3572,4.$$

Comme les logarithmes sont approchés à moins d'une demi-unité du cinquième ordre, les différences des logarithmes, 5 et 12, peuvent être en erreur de moins d'une unité, et leur rapport ne donne qu'une seule figure exacte au quotient.

Voici le type du calcul :

$$3,57426 = \log 3572 \qquad\qquad 50 \,|\, 12$$
$$5 \qquad\qquad 0,4 \qquad\qquad 20 \,|\, \overline{0,42}$$
$$\overline{3,57431 = \log 3572,4}$$

Enfin si l'on connaît le nombre correspondant au logarithme 3,57431, on en déduit immédiatement les nombres correspondant à tous les logarithmes qui ont même partie décimale, mais une caractéristique différente ; par exemple,

$$4,57431 = \log 35724$$

$$3,57431 = \log 3572,4$$

$$2,57431 = \log 357,24$$

$$1,57431 = \log 35,724$$

$$0,57431 = \log 3,5724.$$

Application de la théorie des logarithmes.

Quand un nombre inconnu résulte de multiplications, divisions, élévations aux puissances ou extractions de racines carrées, ou d'opérations encore plus difficiles telles que la détermination de l'exposant d'une puissance : pour déterminer sa valeur, on cherche celle de son logarithme, qui résulte d'opérations beaucoup plus simples. Le logarithme étant connu, le nombre correspondant se détermine comme il a été dit.

EXEMPLE I. Calculer par logarithmes le produit de 3,14159 par 443,296. Soit x le produit, on a

$$\log x = \log 3,14159 + \log 443,296$$

mais

$$\log 3,14159 = 0,49715$$
$$\log 443,296 = 2,64669$$

donc

$$\overline{\log x = 3,14384}$$

et

$$x = 1392,6.$$

EXEMPLE II. Calculer le quotient de 4,1593 par 2,5616.

Soit x le quotient, on a

$$\log x = \log 4,1593 - \log 2,5616$$

mais
$$\log 4,1593 = 0,61902$$
$$\log 2,5616 = 0,40851$$

donc
$$\log\ x = 0,21051$$

et
$$x = 1,6237.$$

EXEMPLE III. Convertir en fraction décimale $\frac{815,46}{29,876}$.

Soit x la fraction, on a :

$$\log 815,46 = 2,91140$$
$$\log 29,876 = 1,47532$$

donc
$$\log x = 1,43608$$

et
$$x = 27,295.$$

EXEMPLE IV. Elever à la cinquième puissance la fraction $\frac{65432}{48854}$.

Soit x la puissance, on a

$$\log\ x = 5\ \log \frac{65432}{48854} = 5\ \log 65432 - 5\ \log 48854$$

$$\log 65432 = 4,81579$$
$$\log 48854 = 4,68890$$

$$\text{diff.} = 0,12689$$

donc
$$\log x = 0,63445$$

et
$$x = 4,3097$$

EXEMPLE V. Extraire la racine cubique de 41,116.

Soit x la racine demandée, on a

$$\log x = \tfrac{1}{3}.\ \log 41,116$$

or
$$\log 41,116 = 1,61401$$

donc
$$\log x = 0,53800$$

et
$$x = 3,4515$$

EXEMPLE VI. Calculer $x = \dfrac{\sqrt[5]{6,4208}}{\sqrt[3]{1,9361}}$

On a $\log x = \frac{1}{5} \log 6,4208 - \frac{1}{3} \log 1,9361$;

mais $\quad \log 6,4208 = 0,80759$, et $\frac{1}{5} \log 6,4208 = 0,16152$;

et $\quad \log 1,9361 = 0,28693$, et $\frac{1}{3} \log 1,9361 = 0,09564$

$\qquad\qquad$ donc $\qquad\qquad \log x = 0,06588$

$\qquad\qquad$ et $\qquad\qquad\qquad x = 1,1638$.

EXEMPLE VII. Insérer 4 moyens par quotient entre les deux nombres 2,3456 et 7,6543, et déterminer la raison de la progression.

Désignons par a et l les deux nombres, par q la raison ; nous savons (**347**) que

$$q = \sqrt[5]{\frac{l}{a}}.$$

$\log 7,6543 = 0,88391$
$\log 2,3456 = 0,37025$

$\quad$ diff. $= 0,51366$

donc $\qquad\qquad\qquad \log q = 0,10273$

et $\qquad\qquad\qquad\qquad q = 1,2669$.

Les termes de la progression, y compris les termes extrêmes, sont

$$a,\ aq,\ aq^2,\ aq^3,\ aq^4,\ l$$

donc $\quad \log aq = 0,47298$ et $aq = 2,9715$ 2e terme

$\qquad \log aq^2 = 0,57571$ et $aq^2 = 3,7645$ 3e terme

$\qquad \log aq^3 = 0,67844$ et $aq^3 = 4,7691$ 4e terme

$\qquad \log aq^4 = 0,78118$ et $aq^4 = 6,0420$ 5e terme.

EXEMPLE VIII. Déterminer l'exposant x de l'équation $15^x = 343$.

En prenant les logarithmes des deux termes de l'équation donnée, on a

$$x \log 15 = \log 343 ;$$

donc $$x = \frac{\log 343}{\log 15} = \frac{2,53529}{1,17609} = 2,1557.$$

EXEMPLE. IX. 2000 francs ont été placés à intérêts composés pendant 12 ans; combien ont-ils produit au bout de ce temps, à 5 pour 100?

On a (**242**) $x = 2000 \times 1,05^{12}$

donc $\log x = \log 2000 + 12 \log 1,05$

$$\log 1,05 = 0,02119$$
$$12 \log 1,05 = 0,25428$$
$$\log 2000 = 3,30103$$
$$\log x = 3,55531$$
$$x = 3591^f,75^c$$

EXEMPLE X. On demande la valeur actuelle de 6400 francs payables au bout de 15 ans ; le taux d'intérêt étant à 5 pour 100.

Nous avons (**243**) $x = \frac{6400}{1,05^{15}}$

donc $\log x = \log 6400 - 15 \log 1,05$

$$15 \log 1,05 = 0,31785$$
$$\log 6400 = 3,80618$$
$$\log x = 3,48833$$

donc

et $x = 3078,^f40^c$

EXEMPLE XI. Une somme de 3600 francs, placée pendant 6 ans, a produit 5200 francs ; à quel taux était-elle placée?

D'après (**245**) nous avons

$$5200 = 3600 \times (1+r)^6$$

donc $$\log 5200 = \log 3600 + 6 \log (1+r)$$

mais
$$\log 5200 = 3,71600$$
$$\log 3600 = 3,55630$$

donc
$$6 \log (1+r) = 0,15970$$

$$\log (1+r) = 0,02662$$

et
$$1+r = 1,0632$$

le taux est donc de 6,32 pour 100.

EXEMPLE. XII. On demande en combien d'années un capital de 7400 francs deviendrait 20 000 francs, en calculant les intérêts à 5 pour 100?

D'après (**245**) on a

$$2000 = 7400 \times 1,05^x$$

En prenant les logarithmes des deux membres de cette équation, on obtient

$$\log 20000 = \log 7400 + x \log 1,05$$

donc
$$x = \frac{\log 20000 - \log 7400}{\log 1,05}$$

ou
$$x = \frac{0,43180}{0,02119} = 20,378 \text{ ans}$$

$$= 20 \text{ ans } 138 \text{ jours.}$$

TABLES DE CALLET.

Disposition des tables de logarithmes de Callet.

570. La première table est toute simple; elle contient les nombres naturels depuis 1 jusqu'à 1200, disposés suivant leur ordre en plusieurs colonnes, au haut desquelles on voit la lettre

N, initiale du mot *nombre;* à côté et à droite de ces colonnes, on en remarque d'autres, au haut desquelles est écrit Log., initiales du mot *logarithmes;* de manière que chaque colonne de nombres est immédiatement suivie d'une colonne de logarithmes, et que chaque logarithme est placé à droite et dans l'alignement du nombre auquel il appartient. On n'a pas mis de caractéristique aux logarithmes, parce qu'on la connaît aisément à la seule inspection du nombre.

Cette table est nommée *Chiliade I,* parce qu'en effet elle contient les logarithmes du premier mille. (*Chiliade* est un mot grec francisé, qui signifie assemblage de mille unités.)

Les tables suivantes sont un peu plus composées; elles s'étendent depuis 1020 jusqu'à 108000. La première colonne qu'on y remarque vers la gauche, est intitulée N, et contient les nombres naturels depuis 1020 jusqu'à 10800. La colonne suivante, marquée 0, offre les logarithmes qui appartiennent à ces nombres; en sorte que l'assemblage de ces deux colonnes forme la suite de la table première, et donne sur-le-champ les logarithmes des nombres depuis 1020 jusqu'à 10800.

Si l'on observe la colonne marquée 0, on verra vers la gauche de cette colonne certains nombres isolés de trois chiffres chacun, qui vont toujours en augmentant d'une unité, et qui ne sont pas à des distances tout à fait égales les uns des autres. Vers la droite de la même colonne sont des nombres de quatre chiffres chacun, qui ne laissent point d'intervalle entre eux; en sorte qu'on pourrait croire que certains logarithmes n'ont que quatre chiffres, tandis que d'autres en ont sept.

Mais qu'on ne s'y trompe pas, chaque nombre isolé est censé écrit au-dessous de lui-même, et vis-à-vis chacun des nombres de quatre chiffres qui sont dans la même colonne, autant de fois qu'il est nécessaire pour que chaque ligne soit remplie : lors donc qu'on ne trouve vis-à-vis un certain nombre que quatre chiffres dans la colonne marquée 0, il faut écrire vers la gauche de ces quatre chiffres le nombre isolé de trois chiffres le plus prochain en montant. Au delà de 10000, les nombres isolés ont quatre figures.

Lorsque deux nombres sont décuples l'un de l'autre, leurs logarithmes ont pour différence le logarithme de 10 qui est 1, et par conséquent leur partie décimale est la même; ainsi l'assemblage des deux premières colonnes dont nous venons de parler, donne aussi de dix en dix les logarithmes des nombres compris entre 10200 et 108000. Pour trouver les logarithmes des nombres intermédiaires, il faut avoir recours aux colonnes marquées 1, 2, 3, 4, etc. Ces colonnes contiennent les quatre dernières décimales des logarithmes des nombres terminés par les chiffres qui sont en tête de ces colonnes. Ainsi la colonne marquée 0 contient les quatre dernières décimales des logarithmes des nombres compris entre 10200 et 108000 qui sont terminés par un zéro, et en outre les nombres isolés dont nous avons parlé, et qui sont aussi censés placés à la gauche des chiffres que contiennent les autres colonnes. La colonne marquée 1 contient les quatre derniers chiffres des logarithmes de tous les nombres terminés par 1 ; la colonne marquée 2, ceux de tous les nombres terminés par 2 ; la colonne marquée 3, ceux de tous les nombres terminés par 3 ; et ainsi de suite jusqu'à neuf. On a par ce moyen une table à double entrée, dans laquelle on consulte d'abord la première colonne marquée N ; et lorsqu'on y a trouvé les quatre premières figures du nombre dont on veut avoir le logarithme, on suit de l'œil la ligne sur laquelle ils se trouvent, jusqu'à ce qu'on soit arrivé à la colonne au haut de laquelle se trouve le dernier chiffre du nombre donné ; alors on a sous les yeux les quatre derniers chiffres du logarithme cherché. Quant aux trois premiers, ils sont exprimés par le nombre isolé qui se trouve dans la seconde colonne, le plus prochain en montant.

La dernière colonne contient les différences de deux logarithmes consécutifs et les parties de ces différences, c'est-à-dire les produits de ces mêmes différences multipliées par $\frac{1}{10}$, $\frac{2}{10}$, $\frac{3}{10}$, etc., jusqu'à $\frac{9}{10}$. Ces produits forment autant de petites tables qu'il y a de différences. Chacune de ces petites tables se trouve placée immédiatement au-dessous de la différence dont elle indique les parties. On verra plus loin quel est leur usage.

Mais, comme, vers le commencement des tables, ces différences se trouvent trop nombreuses, et par conséquent trop près les unes des autres, elles n'auraient pas permis, si elles n'eussent occupé qu'une colonne, de placer les petites tables des parties dans l'intervalle qui se serait trouvé entre elles. C'est pourquoi on les a disposées d'abord sur deux colonnes : la première de ces différences occupe la première colonne; les deux suivantes, sans sortir de la ligne horizontale où elles doivent être placées, sont repoussées à droite et occupent la seconde colonne; les deux différences qui suivent se trouvent sur la première colonne, et les deux suivantes sur la seconde : ainsi de suite. Dans les quatre premières pages, on n'a placé les tables des parties de ces différences que de deux en deux.

Pour rendre ces explications plus claires, nous reproduisons ici l'une des pages de la table de Callet :

N.	0	1	2	3	4	5	6	7	8	9	DIFF.
7680	885.3612	3669	3725	3782	3838	3895	3951	4008	4065	4121	57
81	4178	4234	4291	4347	4404	4460	4517	4573	4630	4686	1	6
82	4743	4800	4856	4913	4969	5026	5082	5139	5195	5252	2	11
83	5308	5365	5421	5478	5534	5591	5647	5704	5761	5817	3	17
84	5874	5930	5987	6043	6100	6156	6213	6269	6326	6382	4	23
7685	6439	6495	6552	6608	6665	6721	6778	6834	6891	6947	5	29
86	7004	7060	7117	7173	7230	7286	7343	7399	7456	7512	6	34
87	7569	7625	7682	7738	7795	7851	7908	7964	8021	8077	7	40
88	8134	8190	8247	8303	8360	8416	8473	8529	8586	8642	8	46
89	8699	8755	8812	8868	8925	8981	9037	9094	9150	9207	9	51
7690	9263	9320	9376	9433	9489	9546	9602	9659	9715	9772	
91.	9828	9885	9941	9998	0054	0110	0167	0223	0280	0336	
92	886.0393	0449	0506	0562	0619	0675	0732	0788	0844	0901	
93	0957	1014	1070	1127	1183	1240	1296	1352	1409	1465	
94	1522	1578	1635	1691	1748	1805	1860	1917	1973	2030	
7695	2086	2143	2199	2256	2312	2368	2425	2481	2538	2594	
96	2651	2707	2763	2820	2876	2933	2989	3046	3102	3158	
97	3215	3271	3328	3384	3441	3497	3553	3610	3666	3723	
98	3779	3835	3892	3948	4005	4061	4118	4174	4230	4287	
99	4343	4400	4456	4512	4569	4625	4682	4738	4794	4851	
7700	4907	4964	5020	5076	5133	5189	5246	5302	5358	5415	
01	5471	5528	5584	5640	5697	5753	5810	5866	5922	5979	
02	6035	6092	6148	6204	6261	6317	6373	6430	6486	6543	
03	6599	6655	6712	6768	6824	6881	6937	6994	7050	7106	
04	7163	7219	7275	7332	7388	7445	7501	7557	7614	7670	
7705	7726	7783	7839	7896	7952	8008	8065	8121	8177	8234	
06	8290	8346	8403	8459	8515	8572	8628	8685	8741	8797	
07	8854	8910	8966	9023	9079	9135	9192	9248	9304	9361	
08	9417	9473	9530	9586	9642	9699	9755	9811	9868	9924	
09	9980	0037	0093	0149	0206	0262	0318	0375	0431	0487	
7710	887.0544	0600	0656	0713	0769	0825	0882	0938	0994	1051	
11	1107	1163	1220	1276	1332	1389	1445	1501	1558	1614	
12	1670	1727	1783	1839	1895	1952	2008	2064	2121	2177	
13	2233	2290	2346	2402	2459	2515	2571	2627	2684	2740	
14	2796	2853	2909	2965	3022	3078	3134	3190	3247	3303	
7715	3359	3416	3472	3528	3584	3641	3697	3753	3810	3866	
16	3922	3978	4035	4091	4147	4204	4260	4316	4372	4429	
17	4485	4541	4598	4654	4710	4766	4823	4879	4935	4991	
18	5048	5104	5160	5217	5273	5329	5385	5442	5498	5554	
19	5610	5667	5723	5779	5835	5892	5948	6004	6060	6117	
7720	6173	6229	6286	6342	6398	6454	6511	6567	6623	6679	
21	6736	6792	6848	6904	6961	7017	7073	7129	7185	7242	
22	7298	7354	7410	7467	7523	7579	7635	7692	7748	7804	
23	7860	7917	7973	8029	8085	8142	8198	8254	8310	8366	
24	8423	8479	8535	8591	8648	8704	8760	8816	8872	8929	
7725	8985	9041	9097	9154	9210	9266	9322	9378	9435	9491	
26	9547	9603	9659	9716	9772	9828	9884	9941	9997	0053	
27	888.0109	0165	0222	0278	0334	0390	0446	0503	0559	0615	
28	0671	0727	0784	0840	0896	0952	1008	1064	1121	1177	
29	1233	1289	1345	1402	1458	1514	1570	1626	1683	1739	
N.	0	1	2	3	4	5	6	7	8	9	

On voit dans la table, à gauche de la colonne N, deux autres
colonnes, que nous n'avons pas reproduites, parce qu'elles n'ont
aucun rapport avec la théorie des logarithmes.

Usage des tables de logarithmes de Callet.

371. PROBLÈME I. *Un nombre quelconque étant donné, trouver
son logarithme par le moyen des tables.*

Quelle que soit la place qu'occupe dans la suite décimale le
premier chiffre significatif d'un nombre, on le considérera
d'abord comme s'il était entier, sauf à donner ensuite à son logarithme une caractéristique convenable.

1ᵉʳ CAS. Si le nombre donné est moindre que 1200, on le
trouvera dans la première chiliade, parmi les nombres naturels
qui sont dans quelques-unes des colonnes marquées N. Le
nombre qu'on trouvera à sa droite, sur la même ligne et dans
la colonne suivante, intitulée log., sera son logarithme, après
qu'on y aura joint la caractéristique qui convient à ce logarithme,
laquelle est toujours égale à 0, 1, 2, 3, 4, etc., selon que le premier chiffre significatif du nombre exprime des unités simples,
des dizaines, des centaines ou des mille, etc.

2ᵉ CAS. Si le nombre donné est compris entre 1020 et 10800,
on le cherchera dans la table qui vient après la chiliade I, et
l'ayant trouvé dans la colonne intitulée N, on consultera la colonne suivante marquée 0. Si l'on y voit sept chiffres de front
dans l'alignement du nombre naturel, on aura tout d'un coup la
partie décimale du logarithme cherché ; mais si l'on n'y trouve
que quatre figures, elles donneront les quatre derniers chiffres
de la même partie décimale ; ensuite on remarquera qu'il règne
à leur gauche une marge ou espace blanc ; on suivra cette marge
en montant, et le premier nombre de trois chiffres qu'on y ren-
contrera, exprimera les trois premières figures de la fraction
décimale du logarithme cherché. Écrivant donc ce nombre vers
la gauche des quatre chiffres qu'on a déjà trouvés, on aura un
nombre de sept chiffres comme ci-dessus : enfin on y joindra
une caractéristique convenable. Par exemple, à côté de 7680,
je trouve 8853612 sur la même ligne et dans la colonne marquée 0 ; j'ai donc tout d'un coup la partie décimale du loga-

rithme que je cherche ; il ne me reste plus qu'à y joindre la
caractéristique 3. Si le nombre était 7,680, la caractéristique
serait zéro ; elle serait 1, si le nombre était 76,80 ; 2, s'il était
768. A côté de 7685, dans la colonne marquée 0, je ne trouve
que 2086 ; mais en suivant la marge, le premier nombre que je
rencontre en montant est 886 ; mon logarithme est donc
3,8862086. Le nombre ayant cinq figures, s'il était moindre
que 10800, on trouverait de même son logarithme.

3e CAS. Si le nombre est compris entre 10200 et 108000, c'est-
à-dire s'il a cinq chiffres significatifs, on fera pour un instant
abstraction du dernier, et l'on cherchera, comme ci-dessus, le
nombre qu'expriment les quatre premiers. On suivra de l'œil la
ligne sur laquelle on l'aura trouvé, en la parcourant de gauche à
droite jusqu'à ce qu'on soit dans la colonne en haut de laquelle
est écrit le cinquième chiffre dont on a fait abstraction. Les
quatre figures qui sont tout à la fois dans l'alignement des
quatre premiers chiffres du nombre donné, et dans la colonne
qui répond au cinquième, exprimeront les quatre dernières décimales du logarithme de ce nombre. Quant aux trois premières,
on les trouvera, comme ci-dessus, en remontant le long de la
marge de la colonne intitulée 0. Soit, par exemple, 772,37 dont
on veut le logarithme ; je cherche 7723 dans la colonne N, je ne
vois rien dans son alignement à la marge de la colonne 0 ; mais
un peu plus haut, je rencontre 887 dans cette marge ; je parcours la ligne du nombre 7723, et je m'arrête à la colonne marquée 7, sur laquelle et dans l'alignement de 7723, je trouve
8254. La partie décimale de mon logarithme est donc 0,8878254,
et ce logarithme est 2,8878254. Si le nombre était compris entre
102000 et 108000, on trouverait de même son logarithme.

572. Les explications très-détaillées qui précèdent, donnent
le moyen de trouver le logarithme d'un nombre entier moindre
que 108000 et celui d'un nombre décimal, dont les chiffres,
abstraction faite de la virgule, expriment un nombre inférieur
à cette limite. Pour trouver les logarithmes des nombres plus
grands, on remarque qu'en les divisant par une puissance convenable de 10, on pourra toujours les réduire à être compris
dans les limites de la table ; or, une pareille division diminue

le logarithme d'un nombre entier d'unités, et ne change pas,
par conséquent, sa partie décimale. Le problème se réduit donc
à trouver le logarithme d'un nombre qui n'est pas entier, inférieur à 108000. Pour cela, on admet que, dans des limites peu
éloignées, l'accroissement des logarithmes est proportionnel à
celui des nombres. Soit donc un nombre 76807,753, on dira :

le logarithme de 76807 est 4,8854008,

celui de 76808 est 4,8854065,

leur différence est 57 (unités décimales du septième ordre); par
conséquent, le nombre augmentant d'une unité, son logarithme augmente de 57 ; s'il augmente de 0,753, son logarithme
augmentera d'une quantité x, déterminée par la proportion

$$\frac{1}{0,753} = \frac{57}{x},$$

d'où
$$x = 57 \times 0,753 = 42,95.$$

Dans la multiplication de 57 par 0,753, il ne faudra prendre
que la partie entière du produit; car la partie décimale expri-
merait au plus des dixièmes d'unités du septième ordre, c'est-
à-dire des unités du huitième ordre, que l'on néglige dans la
valeur des logarithmes.

Pour multiplier 57 par 0,753, on le multipliera successivement par 7, 5 et 3; ces produits se trouvent tout calculés dans
le tableau placé au-dessous de 57, dernière colonne à droite de
la table. Ils sont réduits aux chiffres que l'on doit conserver, en
supposant que le multiplicateur exprime des dixièmes. Ainsi,
vis-à-vis de 7, on trouve 40 au lieu de 39,9 qui serait le produit
exact; vis-à-vis de 5, 29 au lieu de 25,5; vis-à-vis de 3, 17 au
lieu de 17,1. Dans le cas actuel, 5 exprimant des centièmes, le
produit correspondant sera 2,9, auquel on substituera 3; 3 exprimant des millièmes, le produit correspondant devra être divisé par 100, il exprimera alors 0,17, et on le négligera.

La valeur de x, 57 $\times$ 0,753 sera, d'après cela, 43, et pour avoir
le logarithme demandé, il faut ajouter au logarithme de 76807,
43 unités du septième ordre, ce qui fera 4,8854051.

Si l'on voulait le logarithme de 76807753, il serait évidemment

7,8854051. En général, pourvu que l'on conserve les mêmes chiffres, à quelque place que l'on mette la virgule, la partie décimale du logarithme reste la même.

375. PROBLÈME II. *Un logarithme étant donné, trouver par le moyen des tables le nombre auquel il appartient.*

1ᵉʳ CAS. Si le logarithme se trouve parmi quelqu'un de ceux de la première chiliade, on aura sur-le-champ le nombre qui lui correspond; ce nombre sera dans la colonne marquée N qui précède immédiatement celle qui contient le logarithme donné, et dans l'alignement de ce logarithme.

2ᵉ CAS. Si le logarithme ne se trouve pas dans la première table, on cherchera les trois premières décimales de ce logarithme parmi les nombres isolés que l'on voit dans la colonne marquée 0 de la seconde table; et les ayant trouvées, on cherchera les quatre dernières figures du logarithme parmi les nombres de quatre chiffres qui sont dans cette même colonne en descendant. Si l'on y trouve ces quatre dernières figures, on verra le nombre cherché dans la colonne marquée N, et sur leur alignement.

3ᵉ CAS. Si l'on ne trouve pas dans la colonne marquée 0 les quatre dernières figures du logarithme donné, on s'arrêtera à celles qui en approchent le plus *en moins*; on suivra la ligne sur laquelle on se sera arrêté, en la parcourant de gauche à droite; et si l'on trouve dans cette ligne les quatre dernières figures du logarithme donné, on suivra en montant ou en descendant la colonne dans laquelle on les aura trouvées; le chiffre qu'on verra à la tête ou au pied de cette colonne sera la cinquième figure du nombre cherché, dont les quatre premières se trouveront, comme ci-dessus, dans la colonne marquée N.

Veut-on savoir, par exemple, à quel nombre appartient le logarithme qui a, pour partie décimale, 8871276. Je cherche 887 parmi les nombres isolés de la colonne marquée 0; je parcours en descendant la même colonne, et je trouve que 1107 approche le plus *en moins* de 1276; je suis la ligne qui commence par 1107, et je trouve 1276 sur cette ligne; je monte dans la colonne qui contient 1276, je trouve le chiffre 3 à la tête de cette colonne; je reviens à 1276, et je vois que la ligne où il se trouve répond au nombre 7711; j'écris ce nombre, et à sa droite le chiffre 3 que j'ai déjà trouvé : ce qui me donne 77113. C'est le nombre qu'il fallait trouver.

4ᵉ Cas. Le logarithme donné ne se trouvant dans aucun des cas précédents, pour avoir le nombre auquel il appartient, on cherchera, comme ci-dessus, le logarithme qui en approche le plus *en moins*. On cherchera le nombre entier correspondant; ce nombre et le suivant comprendront le nombre cherché, et l'on cherchera la différence avec un de ces nombres entiers, à l'aide de la proportion admise (**568**).

Exemple. Soit à chercher le nombre dont le logarithme a pour partie décimale 8858435. On trouvera, comme il a été dit, que ce logarithme est compris entre 8858416 et 8858473, qui répondent aux nombres 76885 et 76886 ; la différence de ces deux logarithmes est 57 unités du dernier ordre, et le logarithme donné surpasse le plus petit des deux de 19 unités du même ordre; on dira donc, à une différence 57 entre les logarithmes correspond une différence 1 entre les nombres, donc à une différence 19 doit correspondre entre les nombres une différence x déterminée par la proportion

$$\frac{57}{19} = \frac{1}{x},$$

d'où l'on conclut $x = \frac{19}{57}$; et, par suite le nombre cherché est $76885 + \frac{19}{57}$, ou, en réduisant en décimales, 76885,33.

374. Remarque. Nous ne pouvons pas indiquer ici la limite de l'erreur que l'on peut commettre, en supposant l'accroissement des logarithmes proportionnel à celui des nombres. Nous ferons observer seulement que l'inspection des tables montre que cette porportionnalité est à peu près exacte dans des limites assez écartées. La différence de deux logarithmes consécutifs varie, en effet, très-lentement, et, au degré d'approximation que donnent les tables, elle reste souvent constante pendant plusieurs pages; il en résulte évidemment que, pour les nombres entiers compris dans ces pages, l'accroissement des logarithmes est proportionnel à celui des nombres.

Application de la théorie des logarithmes.

375. EXEMPLE I. Calculer l'expression

$$x = \left(\sqrt[3]{13572 \times \tfrac{1}{11}} \right)^2,$$

on écrit cette expression :

$$x = \left(\sqrt[3]{\tfrac{13572}{11}} \right)^2$$

et l'on a

$$\log x = \tfrac{2}{3} (\log 13572 - \log 11);$$

mais

$$\log 13572 = 4,1326439$$

$$\log 11 = 1,0413927$$

$$\text{différence} = 3,0912512$$

donc

$$\log x = 2,0608341$$

et

$$x = 115,0361.$$

EXEMPLE II. Calculer

$$x = \sqrt[5]{\frac{1}{375} \times 0,5142}.$$

Les nombres plus petits que l'unité n'ayant pas de logarithmes, on multipliera les deux membres de l'équation par 10, et l'on aura

$$10x = 10\sqrt[5]{\frac{0,5142}{375}} = \sqrt[5]{\frac{51420}{375}}$$

et

$$\log (10x) = \tfrac{1}{5} (\log 51420 - \log 375);$$

or

$$\log 51420 = 4,7111321$$

$$\log 375 = 2.5740313$$

$$\text{différence} = 2,1371008$$

donc

$$\log (10x) = 0,4274202$$

$$10x = 2,675594$$

et

$$x = 0,2675594.$$

Exemple III. Quelle annuité faut-il payer pendant 33 ans pour amortir un emprunt de 400000 francs ; le premier payement se faisant à la fin de la première année, et le taux d'intérêt étant de 5 pour 100 ?

En désignant par a l'annuité à payer, nous avons (248) :

$$a = \frac{400000 \times 0,05}{1 - \dfrac{1}{1,05^{33}}}$$

ou

$$a = \frac{20000}{1 - \dfrac{1}{1,05^{33}}} \; ;$$

donc
$$\log a = \log 20000 - \log\left(1 - \frac{1,05^{33}}{1}\right) \; ;$$

mais
$$\log 1,05 = 0,0211893 ,$$

don
$$\log (1,05^{33}) = 0,6992469 ,$$

et
$$\log \frac{10}{1,05^{33}} = 0,3007531 ;$$

Par suite
$$\frac{1}{1,05^{33}} = 0,1998726 ,$$

$$1 - \frac{1}{1,05^{33}} = 0,8001274 ;$$

Puis
$$\log 8,001274 = 0,9031592 ,$$

$$\log 200000 = 5,3010300 ;$$

en retranchant de ce dernier logarithme le logarithme de 8,001274, on obtient

$$\log a = 4,3978708 ,$$

d'où
$$a = 24996,02 \text{ francs,}$$

annuité demandée.

Des différents systèmes de logarithmes.

576. On peut choisir à volonté des progressions par différence et par quotient, commençant l'une par 0, l'autre par
l'unité ; elles fourniront un système de lôgarithmes qui jouira
de toutes les propriétés démontrées (**358**). Ces systèmes, en
nombre infini, sont liés les uns aux autres par une loi très-
simple, qui résulte du théorème suivant :

THÉORÈME. *Le rapport des logarithmes de deux nombres est le
même dans tous les systèmes.*

Soient, en effet, A et B deux nombres quelconques, et $\dfrac{m}{n}$ la
fraction à termes entiers qui, dans un certain système, représente le rapport de leurs logarithmes; on aura

$$\frac{\log A}{\log B} = \frac{m}{n},$$

et par suite, $\qquad n \log A = m \log B,$

ou bien $\qquad \log A^n = \log B^m,$

d'où l'on conclut $\qquad A^n = B^m;$

mais quel que soit le système de logarithmes adopté, il résulte
de cette dernière égalité

$$\log A^n = \log B^m,$$

et, par conséquent, $\qquad n \log A = m \log B,$

ou, ce qui revient au même,

$$\frac{\log A}{\log B} = \frac{m}{n}.$$

Le rapport des deux logarithmes est donc, dans un système
quelconque, le même que dans le système primitif.

577. REMARQUE I. La démonstration précédente suppose que le rapport des deux logarithmes considérés soit commensurable. S'il n'en était pas ainsi, on pourrait en considérer deux autres aussi peu différents que l'on voudrait des premiers, et qui rempliraient cette condition; le théorème précédent s'y appliquant, quelque rapprochés qu'ils soient des deux logarithmes proposés, nous admettons, comme évident, qu'il s'applique aussi à ceux-ci.

Remarque II. Si A et B désignent deux nombres quelconques, et qu'on représente leurs logarithmes, pris dans deux systèmes différents, par log A, log B, log' A, log' B, on a, d'après le théorème précédent,

$$\frac{\log A}{\log B} = \frac{\log' A}{\log' B},$$

d'où l'on conclut aisément

$$\frac{\log' A}{\log A} = \frac{\log' B}{\log B},$$

et, par conséquent, pour obtenir log' A et log' B, il faudrait multiplier log A et log B par un même nombre, c'est-à-dire que, *pour obtenir les logarithmes des différents nombres dans un système quelconque, il faut multiplier par un nombre constant les logarithmes pris dans un autre système.*

578. Il résulte du théorème précédent, qu'une table de logarithmes étant construite, on pourra en construire une seconde, pourvu que l'on connaisse un seul des logarithmes du nouveau système. Il suffira, en effet, de multiplier les logarithmes du premier système par le rapport de ce logarithme connu au logarithme correspondant du premier système.

Pour définir un système de logarithmes, on donne ordinairement le nombre qui a pour logarithme l'unité. Ce nombre se nomme base du système. La base du système dans les tables de Callet est 10.

579. D'après ce qui précède, les tables calculées pour le cas de la base 10 permettent de calculer un logarithme dans un système quelconque. Soit proposé, par exemple, de calculer le

logarithme de 7698 dans le système dont la base est 12. On trouvera dans les tables de Callet que, dans le système dont la base est 10 :

Le logarithme de 12 est 1,07918125.

Le logarithme de 7698 est 3,8863779.

Dans le système dont la base est 12 :

Le logarithme de 12 est 1.

Le logarithme de 7698 est x,
et, par suite (**374**),

$$\frac{1,07918125}{1} = \frac{3,8863779}{x},$$

d'où l'on tire : $x = 3,601228.$

580. Réciproquement, connaissant le logarithme d'un nombre quelconque, on peut trouver la base du système. Cherchons, par exemple, quelle est la base du système dans lequel le logarithme de 25 est 0,78321.

Nommant b cette base inconnue, on a dans le système en question :

$$\log b = 1,$$

$$\log 25 = 0,78321.$$

Dans le système dont la base est 10 les tables donnent,

$$\log 25 = 1,3979400 ;$$

donc, le logarithme de b, dans ce système, sera déterminé par la proportion

$$\frac{0,78321}{1} = \frac{1,3979400}{x}.$$

En déduisant de cette proportion le logarithme x de la base b

dans le système ordinaire, et, par suite (**372**), la valeur de cette base elle-même, on obtient :

$$x = \log b = \frac{1,3979400}{0,78321}$$

ou $\log b = 1,7848852,$

donc $b = 60,93757.$

RÉSUMÉ.

352. Définition des logarithmes au moyen de deux progressions. — **353.** Extension de la définition aux termes que l'on peut introduire dans les progressions par insertion de moyens. — **354.** De quelque manière qu'un nombre arrive à faire partie de la progression par quotient, son logarithme sera toujours le même. — **355.** Les logarithmes calculés en insérant différents nombres de moyens font partie d'un même système ; il suffit que le nombre des moyens insérés entre deux termes de la progression par différence soit le même qu'entre deux termes de la progression par quotient. — **356.** Définition des logarithmes des nombres qui ne peuvent pas faire partie de la progression par quotient. — **357.** Les nombres commensurables autres que les puissances de 10 ont des logarithmes incommensurables. — **358.** Le logarithme d'un produit de deux facteurs est la somme des logarithmes des facteurs.— **359.** La proposition s'étend aux logarithmes incommensurables. — **360.** Le théorème s'étend à un nombre quelconque de facteurs. — **361.** Logarithme d'une puissance. — **362.** Logarithme d'un quotient. — **363.** Logarithme d'une racine. — **364.** Remarque sur les logarithmes des nombres moindres que l'unité. — **365.** Logarithmes vulgaires. — **366.** Tables de logarithmes. — **367.** Tables de Lalande. Recherche des logarithmes. — **368.** Retour des logarithmes aux nombres. — **369.** Les théorèmes précédents ramènent les opérations à d'autres plus simples, pourvu que l'on sache faire usage des tables de logarithmes. — **370.** Disposition des tables de Callet. — **371.** Usage des tables pour trouver le logarithme d'un nombre compris dans la table. — **372.** Pour trouver le logarithme d'un nombre non compris dans la table, on suppose l'accroissement des logarithmes proportionnel à celui des nombres. — **373.** Moyen de trouver le nombre correspondant à un logarithme donné, dans le cas où le logarithme n'est pas dans la table ; on fait encore usage de la proportion admise plus haut. — **374.** L'inspection des tables prouve que cette proportion est à peu près exacte. — **375.** Application de la théorie des logarithmes. — **376**. Le rapport des logarithmes de deux nombres est le même dans tous les systèmes. — **377**. Cas où les deux logarithmes ont un rapport incommensurable. — **378**. Définition de la base d'un système de logarithmes. — **379**. Recherche d'un logarithme dans une base quelconque. — **380**. Recherche de la base, connaissant le logarithme d'un nombre.

EXERCICES.

I. Partager une somme de 37500 francs entre trois enfants de 5, 8 et 12 ans, de telle manière que chaque part, placée à intérêts composés au taux de 4 pour 100, produise à chacun la même somme quand il atteindra sa 21ᵉ année.

II. Un gouvernement emprunte cent millions de francs. Pour éteindre cette dette, il fonde une caisse d'amortissement de 1 pour 100, c'est-à-dire que chaque année il place un million à intérêts composés. Après combien d'années le fonds d'amortissement sera-t-il égal au capital de la dette, en supposant le taux de l'intérêt constant et égal à 5 pour 100 ?

III. Quelle est la base d'un système de logarithmes dans lequel 6 est le logarithme de 729 ?

IV. Quelles sont les bases commensurables telles que le logarithme de 20 soit commensurable ?

V. Si l'on représente par le signe P(x) le produit de tous les nombres premiers inférieurs à x, on a, quel que soit le nombre entier x,

$$\log (1.2.3.4...x) = \log \mathrm{P}(x) + \log \mathrm{P}\left(\frac{x}{2}\right) + \log \mathrm{P}\left(\frac{x}{3}\right) + \ldots$$

$$+ \log \mathrm{P}(\sqrt{x}) + \log \mathrm{P}\left(\sqrt{\frac{x}{2}}\right) + \log \mathrm{P}\left(\sqrt{\frac{x}{3}}\right) + \ldots$$

$$+ \log \mathrm{P}(\sqrt[3]{x}) + \log \mathrm{P}\left(\sqrt[3]{\frac{x}{2}}\right) + \log \mathrm{P}\left(\sqrt[3]{\frac{x}{3}}\right) + \ldots$$

$$+ \log \mathrm{P}(\sqrt[4]{x}) + \log \mathrm{P}\left(\sqrt[4]{\frac{x}{2}}\right) + \ldots$$

$$+ \cdots\cdots\cdots\cdots\cdots\cdots$$

CHAPITRE XIX.

SUR LES DIFFÉRENTS SYSTÈMES DE NUMÉRATION.

Conventions qui peuvent donner naissance aux différents systèmes.

581. Le principe de notre système de numération n'est aucunement lié au choix particulier du nombre 10, qui y exprime le rapport d'une unité à celle de l'ordre suivant. On aurait pu adopter une autre base, et, en conservant le même principe, faire usage d'un nombre différent de caractères. Si, par exemple, on adoptait pour base le nombre 8, il faudrait convenir qu'un chiffre placé à la droite d'un autre lui fait acquérir une valeur 8 fois plus grande. D'après cela, les unités des différents ordres s'écriraient :

$$10$$
$$100$$
$$1000$$
$$10000$$
$$\text{etc...,}$$

et représenteraient respectivement 8 unités, 64 unités, 512 unités, 4096 unités, chacune d'elles étant 8 fois plus grande que la précédente. Pour écrire un nombre dans ce système, il faudrait le décomposer en unités de divers ordres, et l'on n'aurait jamais besoin d'admettre plus de 7 unités d'un ordre donné; car 8 en formeraient une de l'ordre suivant. 8 caractères, y compris le zéro, suffiraient pour écrire tous les nombres.

Traduire, dans un système quelconque, un nombre écrit dans le système décimal.

582. Soit le nombre 783214, écrit dans le système décimal, à traduire dans le système dont la base est 8. Puisque, dans ce nouveau système, chaque unité du second ordre vaut 8 unités simples, en divisant le nombre proposé par 8, le quotient exprimera le nombre d'unités du second ordre qu'il contient, et le reste sera, par conséquent, le chiffre des unités simples. De même, en divisant le quotient obtenu par 8, le nouveau quotient sera le nombre des unités du troisième ordre, et le reste le nombre des unités du second ordre ; en continuant ainsi jusqu'à ce qu'on arrive à un quotient moindre que 8, on obtiendra tous les chiffres de l'expression demandée. Voici le tableau des opérations :

```
783214 | 8
    63   97901 | 8
    72    17   12237 | 8
    01    19    42   1529 | 8
    14    30    23    72   191 | 8
     6    61    77    09    31   23 | 8
           5     5     1     7    7 | 2
```

Les chiffres cherchés sont les restes successivement obtenus et le dernier quotient ; l'expression cherchée est donc 2771556.

REMARQUE. Si la base choisie est plus grande que 10, il faudra employer plus de dix caractères. Par exemple, dans le système dont la base est 12, ou duodécimal, il faudrait un caractère pour exprimer 10 et un autre pour exprimer 11 ; on adoptera, par exemple, a et b. En appliquant la méthode précédente au nombre 59321, on trouve qu'il s'exprime, dans le système duodécimal, par $2a3b5$.

Traduire, dans le système décimal, un nombre écrit dans un système quelconque.

385. Cette question ne diffère pas, au fond, de la précédente ; il s'agit, dans les deux cas, de passer d'un système à un autre, et le système décimal n'a aucune propriété spéciale qui oblige à le distinguer des autres. On pourrait donc passer d'un système quelconque au système décimal par une série de divisions ; mais ces divisions devraient être faites dans le système de numération dans lequel serait écrit le nombre donné, et pourraient, à cause du manque d'habitude, paraître plus embarrassantes.

On peut leur substituer des multiplications faites dans le système décimal.

EXEMPLE. Soit à traduire dans le système décimal le nombre $39a4$, écrit dans le système duodécimal.

Le chiffre 4 exprime 4 unités,

Le chiffre a exprime 10×12 ou 120 unités,

Le chiffre 9 exprime 9×12^2 ou 1296 unités,

Le chiffre 3 exprime 3×12^3 ou 5184 unités;

et par suite, le nombre proposé exprime la somme de ces différents produits, c'est-à-dire 6604.

REMARQUE. On pourrait aussi passer du système décimal à un système quelconque, en faisant seulement des multiplications; mais ces multiplications devraient être faites dans le nouveau système de numération.

Nous ne donnerons aucun détail sur la manière d'opérer dans ces différents systèmes qui ne sont jamais employés. Les règles étant d'ailleurs absolument les mêmes que pour le système décimal, on n'aura aucune difficulté à les trouver et à les appliquer.

EXERCICES.

I. Quels sont, dans un système quelconque de numération, les nombres qui jouissent de propriétés analogues à celles des nombres 9 et 11 [(**77**), (**79**)] dans le système décimal?

II. b étant la base d'un système de numération, si un nombre θ divise $b^m - 1$ et un nombre N de m chiffres, θ divisera tous les nombres résultant des diverses permutations circulaires de N (on appelle permutations circulaires de m chiffres les différents résultats que l'on obtiendrait en écrivant tous ces chiffres en cercle, et en les lisant, à partir d'un chiffre quelconque en suivant le cercle).

TABLE I.

Contenant tous les nombres premiers depuis **1** jusqu'à **9907**.

1	33	41	59	**12**	49	**19**	73	59	11	**34**	79	59	83	87	**54**	91	**62**	**66**	**70**	77	67	91	**87**	09	**95**
2	39	47	63	—	53	—	81	63	19	—	93	77	91	93	—	**58**	—	—	—	81	73	93	—	27	—
3	41	57	77	01	59	01	87	71	23	07	97	**42**	97	**50**	07	—	03	07	01	87	77	97	07	33	11
5	51	63	81	13	67	07	93	77	37	13	—	**38**	99	—	13	01	11	19	13	89	79	**83**	13	37	21
7	57	69	83	17	71	13	97	83	41	31	—	01	**46**	03	17	07	17	37	19	99	83	—	19	51	33
11	63	71	87	23	79	31	**23**	87	49	49	03	11	—	09	19	13	21	53	27	**75**	**79**	—	31	57	39
13	69	77	**9**	29	83	33	—	89	61	57	21	19	03	11	31	21	29	59	39	—	17	37	61	47
17	71	87	—	31	97	49	09	93	67	61	23	19	—	21	37	27	47	6	43	07	01	29	41	73	51
19	77	93	07	37	**16**	51	11	99	79	63	33	29	37	23	41	39	57	73	57	17	07	53	47	81	87
23	81	93	11	49	—	73	33	**27**	83	67	47	31	39	39	43	43	63	79	69	23	19	6	53	87	**96**
29	83	**6**	19	59	01	79	39	—	89	69	51	41	43	51	49	49	69	89	79	29	27	69	61	99	—
31	93	—	29	77	07	87	41	07	**31**	91	53	43	49	59	71	51	71	91	**71**	37	33	77	79	**92**	01
37	**3**	01	37	79	09	93	47	11	—	99	63	53	51	77	77	57	67	**67**	—	41	37	87	83	—	13
41	—	07	41	83	13	97	51	13	09	**35**	77	59	57	81	79	61	87	—	03	47	49	89	**88**	03	19
43	07	13	47	89	19	99	57	19	19	—	81	61	63	87	83	67	99	01	09	49	51	**84**	—	09	23
47	11	17	63	91	21	**20**	71	29	21	11	89	71	73	99	—	**55**	69	**63**	03	21	59	63	—	03	21	29
53	13	19	67	97	27	—	77	31	37	17	**39**	73	79	—	**51**	—	79	—	09	27	61	93	19	07	27	31
59	17	31	74	**13**	37	03	81	41	63	27	—	83	91	01	03	81	01	19	29	73	**80**	23	19	39	43
61	31	41	77	—	57	11	83	49	67	29	07	**89**	**47**	01	03	97	11	33	51	77	—	29	21	41	49
67	37	44	83	01	63	17	89	53	69	33	11	97	—	07	07	**59**	17	37	59	83	09	31	31	57	61
71	47	47	91	03	67	27	93	67	81	39	17	—	**43**	13	19	—	23	61	77	89	11	43	37	77	77
73	49	53	97	07	69	29	99	77	87	41	19	—	21	03	29	63	87	01	17	47	39	81	79
79	53	59	**10**	19	93	39	**24**	89	91	47	23	27	23	37	79	93	**76**	39	61	49	83	89
83	59	61	—	21	97	53	—	91	**32**	57	29	37	29	53	31	27	43	81	**72**	—	53	67	61	93	97
89	67	73	09	27	99	63	11	97	—	59	31	39	33	67	57	39	53	91	—	03	59	**85**	63	**93**	97
97	73	77	13	61	—	71	**28**	03	71	43	49	51	71	63	53	59	03	07	69	—	67	—
1	—	79	83	19	67	—	81	23	—	09	81	47	57	59	79	69	81	61	**68**	11	21	81	01	87	11	19
01	89	**7**	21	73	09	83	37	01	17	83	67	63	83	89	73	87	67	—	13	39	87	13	93	19	21
03	97	—	31	81	21	87	41	03	21	93	89	73	83	97	81	**60**	73	03	19	43	89	21	**89**	37	39
07	—	**4**	33	99	23	89	47	19	**29**	**36**	**40**	91	89	52	91	—	79	23	29	49	93	27	—	37	39
09	—	01	39	**14**	33	99	59	33	51	—	—	97	93	—	**56**	07	89	27	37	69	**81**	37	23	41	43
13	01	09	49	—	41	21	67	37	53	07	01	—	**44**	99	99	—	11	97	29	43	73	—	39	29	43	49
01	19	51	09	47	—	73	43	57	13	03	—	**48**	27	23	29	**64**	01	43	33	49	67
27	09	27	61	23	53	11	77	51	59	17	07	09	**01**	31	39	37	—	41	53	87	11	63	41	71	69
31	19	33	63	27	59	13	**25**	57	71	23	13	21	—	13	33	41	43	21	57	83	91	17	73	51	77	81
37	21	39	69	29	77	29	—	61	99	31	19	23	—	**17**	37	47	47	27	63	97	99	23	81	63	91	87
39	31	43	87	33	83	31	03	79	**33**	37	21	41	—	31	61	51	53	49	69	—	**73**	**77**	47	97	69	97	91
49	33	51	91	39	87	37	21	87	—	43	27	47	—	61	73	53	67	51	71	—	61	99	71	**94**	**98**
51	39	57	93	47	89	41	31	97	01	59	49	51	—	71	79	57	73	69	83	07	03	67	**86**	99	—
57	43	61	97	51	43	39	**29**	07	71	51	77	—	81	59	79	73	99	09	17	71	—	**90**	03	01
63	49	69	**11**	53	—	53	43	—	13	73	57	63	89	97	69	89	81	**69**	21	23	79	09	—	13	11
67	57	73	—	59	01	61	49	03	19	77	73	81	—	83	91	91	—	31	27	91	23	01	19	17
73	61	87	03	71	11	79	51	09	23	91	79	83	**49**	**53**	83	91	91	33	41	**82**	27	07	21	29
79	63	79	01	81	23	**22**	57	17	29	97	91	93	03	03	93	—	11	49	53	—	29	11	31	33
81	67	**8**	17	83	31	—	79	27	31	**37**	93	**45**	09	09	**57**	01	21	17	51	57	09	41	13	33	39
91	79	—	23	87	47	03	91	39	43	—	99	—	19	23	—	13	29	47	69	59	19	47	29	37	51
93	87	09	29	89	61	07	**53**	47	01	**41**	—	03	33	01	21	63	83	21	63	41	39	57
97	91	11	51	93	67	13	**26**	57	59	09	—	13	33	47	11	31	51	59	**74**	93	31	69	43	61	59
99	99	21	53	99	71	21	—	63	61	19	11	17	37	51	17	33	53	61	—	**78**	33	77	49	63	71
2	**5**	23	63	**15**	73	37	09	69	71	27	17	27	19	43	81	37	43	63	67	11	—	37	81	59	67	83
—	27	71	—	7	39	17	71	73	33	29	23	51	87	41	51	69	71	17	17	43	89	67	73	87
11	03	29	81	11	79	43	21	99	89	39	33	47	57	93	43	63	71	77	33	23	63	93	91	79	**99**
23	09	39	87	23	89	51	33	**30**	91	61	39	49	67	99	49	73	77	83	51	29	69	99	**91**	91	—
27	21	53	93	31	—	67	47	—	—	67	53	61	69	—	79	97	81	91	57	41	73	—	—	97	01
29	23	57	—	43	—	69	57	01	—	69	57	67	73	—	83	99	99	97	59	53	87	—	03	—	07

Table II

Racines carrées et Racines cubiques des nombres naturels de 1 à 100.

a	$\sqrt{a}$	$\sqrt[3]{a}$	$\sqrt[3]{a}$	$\sqrt{a}$	a
1	**1**	**1**	3, 708.4298	7, 14142.843	51
2	1, 41421.256	1, 259 9210	3, 732.5111	7, 21110.255	52
3	1, 73205.081	1, 442.2496	3, 756 2858	7, 28010.989	53
4	**2**	1, 587.4011	3, 779.7631	7, 34846.923	54
5	2, 23606.798	1, 709,9759	3, 802.9525	7, 41619.849	55
6	2, 44948.974	1, 817.1206	3, 825.8624	7, 48331.477	56
7	2, 64575.131	1, 912.9312	3, 848.5011	7, 54983.444	57
8	2, 82842.712	**2**	3, 870.8766	7, 61577.311	58
9	**3**	2, 080.0838	3, 892.9965	7, 68114.575	59
10	3, 16227.766	2, 154.4347	3, 914.8676	7, 74596.669	60
11	3, 31662.479	2, 223.9801	3, 936.4972	7, 81024.968	61
12	3, 46410.162	2, 289.4286	3, 957.8915	7, 87400.787	62
13	3, 60555.128	2, 351.3347	3, 979.0571	7, 93795.393	63
14	3, 74165.739	2, 410.1422	**4**	**8**	64
15	3, 87298.335	2, 466.2121	4, 020.7256	8, 06225.775	65
16	**4**	2, 519.8421	4, 041.2401	8, 12403.840	66
17	4, 12310.563	2, 571.2816	4, 061.5480	8, 18535.277	67
18	4, 24264.069	2, 620.7414	4, 081 6551	8, 24621.125	68
19	4, 35889.894	2, 668.4016	4, 101.5661	8, 30662.386	69
20	4, 47213.595	2, 714 4177	4, 121.2853	8, 36660.027	70
21	4, 58257.569	2, 758.9243	4, 140.8178	8, 42614.977	71
22	4, 69041.576	2, 802.0393	4, 160.1676	8, 48528.137	72
23	4, 79583.152	2, 843.8570	4, 179 3392	8, 54400.374	73
24	4, 89896949.	2, 884.4991	4, 198.3364	8, 60232.527	74
25	**5**	2, 924.0177	4, 217.1633	8, 66025.404	75
26	5, 09901.951	2, 962.4960	4, 235.8236	8, 71779.789	76
27	5, 19615.242	**3**	4, 254.3210	8, 77496.439	77
28	5, 29150.262	3, 036.5889	4, 272.6586	8, 83176.087	78
29	5, 38516.481	3, 072.3168	4, 290.8404	8, 88819.442	79
30	5, 47722.558	3, 107.2325	4, 308.8695	8, 94427.191	80
31	5, 56776.436	3, 141.3806	4, 326.7487	**9**	81
32	5, 65685.425	3, 174.8021	4, 344.4815	9, 05538.514	82
33	5, 74456.265	3, 207.5343	4, 362.0707	9, 11043.358	83
34	5, 83095.189	3, 239.6118	4, 379.5191	9, 16515.139	84
35	5, 91607.978	3, 271.0663	4, 396.8296	9, 21954.446	85
36	**6**	3, 301.9272	4, 414.0049	9, 27361.850	86
37	6, 08276.253	3, 332.2218	4, 431.0476	9, 32737.905	87
38	6, 16441.400	3, 361.9754	4, 447.9602	9, 38083.152	88
39	6, 24499.800	3, 391.2114	4, 464.7451	9, 43398.113	89
40	6, 32455.532	3, 419.9519	4, 481.4074	9, 48683.298	90
41	6, 40312.424	3, 448.2172	4, 497.9414	9, 53939.201	91
42	6, 48074.070	3, 476.0266	4, 514.3574	9, 59166.305	92
43	6, 55743.852	3, 503.3981	4, 530.6549	9, 64365.076	93
44	6, 63324.958	3, 530.3483	4, 546.8359	9, 69535.971	94
45	6, 70820.393	3, 556.8933	4, 562.9026	9, 74679.434	95
46	6. 78232 998	3, 583.0479	4, 578.8570	9, 79795.897	96
47	6, 85566.460	3, 608.8261	4, 594.7009	9, 84885.780	97
48	6, 92820.323	3, 634.2411	4, 610.4363	9, 89949.494	98
49	**7**	3, 659.3057	4, 626.0650	9, 94987.437	99
50	7, 07106.781	3, 684.0314	4, 641.5888	**10**	100

TABLE DES CHAPITRES.

Chapitre premier. Notions préliminaires. — Numération décimale. Page   1

Chap. II. Addition et soustraction des nombres entiers..............   9

Chap. III. Multiplication des nombres entiers................   20

Chap. IV. Division des nombres entiers....................   38

Chap. V. Conditions de divisibilité. Preuve par 9 et par 11..........   60

Chap. VI. Diviseurs communs des nombres entiers..............   76

Chap. VII. Théorie des nombres premiers   86

Chap. VIII. Théorie des fractions........   108

Chap. IX. Théorie des fractions décimales........   125

Chap. X. Système métrique.......................   160

Chap. XI. Théorie des rapports et proportions.............   177

Chap. XII. Applications de la théorie des rapports......   190

Chap. XIII. Solutions de quelques problèmes...............   203

Chap. XIV. Théorie des carrés et des racines carrées...........   230

Chap. XV. Théorie des cubes et des racines cubiques..........   252

Chap. XVI. Théorie des nombres incommensurables. Complément des deux chapitres précédents.....................   271

Chap. XVII. Théorie des progressions.................   284

Chap. XVIII. Théorie des logarithmes..   299

Chap. XIX. Sur les différents systèmes de numération..   335

Table I. Nombres premiers....................   338

Table II. Racines carrées et racines cubiques...............   339

FIN DE LA TABLE DES CHAPITRES.

9191. — Imprimerie générale de Ch. Lahure, rue de Fleurus, 9, à Paris.

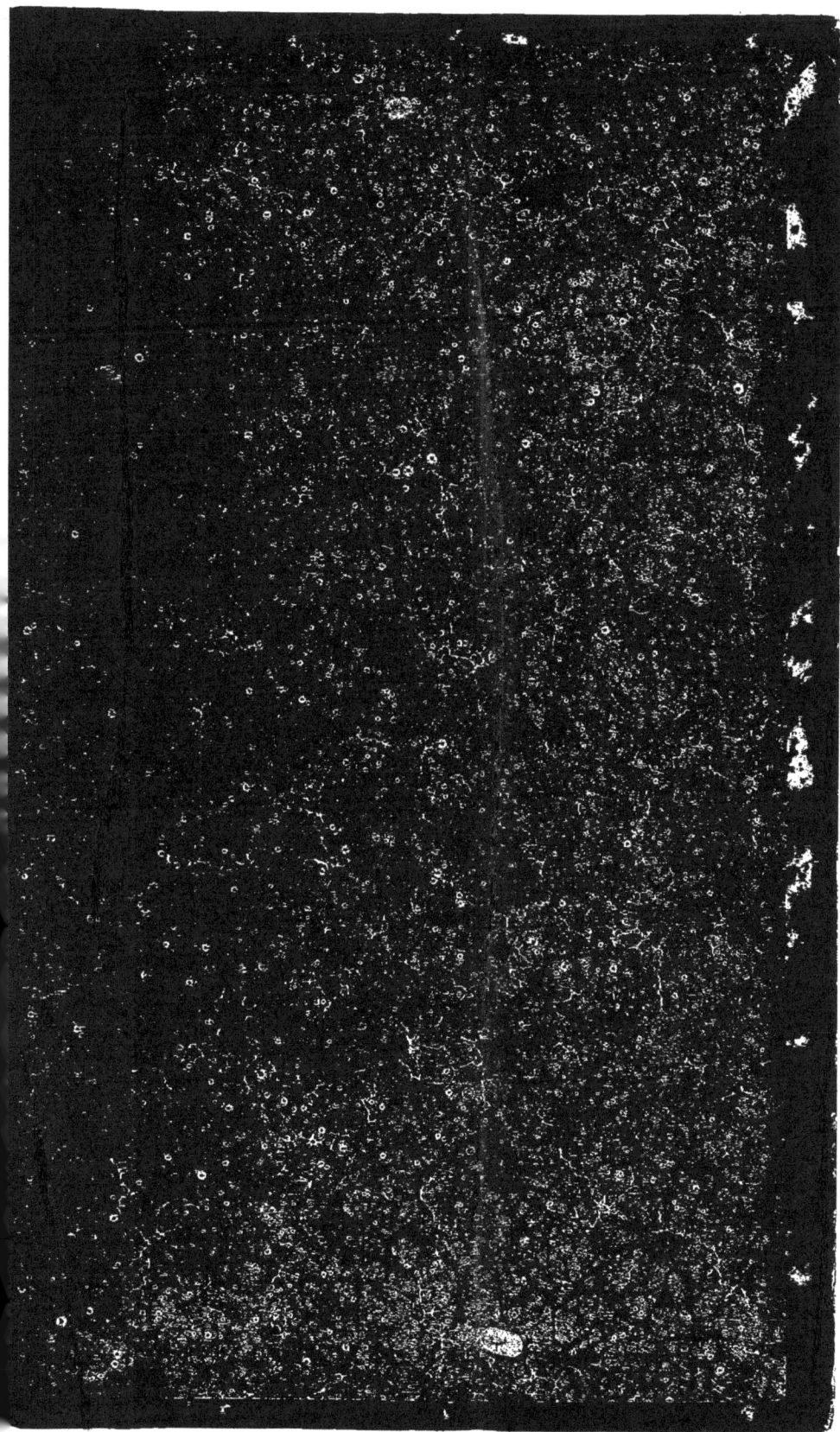